惯性传感器技术

Intertial Sensor Technology

张礼廉　肖定邦　于瑞航　吴文启　李青松　编著

国防工業出版社

·北京·

内 容 简 介

惯性传感器技术是惯性导航、制导控制、姿态测量、过载检测的核心支撑，广泛应用于军事武器装备平台、民用消费产品和工业设备等领域。近代力学、光学、材料学以及微电子技术、计算机技术等科学技术的飞速发展，极大地促进了惯性传感器技术的发展。

本书内容涵盖了典型惯性传感器的基本原理、组成结构、信号处理、误差模型、应用领域以及测试与评估。加速度计方面，主要介绍了摆式加速度计和微机电加速度计。陀螺仪方面，主要介绍了机械转子陀螺、微机电陀螺和光学陀螺。此外，还介绍了基于新原理或新工艺的惯性传感器。

本书可作为高等院校导航工程专业本科生的教材，也可供相关领域的研究、设计人员作为参考用书。

图书在版编目(CIP)数据

惯性传感器技术 / 张礼廉等编著. —北京：国防工业出版社，2023. 2

ISBN 978-7-118-12631-0

Ⅰ. ①惯… Ⅱ. ①张… Ⅲ. ①惯性传感器-研究 Ⅳ. ①TP212

中国国家版本馆 CIP 数据核字(2023)第 018065 号

※

国防工業出版社 出版发行

(北京市海淀区紫竹院南路 23 号 邮政编码 100048)

三河市众誉天成印务有限公司印刷

新华书店经售

*

开本 710×1000 1/16 **印张** 13½ **字数** 235 千字

2023 年 2 月第 1 版第 1 次印刷 **印数** 1—1500 册 **定价** 95. 00 元

(本书如有印装错误，我社负责调换)

国防书店：(010)88540777 书店传真：(010)88540776

发行业务：(010)88540717 发行传真：(010)88540762

《导航技术系列教材》丛书

编 委 会

总　序

导航技术是信息化社会和武器装备信息化的支撑技术之一。今天，导航技术的发展和应用极大地拓展了人类的活动空间，推动了军事思想和作战样式的重大变革。在人类活动的各个领域，导航技术发挥着不可或缺的作用。导航技术的发展应用了现代科学技术众多领域的最新成果，是科学技术与国家基础工业紧密结合的产物，它的发展水平是一个国家科学技术水平、工业水平和综合国力的重要标志。

在中国，导航技术的发展历史几乎可以追溯到公元前2600年左右。根据史书记载，当年黄帝部落与蚩尤部落在涿鹿（现在的河北省）发生大战，黄帝的军队凭借指南车的引导，在大风雨中仍能辨别方向，最后取得了战争的胜利。这或许是有史可查的导航技术应用于军事活动最早的成功案例。西汉《淮南子·齐俗训》中记载："夫乘舟而惑者，不知东西，见斗极则悟矣"，意思是说在大海中乘船可以利用北极星辨别方向。这表明在中国古代航海史上，人们很早就使用了天文导航方法。到了明代（公元1405—1435年），我国著名航海家郑和，曾率领多达60余艘船舶的船队，远赴红海和亚丁湾。在郑和的航海图中就有标明星座名称的"过洋牵星图"，可见当时我国的导航技术已经发展到比较高的水平。

导航技术发展到今天，从技术层面讲可谓百花齐放，拥有天文导航、惯性导航、无线电导航、卫星导航、特征匹配导航（如地磁匹配、重力匹配、图像匹配等）、多传感器组合导航、基于网络的协同导航、仿生导航等诸多技术分支；从应用层面看可谓不可或缺，其应用领域涉及航空、航海、航天、陆地交通运输等人类活动的各个领域。随着导航技术的不断发展和应用领域的不断拓展，对导航技术专业人才的需求也日益增长。

导航技术涉及数学、物理学、力学、天文学、光学、材料学以及微电子技术、计算机技术、通信技术等诸多学科领域，技术内涵十分丰富，其发展日新月异。因此，对于导航技术领域的专业人才，要求掌握扎实的专业基础理论和系统的专门知识，具有很强的科技创新意识和实际工作能力。这对导航技术领域专业人才培养工作，当然也包括专业课程教材的编著工作，提出了新的更高的要求。

本系列教材力求将本科生的专业教学与研究生的专业教学统筹考虑，包括《导航技术基础》《惯性传感器技术》《惯性导航系统技术》《卫星导航技术》《导航系统设计与综合试验》5 本本科生教材，以及《自主导航技术》和《导航技术及其应用》两本研究生教材。其中，本科生教材侧重介绍导航技术的基本概念、基础理论与方法、常用导航系统的基本原理及其应用等方面的内容；研究生教材主要面向武器装备应用，重点介绍自主导航和组合导航的难点问题、关键技术、典型应用案例等方面的内容。为了兼顾系列教材的系统性与每本教材的独立性，研究生教材的部分内容与本科生教材稍有重复。

《导航技术基础》主要介绍导航技术涉及的基本概念与基础知识、惯性导航、无线电导航、特征匹配导航、天文导航、组合导航等内容。《惯性传感器技术》主要介绍转子陀螺仪、光学陀螺仪、振动陀螺仪、微机械陀螺仪、摆式加速度计等典型惯性传感器的工作原理、结构特点、精度测试与环境试验等内容。《惯性导航系统技术》重点介绍了捷联惯性导航系统的基本原理、导航方程、导航算法、误差分析、初始对准、误差标定与测试等内容。《卫星导航技术》主要介绍卫星导航基本原理、卫星导航信号与处理、卫星导航定位误差分析、卫星导航差分技术、卫星导航定姿技术、卫星导航对抗技术等内容。《导航系统设计与综合试验》为课程试验教材，突出技术与应用的结合，重点介绍典型惯性传感器和捷联惯性导航系统的概要设计、结构设计、电气系统设计、软件设计以及惯性传感器误差补偿、系统标定与测试、综合试验方法等内容。《自主导航技术》比较系统地介绍了自主导航的主要理论方法与应用技术，并对惯性/多传感器组合导航系统在陆、海、空、天等领域的应用要求和特点进行了分析。《导航技术及其应用》是面向研究生案例课程教学的教材，主要介绍惯性导航、定位定向、卫星导航、特征匹配导航等导航技术在武器装备中的典型应用案例。

《导航技术系列教材》
编委会
2015 年 4 月

前　言

惯性传感器包括陀螺仪和加速度计,分别用于测量运动体的角运动和线运动,是惯性导航系统的核心器件。近代力学、光学、材料学以及微电子技术、计算机技术等科学技术的飞速发展,极大地促进了惯性传感器技术的发展,也极大地拓展了惯性传感器的应用领域,迫切需要一本专门介绍惯性传感器技术的教材。

本书主要面向导航工程专业的本科生,重点介绍典型惯性传感器的基本原理、组成结构、信号处理、误差模型、应用领域以及测试与评估。全书共分为 8 章,章节设置的基本思路是"先介绍加速度计,后介绍陀螺仪;先介绍机电类,后介绍光学和新原理的惯性传感器"。第 1 章介绍惯性传感器基本概念、典型应用及发展概况。第 2 章和第 3 章介绍加速度计。其中,第 2 章介绍以石英挠性加速度计为代表的经典加速度计;第 3 章介绍基于微机电系统的加速度计。第 4~6 章介绍基于不同原理的典型陀螺。其中,第 4 章介绍基于刚体力学原理的机械转子陀螺,包括单自由度液浮陀螺和动力调谐陀螺;第 5 章介绍基于微机电系统加工工艺的陀螺;第 6 章介绍基于 Sagnac 效应的光学陀螺,包括激光陀螺和光纤陀螺。为了让读者了解惯性传感器技术的发展前沿,第 7 章介绍了基于新原理或新工艺的惯性传感器,包括原子陀螺、微光机电陀螺、新型振动陀螺、谐振式微加速度计等内容。第 8 章介绍惯性传感器的精度测试与环境试验,包括各类惯性传感器的误差模型与技术指标、精度测试方法、环境试验方法、稳定性与重复性测试等内容。

本书的第 1 章由张礼廉执笔,第 2 章由吴文启执笔,第 3 章由李青松和苗桐桥执笔,第 4 章由吴文启和张礼廉执笔,第 5 章由肖定邦和路阔执笔,第 6 章由吴文启和张礼廉执笔,第 7 章由肖定邦和李青松执笔,第 8 章由张礼廉和于瑞航执笔,全书由张礼廉和于瑞航统稿。书中的文字、公式、图片的格式修改由曾凯、冯军、刘高、吴锴、王鹏、祁云斌、徐向明、陈绎默、李祺瑞、冯春妮、金莹、周彤等协助完成。

在编写本书的过程中，得到了《导航技术系列教材》丛书主编胡小平教授、副主编吴美平教授以及国防科技大学导航制导教研室曹聚亮、罗兵、江明明等同事的大力帮助，国防工业出版社辛俊颖编辑对本书的出版给予了极大的支持和帮助，在此一并表示诚挚的感谢。

由于惯性传感器种类繁多，涉及多门学科，鉴于编著者水平所限，书中疏漏之处在所难免，恳请读者批评指正。

目 录

第1章　绪　　论

惯性传感器,作为惯性导航、定向及制导控制等系统的重要组成部件,在20世纪取得了飞速发展,基于新原理和新工艺的惯性传感器层出不穷。本章简要介绍惯性传感器的基本概念与物理基础、典型应用及发展。

1.1　惯性传感器的基本概念及物理基础

"惯性"一词来源于牛顿第一定律(又称惯性定律):不受外力作用时,物体具有保持匀速直线运动或静止状态的特性。根据平动的惯性定律,可以设计加速度计。对于转动,可以将惯性定律表述为:不受外力矩时,物体具有保持匀速转动或静止状态的特性。根据转动的惯性定律,可以用来设计陀螺。需要指出的是,很多新型角度传感器是基于光学、量子力学等领域的运动守恒特性设计的,人们也习惯把这些角度传感器称为陀螺,如激光陀螺、原子陀螺等。惯性传感器,又称为惯性器件或惯性仪表,包括陀螺与加速度计,分别用于测量载体的角运动和线运动。

1.1.1　加速度计的物理基础

艾萨克·牛顿于1687年在《自然哲学的数学原理》一书中提出牛顿三大定律,阐述了经典力学中基本的运动规律。牛顿第一定律,又称惯性定律,即任何物体都要保持匀速直线运动或静止状态,直到外力迫使它改变运动状态为止。外力是物体以一定加速度运动的根本原因。因此,如果能够测量出质量块所受的外力,就可以进一步确定其运动加速度。当加速度计壳体随着运载体沿敏感轴方向做加速运动时,基于牛顿第二定律,沿加速度计敏感轴方向有

$$F_{合}=ma \tag{1.1}$$

式中:m为检测质量块的质量;a为检测质量块的运动加速度;$F_{合}$为检测质量块受到的合力,合力包括引力mg(g为引力加速度)和非引力$F_{非}$,非引力可根据其产生和作用机理测量得到。例如,对于质量块-弹簧加速度计,非引力$F_{非}$为弹簧的弹力,可根据弹簧形变位移得到测量;石英振梁加速度计中,非引力$F_{非}$为作

用在石英振梁上的压力和拉力,可根据其对石英振梁谐振频率的影响测量得到 $F_{非}$。

检测质量块与加速度计壳体相对静止时,$F_{非}+mg=ma$,定义比力 $f=F_{非}/m$,有

$$a=\frac{F_{非}}{m}+g=f+g \tag{1.2}$$

可见,加速度计壳体的运动加速度是比力 f 和引力加速度 g 之和。因此,加速度计可通过测量运动物体沿一定方向的比力(非引力的力产生的加速度)并补偿引力加速度实现运动加速度的测量。

1.1.2 陀螺仪的物理基础

将能够测量相对惯性空间的角速度或角位移的装置称为陀螺仪,一般简称为陀螺。按照陀螺工作物理原理的不同,主要可分成三大类:一是基于经典力学中旋转质量的陀螺效应(Gyroscopic Effect)设计的转子式陀螺;二是基于经典力学中振动质量的哥氏效应(Coriolis Effect)设计的振动式陀螺;三是基于量子力学和波动力学中波束和粒子束的萨格奈克效应(Sagnac Effect)设计的光学陀螺和粒子陀螺。

1. 转子陀螺的物理基础

1765 年,俄罗斯科学家欧拉出版了《刚体绕定点运动的理论》(Теория жёсткого движения вокруг точки),创立了转子陀螺仪的力学基本理论。1852 年,法国科学家傅科制造出了用于验证地球自转的测量装置,并将该装置命名为 Gyroscope(其中,词根 Gyro 源于希腊语中的“旋转”,词根 scope 源于希腊语中的“观察”,从而开创了对工程实用陀螺研究和开发的先例。机械转子陀螺的物理基础就是刚体力学中的动量矩守恒定律,即

$$\dot{\boldsymbol{H}}^{\mathrm{m}}+\boldsymbol{\omega}_{\mathrm{im}}^{\mathrm{m}}\times\boldsymbol{H}^{\mathrm{m}}=\boldsymbol{M}^{\mathrm{m}} \tag{1.3}$$

式中:$\boldsymbol{H}^{\mathrm{m}}$ 为转子在动坐标系中的角动量;$\boldsymbol{\omega}_{\mathrm{im}}^{\mathrm{m}}$ 为转子相对惯性空间的角速度在动坐标系上的投影。

转子在动坐标系中以恒定的角速率高速旋转时,动坐标系中角动量对时间的导数 $\dot{\boldsymbol{H}}^{\mathrm{m}}$ 为零,若转子所受外力矩 $\boldsymbol{M}^{\mathrm{m}}$ 为零,则 $\boldsymbol{\omega}_{\mathrm{im}}^{\mathrm{m}}\times\boldsymbol{H}^{\mathrm{m}}=0$,即转子旋转轴方向(角动量方向)相对惯性空间无转动,可以作为姿态方向基准,可以通过调整力矩 $\boldsymbol{M}^{\mathrm{m}}$,调整转子旋转轴指向某一基准方向。例如,陀螺地平仪的转子旋转轴方向与当地垂线方向重合,方位陀螺仪的转子旋转轴方向与北向一致,此时陀螺仪为角位置传感器,可测量相对陀螺仪转子旋转轴方向的载体姿态方向。另外,

$\boldsymbol{H}^{m}$ 为常值时,根据 $\boldsymbol{\omega}_{im}^{m}\times\boldsymbol{H}^{m}=\boldsymbol{M}^{m}$,可以直接通过测量力矩 $\boldsymbol{M}^{m}$ 实现对角速率 $\boldsymbol{\omega}_{im}^{m}$ 的测量,此时陀螺仪为角速率传感器,测量相对惯性空间的载体旋转角速率。

2. 振动陀螺的物理基础

振动陀螺基于哥氏加速度实现角速度测量。哥氏加速度最早由法国科学家科里奥利(Coriolis G G,1792—1843)在 1835 年提出。假设物体在转动的平台上做直线运动,由于平台的转动,物体相对于转动平台的运动速度会发生方向改变,等效于物体相对转动平台产生了哥氏加速度,该加速度与转动轴和物体线运动方向相互垂直,即:

$$\boldsymbol{a}_c=2\boldsymbol{\Omega}\times\boldsymbol{v}_m \tag{1.4}$$

式中:$\boldsymbol{a}_c$ 为哥氏加速度矢量;$\boldsymbol{\Omega}$ 为转动角速度矢量;$\boldsymbol{v}_m$ 为物体线运动速率矢量。

振动陀螺的基本工作原理就是先让物体产生谐振运动,从而用更小的驱动力,获得更大的正弦振动幅值。物体在哥氏加速度的影响下,会在与驱动运动速度和角速度相互垂直的方向上产生正弦振动,该振动幅值与角速度大小相关,振动相位与角速度方向相关,通过测量该振动信息就可以从中得到角速度信息。

3. 光学陀螺的物理基础

1881 年美国物理学家迈克尔逊(Michelson)研究光学干涉现象,设计制造了迈克尔逊干涉仪,可以基于光的干涉原理精密地测量长度的微小改变。1913 年,法国实验物理学家萨格奈克(Sagnac)发现了 Sagnac 效应:闭合环形光路中的两束光分别沿相反方向传播,当环形光路绕其所在平面法线相对惯性空间旋转时,正、反方向两束光的光程长度就会出现与旋转相对应的差异。1925 年迈克尔逊和盖尔(Gale)建立了一个周长超过 1 英里(mile,1mile≈1.6km)的环形光路,可基于普通光源通过光学干涉现象观测出地球自转所对应的光程差。

光程差 ΔL 与环形光路旋转角速度 ω 之间为线性关系,有

$$\Delta L=\frac{4A\omega}{c} \tag{1.5}$$

式中:A 为环形光路所围的面积;c 为光速。光学陀螺将旋转角速度 ω 的测量问题,转化为光程差 ΔL 的测量问题。由于实际的光学陀螺尺寸不能太大,环形光路面积 A 数值比较小,而光速 c 数值很大,因此由式(1.5)旋转角速度 ω 对应的光程差 ΔL 非常小,基于普通光源通过光学干涉精确测量光程差的难度很大。

1916 年,美国物理学家爱因斯坦提出了激光原理,基于该原理,1960 年美国物理学家梅曼研制出世界上第一台激光器。由于激光具有不同于普通光的高方向性、单色性、相干性和高亮度,通过激光干涉实现光程差精确测量,进而确定旋转角速度,为高精度的光学陀螺奠定了基础。

1.2 惯性传感器的典型应用

1.2.1 惯性导航

惯性导航是利用惯性传感器来测量运动载体导航参数的一门技术。惯性传感器的典型应用方式是构成惯性导航系统(inertial navigation system,INS),即由惯性传感器及配套计算装置构成的导航系统。通过惯性传感器获得载体的加速度和角速度信息,结合给定初始条件(初始位置、姿态、速度矢量等)和已知数据(重力、时间等),积分解算运动参数的导航方式称为惯性导航。惯性导航属于典型的自主导航方式,具有全自主、连续实时、隐蔽性好、不受外界干扰、不受地域和气象条件限制等特点,因此具有鲜明的军事应用价值。

1.2.2 制导控制回路

惯性传感器的另一个典型应用方式是构成制导控制回路,为火箭、导弹、制导炸弹等运动体的制导系统提供位置、速度、姿态角等信息,然后与预先装定的参数比较,形成制导指令,使它沿预定的轨道平稳飞行。

最早将加速度计用于制导控制领域的记载是 1942 年德国的 V2 火箭,将敏感轴沿火箭纵轴方向安装的加速度计的输出与火箭发动机关机装置相连,通过控制关机点控制火箭沿预计的飞行轨道飞向目标。

在制导控制回路中往往需要陀螺改善控制品质。弹体相对阻尼系数是由空气动力阻尼系数、静稳定系数和导弹的运动参数等决定的,对静稳定度较大和飞行高度较高的高性能导弹,弹体阻尼系数一般在 0.1 左右或更小,弹体是欠阻尼的。这将产生一些不良的影响:导弹在执行制导指令或受到内部、外部干扰时,即使勉强保持稳定,也会产生不能接受的动态性能,过渡过程存在严重的振荡,超调量和调节时间很大,使射程减小的同时降低了导弹的跟踪精度甚至失控等。所以,需要改善弹体的阻尼性能,把欠阻尼的自然弹体改造成具有适当阻尼系数的弹体。为了增强惯性制导或者末制导导弹的跟踪性能,在导弹控制系统中增加测速陀螺,测量弹体角速度,并反馈给系统输入端,形成一个闭合回路,增加控制系统的阻尼,使动态过程的超调量下降,调节时间缩短,同时对噪声有滤波作用。

在工业控制领域,如机器人控制、车辆控制等,也广泛使用惯性传感器构建闭环控制系统。在机器人控制中,采用惯性传感器捕捉机器人的运动,可以控制机器人保持身体的平衡,也可以用来控制机器人完成抓取等特定的动作。在车辆控制中,由陀螺和加速度计以及车轮转速传感器组成车辆动态控制系统,测量车轮转速并将汽车的预测偏航(或转向)速度与陀螺测得的转向速度进行比较,加速度计还用于确定汽车是否在横向滑动。车辆动态控制系统可在汽车开始打滑时辅助驾驶员对汽车进行控制。

1.2.3 惯性姿态测量

惯性姿态测量系统(inertial attitude measurement system)是利用惯性传感器及相应的配套装置测量并提供载体或载荷相对给定基准坐标系的姿态角度。机载及船用姿态测量系统一般称为航姿参考系统(attitude and heading reference system,AHRS)。用于载体上各种载荷,包括雷达天线、光电观测仪及摄像仪、火炮炮塔及导弹发射装置等的姿态测量系统,一般称为局部姿态基准。简单的商业应用,如手机旋转感应等,也是通过在手机中内置惯性传感器感应旋转的角度。

姿态测量系统根据其结构的不同,可分为平台式系统和捷联式系统。平台式姿态测量系统是将惯性敏感元件安装在惯性稳定平台上,通过稳定平台与载体或者载荷相连接。捷联式姿态测量系统是将惯性传感器直接与载体或载荷固连。

1.2.4 惯性姿态稳定

惯性姿态稳定系统(inertial attitude stabilizing system)由惯性传感器及配套的控制装置和执行部件构成,目的是建立和保持载体或载荷相对基准坐标系的规定姿态。被稳定的对象分为两大类,即载体姿态稳定与载荷姿态稳定。

载体姿态稳定包括航天器、航空器、导弹等载体。载荷姿态稳定系统主要分为:①装载摄像机、红外成像仪并挂在载机外的飞机用吊舱;②装载可见光和红外敏感器以及雷达天线等导弹自寻的制导的导引头;③装载光学瞄准具的战车用稳瞄系统;④装载可见光摄像机的陆地、海上及空中移动摄像稳定平台;⑤装载指向天线的陆地、海上及空中移动通信天线稳定平台等。

1.2.5 高过载检测

采用大量程加速度计,可以实现高过载的检测。例如,汽车安全气囊,当检测到高过载时,便启动相应的控制,立即向气囊充气,达到被动安全防护的作用。侵彻制导炸弹或炮弹的弹道计时器也可以以加速度计的输出来控制,当检测到大的加速度时,启动计时器开始工作。

1.3 惯性传感器的发展概况

近代力学、光学、材料学以及微电子技术、计算机技术等科学技术的飞速发展,极大地促进了惯性传感器技术的发展。在综合国力不断提升与基础工业快速发展的带动下,近年来,我国的惯性传感器技术也取得了较大的发展与进步。

1.3.1 加速度计

加速度计是用来测量运动物体沿一定方向的比力,因此又称为比力测量计。按照工作原理的不同,加速度计可以分为摆式和非摆式两大类。

1. 摆式加速度计

摆式加速度计(pendulous accelerometer,PA)以其敏感质量的悬挂方式以及敏感质量相对于参照物的运动特性均与钟摆类似而得名。在摆式加速度计里,根据用以平衡惯性力的方式的不同,又可以分为摆式积分陀螺加速度计和机械摆式加速度计。

摆式积分陀螺加速度计(pendulous integrating gyro accelerometer)是一种利用陀螺摆进动原理对加速度计进行积分输出速度信号的加速度计,由陀螺摆、外环组件、壳体和配套电路构成。原理上陀螺摆中的陀螺可采用任意种类的单自由度陀螺仪。为保证器件的精度和耐加速度过载能力,目前普遍采用浮子式单自由度陀螺仪作为陀螺摆,并以其浮子支撑方式来划分陀螺加速度计的类型,如气浮陀螺加速度计、液浮陀螺加速度计等。

摆式积分陀螺加速度计适用于大过载、高速度条件下的高精度惯性导航/制导系统,主要用于远程战略导弹和大型运载火箭的惯性制导系统。美国现役的洲际弹道导弹制导系统都采用摆式积分陀螺加速度计。“三叉戟”II 中的摆式积分陀螺加速度计零偏稳定性小于 $1\mu g$、标度因数稳定性优于 1×10^{-6}。

机械摆式加速度计(mechanical pendulous accelerometer)按支承方式的不同,可分为枢轴式、宝石轴承式和挠性支承式;按位置检测方法的不同,又可分为可动线圈式、光电式、电阻式、电涡流式和电容式。早期研制的机械摆式加速度计是枢轴式支撑的可动线圈式和电涡流式,精度较低,主要用于自动驾驶仪系统;之后的宝石轴承支撑摆式和金属挠性支撑摆式加速度计,又分为干式和液浮两种方案。

20世纪70年代末开始研制的石英挠性摆式加速度计是真正得到广泛应用的机械摆式加速度计,也是当今摆式加速度计的主流产品。美国Honeywell公司的技术水平居于领先地位,其研制的QA3000-30产品是目前精度和可靠性最高的石英挠性摆式加速度计,零偏稳定性<11.2μg、标度因数稳定性9.2×10^{-6},主要应用于高精度导航领域。

国内从事石英挠性摆式加速度计研制工作的单位主要有航天科技13所、船舶重工707所等科研院所和清华大学、哈尔滨工业大学、国防科技大学等高校以及一批民营企业。我国的石英挠性摆式加速度计技术在建模与仿真、磁路、石英材料、伺服电子线路等基础技术方面以及产品的可靠性和长期稳定性技术方面都开展了大量研究工作,取得了丰硕的成果;在生产工艺设施的建设方面也取得了长足的进步,产品的精度和可靠性得到进一步提高;目前已经形成石英挠性摆式加速度计的系列化产品,广泛应用于航空、航天、航海、汽车工业等多个领域,进入了大批量生产和拓展产品适用性阶段。

2. 振梁加速度计

振梁加速度计(vibrating beam accelerometers,VBA)则是工程应用的非摆式加速度计的典型代表。振梁加速度计是一种基于谐振原理的加速度计:利用谐振器的力频特性,将载体加速度经检测质量转换成的惯性力作用于谐振器,使之固有频率发生变化,通过检测谐振器的差频实现加速度值的测量。其核心部件是采用石英晶体或单晶硅材料制作的谐振器敏感结构,其中石英振梁加速度计基于压电效应进行激励和检测;硅振梁加速度计采用静电驱动,通过检测敏感电极的频率变化实现加速度的测量。振梁加速度计具有小型化、低功耗、低成本、数字输出和易于大批量生产等优点,在军用和民用领域均有广泛的应用前景。在民用方面可用于汽车、石油和微型机器人等高端工业领域;在军用方面,可以覆盖战术到战略所有领域的应用,具有很好的发展前景。

国外石英振梁加速度计的研究始于20世纪80年代,发展到90年代后期基本成熟,并形成了不同的系列化产品,从导航、飞行控制等中低精度领域扩展到重力测量等高精度领域。石英振梁加速度计的研究机构以美国Honeywell公司和法国宇航研究院ONERA为代表。2018年,ONERA通过在一片石英晶体上设计两个差分工作的敏感结构,研制了一款石英振梁加速度计样机,零偏稳定性33μg、标度因数稳定性17×10^{-6}。

国内研制振梁加速度计的单位有航天科工33所、中国电科26所、清华大学等。我国在石英振梁加速度计设计技术、表头加工技术、激振与数字读出控制电路技术、集成技术、装配和测试技术等方面积累了大量的经验,打下了坚实的基础,产品基本可以满足中等精度惯性系统的使用要求。

3. 微机电加速度计

微机电加速度计是在微米/纳米前沿技术发展的背景下,以微机电系统(micro-electro-mechanical system,MEMS)技术为基础诞生的新型加速度计,具有体积小、功耗低等特点。微机电系统是电子和机械元件相结合的微装置或系统,采用与集成电路(IC)兼容的批加工技术制造,尺寸可从毫米到微米量级范围内变化。微加速度计敏感加速度的原理多种多样,可通过微电容检测、微电阻检测、微电流检测、频率检测、光强检测或光相位检测等方式敏感输入的加速度。目前微加速度计的方案多种多样,都具备成本低、体积小等优势,随着工艺技术的进步,微机电加速度计精度将越来越高,应用领域也将得到扩展。

1977 年,美国斯坦福大学在世界上首先制造出了一种开环硅微加速度计。美国 Systron Donner Inertia(SDI)公司于 20 世纪 90 年代开始研制微机电加速度计。2019 年,SDI 公司发布的石英微机电加速度计零偏稳定性 0.5mg、速度随机游走 80$\mu g/\sqrt{\text{Hz}}$。同年,UTC 航天系统公司研制的"Gemini"硅微机电加速度计,零偏稳定性小于 0.35mg、速度随机游走 50$\mu g/\sqrt{\text{Hz}}$。

国内微机电加速度计的研究最早始于 1994 年,目前研制微机电加速度计的单位有清华大学、南京理工大学、东南大学、国防科技大学等。我国近年来在微机电加速度计的微结构加工技术、产品的环境适应性技术、电路的小型化技术等方面开展了大量的研究工作,取得了一定的进展,产品的精度水平及可靠性得到了一定的提高,正逐步应用于轨道交通、消费电子和工业自动化等领域。

1.3.2 机械转子陀螺

机械转子陀螺是以刚体动力学为基础,利用了角动量守恒的工作原理检测角运动,包括液浮陀螺、三浮陀螺、静电陀螺、动力调谐陀螺等。无论哪种机械转子陀螺,决定其精度的关键因素都是陀螺漂移,而陀螺漂移由有害力矩产生,因此降低支承轴的摩擦力矩成为提高机械转子陀螺精度的关键。

1. 液浮陀螺

液浮陀螺(fluid floated gyroscope)是指通过采用浮液技术将核心组件——浮子悬浮起来,减小对支承的压力,从而有效降低甚至消除其输出轴上的摩擦,达到提高精度目的的陀螺。液浮陀螺的主要特点是转子密封在充有惰性气体的浮球(或浮筒)内,而浮球悬浮于油液中,通过精确的静平衡以及温度控制,使浮子组件所受的浮力与该组件的重力完全平衡,从而保证宝石轴承上的摩擦力矩降到极微小的程度。按照自转轴所具有的进动自由度数目,液浮陀螺可分为单自由度液浮陀螺和双自由度液浮陀螺。

国外液浮陀螺技术的发展可以追溯到20世纪20年代初期，当时主要是探索液浮支承技术。1948年，Draper博士研制出液浮速率积分陀螺，为近代高精度陀螺技术的研究奠定了基础。1950年，美国开始制造液浮惯性测量组件，1954年，液浮惯性导航系统在飞机上试飞成功。目前，美、英、法、苏等西方主要发达国家研制的单轴液浮陀螺精度已达0.001(°)/h，采用铍材料浮子精度可达0.0005(°)/h，技术上已非常成熟，其高精度液浮陀螺主要用于飞机、舰船和潜艇导航系统中，其他精度的液浮陀螺在平台罗经、导弹、飞船及卫星姿态控制系统中的应用也较广泛。

2. 三浮陀螺

三浮陀螺(triple floated gyroscope)是单自由度液浮积分陀螺的发展改进型。它采用动压气浮轴承电机代替滚珠轴承电机提高陀螺寿命及精度；采用磁悬浮技术来消除机械摩擦力矩，进一步提高了陀螺精度。因为其浮筒采用了液浮技术、陀螺马达采用动压气浮技术、输出轴采用磁悬浮技术，所以简称为三浮陀螺。

20世纪70年代起，国外三浮陀螺大量应用于战略武器和载人航天领域。三浮陀螺的研制与应用以美国和苏联为代表：20世纪70年代中期美国MX导弹浮球平台采用的TGG型三浮陀螺精度达到了1.5×10^{-5}(°)/h，保证了MX导弹的命中精度达到百米以内；20世纪80年代末，其同系列第四代三浮陀螺(FGG)精度达到1.5×10^{-7}(°)/h；苏联20世纪80年代战略导弹SS-18、SS-19、SS-24、SS-25等型号的惯性制导平台均采用三浮陀螺，其精度达到1.0×10^{-4}(°)/h，该产品沿用至今。当前国外的浮子式陀螺应用处于萎缩期，部分高精度应用领域正在被新型陀螺替代。

经过半个世纪的技术积累，我国液浮陀螺技术取得了长足的进步，在经历了从滚珠轴承电机技术到动压气体轴承电机技术、从磁滞电机技术到永磁电机技术、从普通宝石轴承定中技术到磁悬浮定中技术的发展历程后，液浮陀螺技术在基础材料(铍材料、复合材料)、支承技术(有源磁悬浮技术、半球支承技术、高密度浮液技术)、电气元件、精密温控等多方面取得了技术突破。

目前，我国自主研制生产的单自由度液浮陀螺、双自由度液浮陀螺、静压液浮陀螺、半液浮陀螺都得到了全面发展，广泛应用于海、陆、空、天各个领域的导航、制导与稳定系统，在国防现代化中发挥了重要作用。

3. 静电陀螺

静电陀螺(electrostatic suspended gyroscope)是一种球形转子自由陀螺，其转

子在超高真空中由静电场支撑悬浮工作，是目前公认的精度等级最高的陀螺。它的特点是利用静电场产生支承力，取代陀螺电动机和万向支架的机械轴承，构成一个理想的轴承系统：既没有机械接触，又没有气体阻力。它的缺点是不能承受较大的冲击和振动，而且结构和制造工艺复杂、成本较高。

静电陀螺是目前公认的精度等级最高的陀螺，其基本概念是在美国大力发展战略核潜艇时代，由伊利诺伊大学诺尔德西克教授于1954年向海军研究办公室提出的。Rockwell公司于1974年成功研制出实心转子静电陀螺监控器(ES-GM)样机。1979年以后静电陀螺监控器与舰船惯性导航系统配套，陆续装备了美国"三叉戟"弹道导弹核潜艇。同时，又对拉菲特级核潜艇进行了改装，增加了静电陀螺监控器。1978年完成静电陀螺导航仪工程样机(军用型号AN/WSN-3)，1985年开始装备攻击型核潜艇和水面舰艇。静电陀螺监控器系统和静电陀螺导航仪一直是美国核潜艇水下导航的关键装备，其精度至今还无可取代。2005年，美国海军战略系统项目办公室与波音公司签订合同，改进导弹核潜艇的静电陀螺监控器系统和静电陀螺导航仪。

近年来，在转子材料及加工技术、静电支承技术、真空维持技术、测角技术、屏蔽技术等关键技术方面取得突破的基础上，我国的静电陀螺技术得到了长足的进步，产品精度进一步提高；同时，广泛开展了静电陀螺的应用研究，如静电陀螺三轴稳定平台、单轴稳定平台、海洋重力仪水平平台、静电陀螺寻北仪及浪高仪等。

静电陀螺是典型的光机电一体化的超精密仪器，涉及精密制造技术、特种材料与工艺、超高真空技术、精密测控技术等学科。我国于1965年开始研制静电陀螺。长期以来，在材料、元器件及精密装备等方面不能满足静电陀螺的研制需求，在很大程度上制约了我国静电陀螺的研制进展。改革开放以后有了相当的改观，自力更生独立研制出与国外同类产品相媲美的静电陀螺工程样机。目前，清华大学、船舶重工707所等单位研制的静电陀螺可满足我国核潜艇长时间水下导航和武器发射的技术要求。

4. 动力调谐陀螺

动力调谐陀螺(dynamically tuned gyroscope)也称挠性陀螺(flexibly suspended gyroscope)，是一种利用挠性接头支撑转子，并应用动力调谐原理来抵消挠性支撑弹性约束的二自由度陀螺。它的特点是结构简单、体积小、重量轻、功耗少、起动快、成本低、寿命长、抗冲击能力强、精度高、适合于批量生产等，是陀螺技术上的重大革新和突破。

动力调谐陀螺是20世纪60年代初美国发明的，诞生之初就以其结构简单、体积小、重量轻、精度高、适合于批量生产等一系列突出优点成为陀螺技术上的重大革新和突破。美国基尔福特制导与导航公司的MOD Ⅱ型陀螺连续工作稳定性为0.001(°)/h,逐日漂移小于0.004(°)/h,在航天飞行器中累积工作超过10年,在实验室中寿命试验累积达25年以上。因为本身设计比较坚固,因此适用于恶劣环境,先后在航空航天系统及其他工业部门得到了广泛应用。目前,随着光学陀螺的精度覆盖范围扩展以及新型全固态陀螺的出现,国外动力调谐陀螺的应用受到较大幅度冲击。

我国于1977年开始研制动力调谐陀螺,已发展了40余年。近年来,我国的动力调谐陀螺技术围绕产品的优化设计、工艺完善、提高精度、增强环境适应性、延长寿命、提高可靠性等方面开展工作并取得了丰富的研究成果。在动力调谐陀螺电机轴承的测试与装配技术、力矩器材料的研制与加工及热处理工艺技术、挠性接头的优化设计技术等方面解决了一批技术难题。目前,我国已经形成了动力调谐陀螺系列型谱,可满足高精度平台式惯性系统和捷联式惯性系统的应用需求,具体产品类型也在不断推陈出新,以适应市场需求。

1.3.3 振动陀螺

振动陀螺利用机械简谐振动时的哥氏效应检测角运动,即高频振动的元件在被基座带动旋转时受到哥氏力的作用而在正交方向上产生哥氏振动,其大小正比于旋转速率。按照振动元件结构形式,振动陀螺可分为振梁式、音叉式、振动薄壳式和振动板式。按照振动驱动的方式,可分为压电驱动、电磁驱动和静电驱动等。这里简要介绍两种典型的振动陀螺,即半球谐振陀螺和微机电振动陀螺。

1. 半球谐振陀螺

半球谐振陀螺(hemispherical resonator gyroscope,HRG)是一种高精度的振动薄壳式振动陀螺。它利用轴对称壳的振动质量在角速度作用下的哥氏效应而工作,敏感基座相对惯性空间绕正交于振动轴的角运动。由于半球谐振陀螺没有高速旋转的转子和相应的支承系统,因而具有结构简单、起动快、精度高、高可靠、长寿命、抗空间辐射等优点。半球谐振陀螺既可以单独工作于力平衡模式构成速率陀螺或单独工作于全角模式构成速率积分陀螺,也可以同时构成速率陀螺和速率积分陀螺,使用时根据需要的工作模式进行转换。

半球谐振陀螺的起源可追溯到19世纪后期。1890年,英国物理学家布瑞安发表了“旋转酒杯驻波相对空间旋转”的论文,发现如果用手旋转被敲击后的高脚酒杯,会听到差拍声,从而奠定了半球谐振陀螺的理论基础。在布瑞安试验的几十年后,用振动代替旋转检测角运动的理论才得到实际应用,并相继在美国、苏联、中国、法国等国家研制出实用的半球谐振陀螺。

半球谐振陀螺在美国的研究工作经历了较长的历程。美国 Delco 公司最早研制半球谐振陀螺,在 20 世纪 60 年代中期到 70 年代初期,进行了原理性研究,获得了多项专利。1978—1979 年研制了 HRG10 系列“蘑菇”谐振子半球谐振陀螺。1981—1982 年研制了 HRG20 系列“酒杯”谐振子半球谐振陀螺,这种结构减小了安装阻尼,使陀螺性能得到提高。1983 年研制出“双基”谐振子半球谐振陀螺,采用双芯柱支撑,减少了对外部振动的敏感性,并进一步完善了电路设计,使陀螺性能达到了较高水平。从 1984 年起,以“双基”谐振子为基础,为试验验证半球谐振陀螺的物理模型和了解漂移特性的物理机理进行了深入的研究;到 1986 年研制出 HRG158、HRGR130 和 HRG115 等 3 个系列的半球谐振陀螺。其振子的支撑芯柱直径由 8mm 增加至 12mm,振子的谐振频率也由 1900Hz 增至 3900Hz。

半球谐振陀螺技术先后在美国三大公司转手,但其发展不但未受到影响,反而更加受到重视。1994 年之前,Delco 公司的半球谐振陀螺达到了实用水平。1994 年 Litton 公司收购 Delco 公司后,将半球谐振陀螺成功用于空间领域。2001 年 8 月 Northrop Grumman 公司组建导航系统分公司,将原 Litton 公司的导航与控制等 7 个分部纳入其中,半球谐振陀螺随之转归 Northrop Grumman 公司。目前,美国半球谐振陀螺的零偏稳定性已优于 0.001(°)/h,在±0.5℃的环境下测试 12h,其 20min 的零偏稳定性为 0.0003(°)/h。

俄罗斯在苏联时期已开始半球谐振陀螺的研究。1985 年茹拉夫廖夫和克里莫夫出版了半球谐振陀螺方向的专著。拉明斯克仪器制造设计局早期研制了直径为 100mm 的半球谐振陀螺,20 世纪 90 年代又开发了直径为 50mm 的半球谐振陀螺,其随机漂移达到 0.005°~0.01(°)/h。俄罗斯莫斯科机电自动化仪表研究所主要开发直径为 60mm 和 25mm 两种结构尺寸的半球谐振陀螺,其随机漂移已达到 0.01(°)/h。梅吉科公司最新型半球谐振陀螺 HRG-30ig,谐振子半径为 30mm,零偏稳定性优于 0.005(°)/h。

法国 SAGEM 公司 20 世纪 90 年代初开始研究半球谐振陀螺。该公司特别看重半球谐振陀螺的三大优势:较少的元件数而具有高可靠性;半球谐振子高品质因数 Q 导致好的稳定性和角随机游走;简化设计带来的低成本。SAGEM 公司认为,“半球谐振陀螺在未来将取代静电陀螺和激光陀螺,满足超高精度(如战略核潜艇)的应用需求”。研究的 REGYS20 小型半球谐振陀螺零偏稳定性达到 0.1(°)/h,标度因数稳定性达到 100×10^{-6},用于通信卫星和地球观测卫星。

2018年在第五届惯性传感器与系统国际研讨会上，SAGEME公司发布了半球谐振陀螺的最新研究成果：零偏稳定性达到0.0001(°)/h、标度因数稳定性10^{-4}。

我国于20世纪80年代中期开始探索半球谐振陀螺。1993年半球谐振陀螺合作项目正式立项，开始由自发探索进入国家计划。2002年底，自主研制出力平衡式半球谐振陀螺原理样机，标志着国内半球谐振陀螺研制成功。该原理样机敏感器件由石英半球谐振子、激励罩、读出基座三元件组成，其谐振子直径为30mm。采用小规模集成电路完成了单元试验电路的研制，电路系统包括幅度控制回路、正交控制回路和力平衡回路。该样机实现了半球谐振陀螺的基本功能。2003年上半年完成了第二代样机的研制，与第一代样机比较，其灵敏度提高了两个数量级。其后，进行半球谐振陀螺工程样机的研究，数批半球谐振陀螺样机提交用户，用于研制卫星姿态敏感单元。经过严格的性能测试和环境试验，半球谐振陀螺已基本满足卫星姿态控制系统的要求。2007年3月半球谐振陀螺技术项目通过鉴定。中国电科26所围绕半球谐振陀螺关键技术攻关，取得了丰硕的研究成果，在静电激励技术、电容检测技术、幅度和相位误差控制技术、化学抛光技术、离子束调平技术、电极成膜技术、真空封装和真空保持技术等方面取得了重大突破，解决了制约半球陀螺发展的技术瓶颈，目前已广泛应用于航天领域。

2. 微机电振动陀螺

微机电陀螺仪是微机电系统(MEMS)技术成功的应用领域之一。现有的微机电陀螺仪包括振动梁式微机电陀螺仪、振动面式微机电陀螺仪、谐振环式微机电陀螺仪和蝶翼式微机电陀螺仪等类型。哥氏效应(Coriolis Effect)仍是所有微机电陀螺仪的基本作用原理。

1）石英振动梁(谐振音叉)微机电陀螺

石英音叉式微机电陀螺自1990年开始生产以来大量应用于平台稳定系统；高g型的微机电陀螺已研发出来并用于智能武器。目前，国内石英音叉陀螺零偏稳定性已达10(°)/h，抗冲击达到10000g，已在惯性测量系统和稳定系统中成功应用。这种陀螺在汽车电子稳定系统中也具有很好的应用前景。

2）面振动式硅微机电陀螺

面振动式硅微机电陀螺由硅材料制作，可看成一种梳齿式音叉结构，此类型又可根据检测运动的方向分为检测运动垂直于平面和在平面内两种。面振动式微机电陀螺还有四叶式结构。面振动式微机电陀螺经补偿性能已达到3°~50(°)/h(3σ)，允许环境温度为-40~85℃，承受冲击可达12000g。这种微机电陀螺已得到大量使用。

3）单晶硅谐振环式微机电陀螺

谐振环式微机电陀螺的驱动模态和检测模态都在环平面内，且模态完全相同，只是在空间角度上相差45°。角速度敏感轴为环结构法线方向。谐振环式微机电陀螺驱动轴和检测轴的运动均为差动运动。谐振环式微机电陀螺性能已达到10(°)/h(1σ)的水平。硅微机电陀螺目前大量应用在低端民用领域，近期开始进入军用领域，主要用于战术武器。国防科技大学研制的嵌套环微机电陀螺样机零偏稳定性达到导航级，拓展了微机电陀螺仪的应用领域。

近年来，我国的MEMS陀螺技术在多种微型传感器、微型执行器和微系统方面有了一定的基础和技术储备，已经初步形成设计、加工、封装、测试的系列平台，在微结构加工一致性和成品率、电路微型化以及产品的温度环境适应性方面进行了深入的研究，取得了一批研究成果，使实验室样机的技术性能指标有了进一步的提高。

1.3.4 光学陀螺

1913年法国物理学家G. Sagnac在环形光路干涉试验中发现，当光路发生旋转运动时，光干涉条纹会发生平移，干涉条纹的平移速度与光路的旋转角速度呈线性关系，这就是Sagnac效应。光学陀螺主要基于光学中的Sagnac效应检测角运动，主要包括激光陀螺与光纤陀螺。

1. 激光陀螺

环形激光陀螺(ring laser gyroscope，RLG)是一种以Sagnac效应为基础的光学陀螺，用于测量运载体相对于惯性空间的角运动，本质上是一种环形激光器。激光陀螺作为一种新型的惯性器件，较传统的机电陀螺具有动态范围大、瞬时起动、精度高、耐冲击振动能力强、可靠性高、直接数字输出、参数免标校时间长等一系列优点，被称为捷联式惯性导航/制导系统的理想部件。国外的激光陀螺研究主要是以美国和法国为代表，经过几十年的发展，在军用和民用的导航与制导、定位定向、姿态稳定与测量等领域有着广泛的应用。

1963年2月美国Sperry公司用环形行波激光器检测旋转速率获得成功，研制出世界上第一台激光陀螺实验室样机，其后经过20多年在理论研究与关键技术方面的艰苦攻关，1984年Honeywell公司的激光陀螺开始在飞机上大量使用，标志着激光陀螺的发展基本成熟，进入批量化生产阶段。

机械抖动偏频技术的发展日臻成熟，以美国Honeywell公司为代表，已经形成系列化产品型谱，从最高精度的GG1389，精度达到0.00015(°)/h，到目前世界上最小的低成本激光陀螺 GG1308,精度约为 1(°)/h,涵盖了高、中、低精度的应用领域。

四频差动激光陀螺在应用过程中不过锁区,原理上具有优势。目前四频差动偏频主要是以美国 Litton 公司的零闭锁异面腔型四频差动激光陀螺为代表,该型陀螺是真正的全固态"安静型"激光陀螺,代表着激光陀螺的发展趋势。

目前,随着微电子技术的发展,激光陀螺的控制电路已经数字化、集成化,尤其是国外的某些生产商将部分电路完全集成为专用集成芯片,不仅大大减小体积、提高可靠性,而且有利于技术保密。未来激光陀螺控制电路的发展方向是小型化、集成化和专用化,并且进一步提高电路的控制精度。

从 20 世纪 60 年代我国开始研发激光陀螺,从 70 年代开始追赶,最终在 1994 年产品定型。经过 50 多年的努力,我国的激光陀螺技术已经成熟,国防科技大学、航空工业 618 所等单位研制的激光陀螺在航空、航天、航海、陆用等多个领域得到了广泛应用。近年来,在低损耗光学镀膜技术、超精密光学加工与检测技术、超高真空密封技术、偏频技术、专用电路技术等方面都取得了较快的发展,相关的技术瓶颈得到突破,陀螺精度有了很大的提高,生产规模进一步扩大。

2. 光纤陀螺

光纤陀螺(fiber optic gyroscope, FOG)技术基于法国科学家 G. Sagnac 在 1913 年发现的 Sagnac 效应。1976 年,美国学者 V. Vali 和 R. W. Shorthill 首次提出多圈光纤环形成大等效面积闭合光路,利用 Sagnac 效应可实现载体的角运动测量。光纤陀螺具有工艺简单、力学(振动、冲击)性能好、可靠性高特点,在体积、电特性和成本等方面都具有较大的优势。相对其他型陀螺,光纤陀螺具有很大的设计灵活性,可以满足各种不同应用需求,通过选取不同的工作波长、光纤长度和结构尺寸,可得到小体积、低成本、低精度光纤陀螺,或者大体积、高精度光纤陀螺。由于光纤陀螺是一种全固态的陀螺,也是一种真正静音的陀螺,没有机械振动带来的额外噪声,可靠性高,因此在一些特殊的场合,如卫星姿态控制、机载、天基观测和成像系统的定点、定向,光纤陀螺具有极强的竞争力。

在光纤陀螺的发展过程中,经历了方案探索、技术研究、产品开发 3 个阶段。1976—1986 年是光纤陀螺发展的第一个 10 年,处于方案探索阶段。在此阶段出现了许多光纤陀螺方案,如干涉型光纤陀螺(I-FOG)、谐振型光纤陀螺(R-FOG)、布里渊型光纤陀螺(B-FOG)。许多基础技术,如宽谱光源、保偏光纤及器件、光纤环绕制技术、Y 波导调制器、模拟和数字信号检测技术都得到深入研究。光纤陀螺的各种误差因素,如 Shupe 效应、偏振非互易、后向散射、Kerr 效应都被揭示出来并找到了有效的解决方法。在这个时期，干涉型光纤陀螺的潜力已经显现出来，基于它的样机已进入试用阶段。

1986—1996年为光纤陀螺技术迅速发展和成熟时期，技术研发集中在干涉型光纤陀螺上，许多公司都开发出光纤陀螺产品并投入试用，有些公司甚至具备相当大的生产规模。在1996年举办的光纤陀螺20周年会议上，国外许多公司报道了他们的光纤陀螺产品，已能覆盖高、中、低精度范围。

20世纪90年代末至今，光纤陀螺已形成系列化产品，应用于几乎所有的惯性技术领域。近年，为提高光纤陀螺的精度、可靠性、环境适应性、集成度和进一步减小体积功耗，一些新材料和新技术被应用于光纤陀螺研究和开发，部分技术已显示出较好的潜力。国际上各光纤陀螺研究单位都集中精力开展高性能和高精度光纤陀螺研究并取得重要突破。在超高精度干涉型光纤陀螺的研究和应用领域，美国Honeywell处于前列。该公司研制的导航系统已通过外场测试，并在一些重要战略武器系统中取代已有技术。Honeywell公司对重要的光学子系统进行严格的设计，这些光学子系统包括光源组件、光纤环、探测器组件。该公司还对闭环电路、信号处理算法以及这些部分的最终集成和测试技术进行优化和提高，其研制的高精度干涉型光纤陀螺产品具备优于0.0003(°)/h的零偏稳定性和0.5×10^{-6}的标度因数误差。

我国光纤陀螺技术经过20多年的发展，北京航空航天大学等单位中等精度的光纤陀螺技术已经成熟，并具备了批量生产能力，高精度光纤陀螺技术已进入实用阶段，基于光纤陀螺的系统技术也取得了较大进展，已经用于海、陆、空、天各个领域。

1.3.5 新型陀螺

随着信息技术、纳米技术、材料技术、光学技术的发展与应用，各种新原理、新机理、新结构的陀螺不断出现，如原子陀螺、光子晶体光纤陀螺及微光机电陀螺等，对惯性传感器技术的发展起到了有力的促进作用。

1. 原子陀螺

原子陀螺是原子传感器中特殊的一类，是一种利用原子光谱感受外部转动的高性能传感器。按照工作原理，可以分为基于原子干涉的冷原子陀螺和基于原子自旋进动的核磁共振陀螺。

基于原子干涉的陀螺是一种基于物质波Sagnac效应的新型陀螺仪。利用原子波的干涉性进行惯性传感，其核心是原子干涉仪。由于典型原子的德布·罗意(de Broglie)波长比可见光波长短3万倍，且原子具有质量和内部结构，根据Sagnac效应的理论公式,在相同传输几何下,原子干涉仪的理论精度比光学陀螺灵敏度高10^{11}倍。此外,原子干涉陀螺不仅可以测量角速度,相同的结构或者稍加改进就可以测量加速度和重力梯度。因此,原子干涉陀螺在惯性导航、地球物理学探测、爱因斯坦广义相对论验证等领域具有广阔的应用前景。20世纪90年代至今,随着原子光学技术,尤其是激光冷却原子技术的进步,原子干涉技术和以之为基础的原子陀螺技术研究取得了突破性进展。1998,美国耶鲁大学基于铯原子源的干涉仪测量转动,首次演示了原子干涉陀螺效应。2011年,美国斯坦福大学采用拉曼脉冲序列将冷原子干涉陀螺的角度随机游走降低至$2.95\times10^{-4}(°)/\sqrt{h}$。

除了基于干涉的原子陀螺外,另一种利用碱金属特性的高精度原子陀螺是基于原子自旋进动的陀螺技术,包括核磁共振陀螺和基于SERF态的原子自旋陀螺。与原子干涉陀螺相比,原子自旋陀螺的最大优势在于其小型化和微型化的可能性及其实现技术的简单性。

核磁共振(nuclear magnetic resonance,NMR)是20世纪40年代中期发现的低能量电磁波与物质相互作用的一种物理现象。概括而言,NMR现象表现为:一定种类的具有自旋的原子核也有磁矩,在外加磁场的作用下会沿平行于磁场的方向以一定频率进动,该频率称为拉莫尔频率。如果这种原子核自旋系统以一定角速度相对于惯性参考系转动,则测得的进动频率会发生改变,为拉莫尔频率和转动角速率之和。通过检测频率的变化就可以计算转动角度。这就是原子自旋陀螺的基本原理。21世纪初,美国国防部高级研究计划局(Defense Advanced Research Projects Agency,DARPA)启动“Micro-PNT”计划,使核磁共振陀螺成为研究热点。2005年,Northrop Grumman公司研制成功核磁共振陀螺样机。2013年,该公司研制出体积$10cm^3$、零偏稳定性$0.02(°)/h$、角度随机游走$0.005(°)/\sqrt{h}$的核磁共振陀螺工程样机。

关于SERF原子自旋陀螺的研究,主要集中在美国普林斯顿大学。2005年,普林斯顿大学提出了一种新型的原子自旋陀螺,在该陀螺中,碱金属原子工作在无自旋-互换弛豫区(spin exchange relaxation free,SERF),使得系统对于磁场、磁场梯度及其瞬态变化不敏感,同时将对自旋交换和光频移的敏感压缩到一阶。此外,由惰性气体和碱金属自旋之间耦合产生的动态阻尼也提高了陀螺的带宽和瞬态响应。2011年普林斯顿大学采用工作介质^{21}Ne-Rb-Cs将等效陀螺分辨率提升至$1.8\times10^{-7}(°)/s$。

自2010年以来,我国原子陀螺技术取得了突飞猛进的发展。以北京航空航天大学、航天科工33所、中国科学院武汉物理数学所等单位为代表的多家单位开展了原子惯性技术的研究。在原子干涉陀螺研究方面，采用连续冷原子束的空间型马赫-曾德(Mach-Zehnder)干涉构型的原子陀螺技术，并进行了小型原子自旋陀螺/芯片、原子磁强计方面的理论研究；采用脉冲冷原子团的时间型马赫·曾德干涉构型的原子陀螺技术，已建成试验系统，实现了干涉效应，并开展了原子干涉重力仪的研究。

2. 光子晶体光纤陀螺

光子晶体光纤陀螺是一种新型的微光学陀螺，利用微纳米加工工艺实现陀螺的一体化加工。随着光纤制造加工工艺的提高以及对光子晶体概念理解的深入，出现了光子晶体光纤(photonic crystal fiber，PCF)。由于光子晶体优异的光学特性，在实现微型化和高度集成的同时，提高了光学器件的性能，从而使陀螺在检测精度、动态范围以及抗干扰能力等方面都有所提高。

光子晶体光纤陀螺根据原理的不同，可以分为干涉式光子晶体光纤陀螺和谐振式光子晶体光纤陀螺。其中，干涉式光子晶体光纤陀螺依靠 PCF 自身性能得到技术提升，但受限于 PCF 价格较高，数百米乃至千米量级的光纤环极大地增加了成本，能够应用于不受体积和成本限制的精密级陀螺领域。对于谐振式光子晶体光纤陀螺，能够综合谐振式陀螺小型化特点与 PCF 自身高性能的技术优势，实现小型化高精度光纤陀螺的技术方案。

国外光子晶体光纤陀螺的研究在 2000 年以后，尤其是 2005 年以后，取得了丰硕的研究成果。主要研究单位包括 Honeywell、Litton、Draper 实验室、斯坦福大学等。2006 年，Draper 实验室研制的干涉式光纤陀螺角度随机游走 $0.01(°)/\sqrt{h}$，2012 年，斯坦福大学研制的谐振式光纤陀螺角度随机游走 $0.055(°)/\sqrt{s}$。

国内目前开展光子晶体光纤陀螺研究的单位主要有北京航空航天大学等。在谐振型光子晶体光纤陀螺技术方面，采用 PCF 掺铒光纤代替传统的掺铒光纤以得到更稳定的光纤光源；采用 PCF 保偏光纤代替传统的保偏光纤得到更稳定的光纤环，并针对光子晶体光纤陀螺的稳定性和光子晶体光纤的抗辐射特性进行相关的理论和试验研究；在干涉式光子晶体光纤陀螺技术方面进行保偏光子晶体光纤陀螺的研究。

3. 微光机电陀螺

微光机电系统(micro optical electro-mechanical system，MOEMS)技术的发展和应用为惯性传感器技术的研究展现了广阔而全新的前景。微光机电陀螺采用先进的微米/纳米集成光电子技术，与传统光学陀螺相比，具有体积小、重力轻、耐振动、成本低等优点，与微机电陀螺相比，具有抗冲击、精度高等优点，因此在光学陀螺和微机电陀螺之间有诸多用武之处。

把 MOMES 技术应用于惯性传感器领域而诞生的微光机电陀螺可分为谐振式和干涉式两种。谐振式微光机电陀螺主要采用在新型材料上制作微型谐振器的技术来实现。比较有代表性的是 Honeywell 公司的谐振式微光机电陀螺。该陀螺的谐振腔直径 2cm,基于波导的光学谐振腔和耦合器的损耗小于 0.5%,光源波长为 1550nm,波导中加入增益介质以抵消损耗,理论上零偏稳定性可达 1(°)/h。干涉式微光机电陀螺主要采用硅片上制造光波导或微镜阵列等技术替代光纤线圈。2000 年,美国空军研究所开发的 AFIT 干涉式微光机电陀螺,在 $1cm^2$ 的基片上灵敏度可达到 0.6761(°)/s。

近年来,国内清华大学、浙江大学、中北大学、中船重工 704 所开展了微光机电陀螺技术研究,取得了一定进展。开展了声表面波和光学读出相结合的微光机电陀螺技术方案的研究,完成了硅基和石英基微光机电陀螺试验样品的研制。开展了微腔结构微光机电陀螺的研究,在硅基底上制作了微型谐振腔,在结构设计和工艺加工方面也取得了进展。

思 考 题

1.1 什么是惯性传感器?

1.2 什么是加速度计?它分为哪几类以及各自的特点是什么?

1.3 什么是陀螺?它分为哪几类以及各自的特点是什么?

1.4 举例说明惯性传感器的典型应用有哪些。

参 考 文 献

[1] 中国科学技术协会. 惯性技术学科发展报告[M]. 北京:中国科学技术出版社,2010.

[2] 孟秀云. 导弹制导与控制系统原理[M]. 北京:北京理工大学出版社,2003.

[3] 杨立溪. 惯性技术手册[M]. 2 版. 北京:中国宇航出版社,2013.

[4] 秦和平. 国内外军用惯性加速度计发展现状回顾[J]. 学习与思考(内刊),2020(2).

第 2 章　加 速 度 计

加速度计是用于测量载体相对惯性空间线运动加速度的传感器,又称为加速度表。目前广泛应用的加速度计的理论基础是牛顿定律,通过测量检测质量块所受的惯性力测量加速度,根据检测质量的支撑结构形式和材料特点不同,加速度计一般有石英挠性摆式加速度计、硅挠性摆式加速度计、金属挠性摆式加速度计、液浮摆式加速度计、静电摆式加速度计、石英振梁加速度计等。根据检测质量所受惯性力的测量原理和信号输出形式不同,一般有摆式陀螺积分加速度计、压电加速度计、振弦加速度计、光纤加速度计等。按原理和功能,有压阻型冲击加速度计、压电型冲击加速度计等。按制造工艺特点,有微机电加速度计等。

2.1　加速度计的基本原理

2.1.1　比力与加速度

人在封闭的垂直升降电梯中可感受到电梯是加速运动还是在减速运动,原因是人可以根据脚底压力变化判断地板对其支承力的变化,进而推测出电梯的运动状态。

加速度计的测量原理与此有类似之处,是基于牛顿第二定律,通过间接测量相应的力来测量加速度的。以质量块-弹簧加速度计模型为例,如图 2.1 所示。

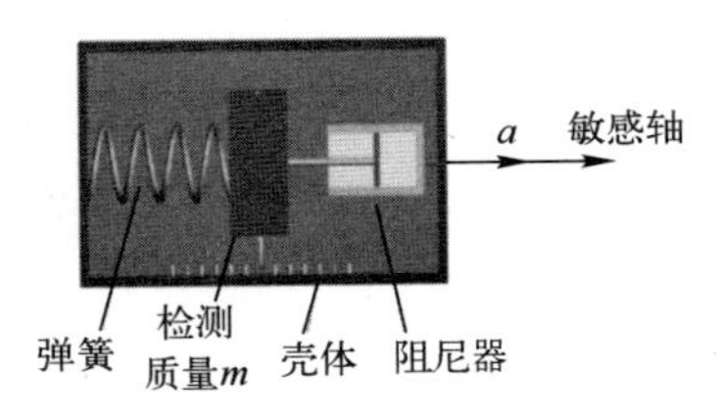

图 2.1　质量块-弹簧加速度计模型

基于牛顿第二定律,沿加速度计敏感轴方向有 $F=ma$,式中 a 为载体或加速度计壳体沿加速度计敏感轴方向的运动加速度,F 为检测质量 m 沿加速度计敏感轴方向所受惯性力，$F=F_{非}+mg$，其中 $F_{非}$ 为检测质量所受沿加速度计敏感轴方向的来自弹簧和阻尼器的约束力，g 为沿加速度计敏感轴方向的万有引力加速度，主要来自地球，若在太空中还要考虑太阳、月球以及其他星体的万有引力加速度。

$$a=\frac{F_{非}}{m}+g=f+G \tag{2.1}$$

式中：约束力 $F_{非}$ 与检测质量 m 的比值 $f=F_{非}/m$ 称为比力。弹簧受力会发生形变，注意图 2.1 中壳体上的刻度和检测质量块上的指针，通过检测质量块相对加速度计壳体的位移，可检测约束力 $F_{非}$ 或比力 f，即加速度计的直接测量结果是沿敏感轴方向的比力 f。

通过测量得到的比力与万有引力加速度相加，即可得到运动载体相对惯性空间线运动加速度。反过来，如果运动载体相对惯性空间线运动加速度已知，可以通过测量比力推算万有引力加速度，从而测量重力场。

设质量块位移为 x，弹簧劲度系数为 k，阻尼器的阻尼系数为 c，则有

$$m(\ddot{x}+a)=-kx-c\dot{x}+mg \tag{2.2}$$

式中：$\dot{x}$、$\ddot{x}$ 分别为质量块相对于加速度计壳体的运动速度和加速度；$\ddot{x}+a$ 为质量块沿加速度计敏感轴方向相对于惯性空间的运动加速度。由式（2.2）整理得

$$-\left[\ddot{x}+\frac{c}{m}\dot{x}+\frac{k}{m}x\right]=a-g=f \tag{2.3}$$

令 $\frac{k}{m}=\omega_{n}^{2}$，$\frac{c}{m}=2\xi\omega_{n}$，则有

$$-[\ddot{x}+2\xi\omega_{n}\dot{x}+\omega_{n}^{2}x]=f \tag{2.4}$$

零初始条件下对式（2.4）取拉普拉斯变换，得

$$-[s^{2}x(s)+2\xi\omega_{n}sx(s)+\omega_{n}^{2}x(s)]=f(s) \tag{2.5}$$

可得质量块-弹簧加速度计的传递函数模型为

$$x(s)=\frac{-1}{s^{2}+2\xi\omega_{n}s+\omega_{n}^{2}}f(s) \tag{2.6}$$

通过测量质量块位移，间接测量力，进而测量比力。严格地讲，加速度计应称为“比力计”。

2.1.2　摆式加速度计基本原理

图 2.1 所示的质量块-弹簧加速度计模型中，敏感质量块的运动为线位移模式，相应的加速度计称为线位移加速度计。与其相对应，摆式加速度计模型如图 2.2 所示，敏感质量块（摆锤）通过摆臂和铰链支承在壳体上，敏感质量块的

运动为角位移模式。

对于图 2.2(a)中的开环式加速度计,当沿 x 轴方向存在加速度 a 时,摆锤将受到方向相反的惯性力 $-ma$,惯性力矩使摆偏离平衡位置,绕输出轴旋转 θ 角,此时惯性力矩大小为 $mal\cos\theta$。假设沿加速度计 x 轴方向的万有引力加速度分量为 g,则万有引力加速度引起的力矩大小为 $-mgl\cos\theta$,l 为摆锤质心到铰链的距离。

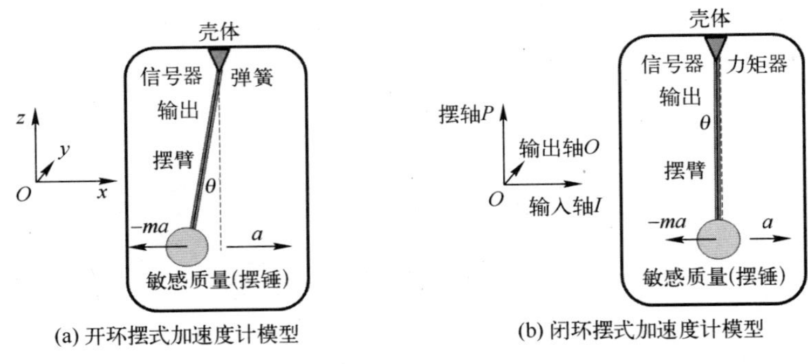

(a) 开环摆式加速度计模型 (b) 闭环摆式加速度计模型

图 2.2 摆式加速度计模型

弹簧产生与惯性力矩反向的弹性力矩 $k\theta$,同时存在与角速度大小成正比的阻尼力矩,设阻尼系数为 c,摆的转动惯量为 J。

基于达朗贝尔原理,采用"动静法",力矩平衡方程式表示为

$$-J\ddot{\theta}-c\dot{\theta}-k\theta+mal\cos\theta-mgl\cos\theta=0 \tag{2.7}$$

当 θ 为小角度时,近似有 $\cos\theta\approx1$,则

$$J\ddot{\theta}+c\dot{\theta}+k\theta=ml(a-g)=P(a-g)=Pf \tag{2.8}$$

式中:P 为加速度计的摆性 $P=ml$;f 为比力,$f=a-g$。

零初始条件下,拉普拉斯变换得传递函数模型为

$$\theta(s)=\frac{P}{Js^2+cs+k}f(s) \tag{2.9}$$

可见,和线位移加速度计类似,摆式加速度计直接测量结果也是比力 $a-g$,而不是加速度 a。

图 2.2 中的开环式加速度计将比力信号转化为角位移信号,实现对比力的测量,但这种测量模式存在以下缺陷:当比力信号较大时,θ 角不再是小角度,假设 $\cos\theta\approx1$ 将引入较大的误差。同时,沿 y 轴的载体运动加速度以及万有引力加速度也会造成摆的角位移信号,产生交叉耦合误差。此外铰链角刚度 k 的非线性在 θ 角较大时也会引起非线性误差。解决途径是采用闭环检测模式,

即图 2.2(b)中的闭环摆式加速度计方案。

闭环摆式加速度计根据摆的角位移信号,产生反馈电流,驱动力矩器产生力矩使摆轴回到原来的平衡位置,从而使 θ 角始终是小角度,而反馈电流的大小就对应了被测比力信号的大小。

闭环摆式加速度计传递函数框图如图 2.3 所示。相应地,传递函数表示为

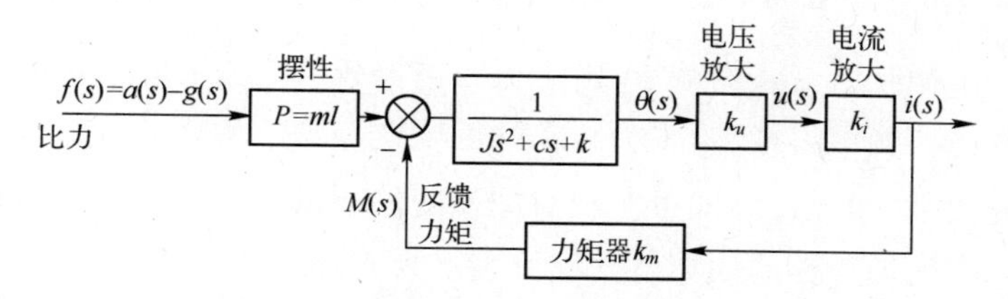

图 2.3　闭环摆式加速度计传递函数框图

$$
\begin{aligned}
i(s) &= \frac{Pk_{\mathrm{u}}k_{\mathrm{i}}}{Js^2+cs+k+k_{\mathrm{u}}k_{\mathrm{i}}k_{\mathrm{m}}}f(s) = \frac{P}{k_{\mathrm{m}}}\frac{k_{\mathrm{u}}k_{\mathrm{i}}k_{\mathrm{m}}}{Js^2+cs+k+k_{\mathrm{u}}k_{\mathrm{i}}k_{\mathrm{m}}}f(s) \\
&= k_{\mathrm{a}}\frac{k_{\mathrm{s}}}{Js^2+cs+k+k_{\mathrm{s}}}f(s)
\end{aligned}
\tag{2.10}
$$

通常情况下有 $k_{\mathrm{s}}=k_{\mathrm{u}}k_{\mathrm{i}}k_{\mathrm{m}}\gg k$,则稳态时有

$$
i=\frac{P}{k_{\mathrm{m}}}f=k_{\mathrm{a}}f \tag{2.11}
$$

式中:k_{a} 为加速度计标度因数 $k_{\mathrm{a}}=\frac{P}{k_{\mathrm{m}}}$;$k_{\mathrm{s}}$ 为闭环摆式加速度计伺服回路刚度 $k_{\mathrm{s}}=k_{\mathrm{u}}k_{\mathrm{i}}k_{\mathrm{m}}$。

对于闭环摆式加速度计,通常称摆臂所在轴线为摆轴 P,摆臂绕输出轴(也称为枢轴)O 摆动,与摆轴和输出轴垂直的轴线称为输入轴 I,I 轴是摆式加速度计的敏感轴。

2.1.3　振动式加速度计基本原理

振动式加速度计包括振弦加速度计和振梁加速度计。

(1) 振弦加速度计(vibrating string accelerometer, VSA)的基本原理是利用振弦的谐振频率与所受张力间的函数关系测量加速度。结构原理如图 2.4 所示。

加速度计的检测质量块由左右两根绷紧的金属振弦牵引,激励器使金属振弦起振,两根振弦在永磁体的气隙磁场中做等幅正弦振动。

当在敏感轴方向存在加速度时,检测质量的惯性力将使一个振弦所受张力

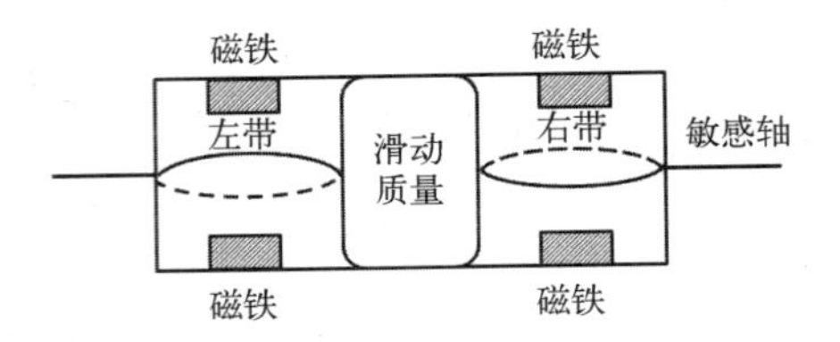

图 2.4　振弦加速度计基本原理

增大而另一个振弦所受张力减小，由于振弦谐振频率与张力间的函数关系，张力增大的振弦谐振频率将增高，张力减小的振弦谐振频率将降低，通过拾振器检测两根振弦的频率，通过计算即可实现对加速度的测量。

图 2.4 中均匀振弦的动力学方程可表示为

$$-T\frac{\partial^2 y}{\partial x^2}+\mu\frac{\partial^2 y}{\partial t^2}=0 \tag{2.12}$$

式中：T 为弦所受张力；μ 为单位长度上弦的质量；x 为沿弦方向的坐标；y 为弦上一点的振动幅值，y 为 x 以及时间 t 的函数，即 $y=y(x,t)$。由于弦的两个端点波动幅值为 0，因此有边界条件

$$y(0)=y(L)=0 \tag{2.13}$$

式中：L 为弦长。弦的振动为驻波，根据式(2.12)、式(2.13)，波动方程的解可表示为

$$y=y(x,t)=A\sin\frac{\pi x}{L}\sin 2\pi ft \tag{2.14}$$

将式(2.14)代入式(2.12)中，得

$$T\left(\frac{\pi}{L}\right)^2 A\sin\frac{\pi x}{L}\sin 2\pi ft-4\pi^2 f^2\mu A\sin\frac{\pi x}{L}\sin 2\pi ft=0$$

整理得：$T\left(\frac{\pi}{L}\right)^2-4\pi^2 f^2\mu=0$，$f^2=\frac{T}{4\mu L^2}$，即得弦的振动频率为

$$f=\frac{1}{2L}\sqrt{\frac{T}{\mu}} \tag{2.15}$$

则图 2.4 中，左、右两根弦的谐振频率分别为

$$\begin{cases} f_1=\frac{1}{2L}\sqrt{\frac{T_1}{\mu}} \\ f_r=\frac{1}{2L}\sqrt{\frac{T_r}{\mu}} \end{cases} \tag{2.16}$$

式中：T_1、T_r 分别为左、右振弦所受张力，有

$$\begin{cases}T_l = T_0 - m(a-g)\\ T_r = T_0 + m(a-g)\end{cases} \tag{2.17}$$

式中：m 为检测质量；a 为沿敏感轴方向相对惯性空间的运动加速度；g 为沿敏感轴方向的万有引力加速度；$(a-g)$ 为比力；T_0 为比力为零时左、右振弦所受初始张力。

由式(2.16)和式(2.17)得

$$2m(a-g) = T_r - T_l = 4L^2\mu(f_r^2 - f_l^2) \tag{2.18}$$

整理得

$$(a-g) = \frac{2\mu L^2}{m}(f_r^2 - f_l^2) \tag{2.19}$$

振弦加速度计具有结构简单、成本低、可直接数字输出等优点；但精度不高，易受环境温度影响。因此，适于低成本的战术应用。

(2) 振梁加速度计也称为谐振式加速度计，其结构原理如图 2.5 所示。与摆式加速度计相比，铰链、摆臂和检测质量构成的摆组件是类似的，不同的是通过谐振梁将检测质量及摆臂限制在了平衡位置。

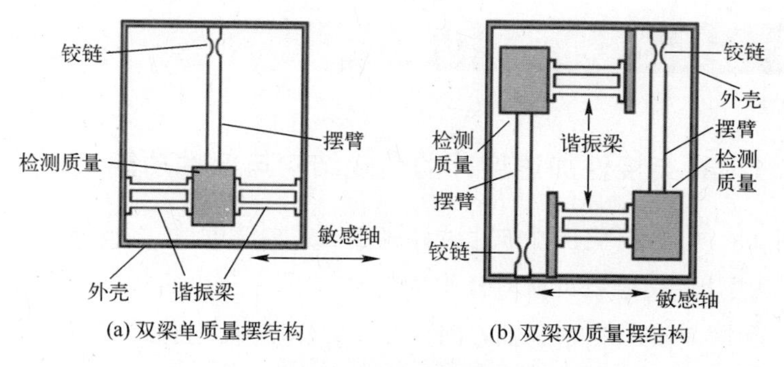

图 2.5 振梁加速度计两种典型结构原理

当在敏感轴方向存在加速度时，检测质量的惯性力将使一个谐振梁拉伸而另一个谐振梁压缩，由于谐振梁的力频特性，拉伸的谐振梁固有频率将增高，压缩的谐振梁固有频率将降低，则通过检测谐振器的频率差即可实现对加速度的测量。

类似对振弦的动力学分析，对于振梁也可以进行定量的动力学分析与建模。振梁加速度计是基于谐振梁的力频特性实现对比力的测量。

可求得两根梁的谐振频率是敏感轴方向上比力的非线性函数，经泰勒级数展开，可分别表示为

$$\begin{cases} f_{q1}=k_{01}+k_{11}(a-g)+k_{21}(a-g)^2+k_{31}(a-g)^3 \\ f_{q2}=k_{02}-k_{12}(a-g)+k_{22}(a-g)^2-k_{32}(a-g)^3 \end{cases} \tag{2.20}$$

求差,得

$$f_{q1}-f_{q2}=(k_{01}-k_{02})+(k_{11}+k_{12})(a-g)+(k_{21}-k_{22})(a-g)^2+(k_{31}+k_{32})(a-g)^3 \tag{2.21}$$

式中:$(k_{01}-k_{02})(k_{11}+k_{12})(k_{21}-k_{22})$和$(k_{31}+k_{32})$分别称为偏值(或零偏)、标度因数、二次项系数、三次项系数。

谐振梁通常采用石英晶体或单晶硅材料,相应地,加速度计称为石英振梁加速度计、硅振梁加速度计。石英振梁加速度计利用压电效应使谐振梁振动,硅振梁加速度计利用静电驱动使谐振梁振动。

由于通过谐振梁将检测质量及摆臂限制在平衡位置,因此不会造成敏感轴方向相对加速度计壳体的变动,这种全固态结构使其能够承受高加速度过载。振梁加速度计体积小、重量轻、功耗低、可直接数字脉冲信号输出、性价比高。适用于低成本的战术级和导航级惯性系统。

2.2 石英挠性加速度计

2.2.1 石英挠性加速度计的组成结构与部件功能

如图 2.6 所示,石英挠性加速度计属于摆式加速度计,以挠性石英摆片作为支承,石英摆片由熔融石英材料经化学刻蚀方法加工,稳定性好。摆组件提供检测质量 m 和摆 $P=ml$,当敏感轴方向存在比力作用时,电感式或电容式信号器测量摆偏离平衡位置的位移,生成相应的电信号,经反馈电路放大,产生电流信号,通过力矩器线圈产生力矩,使摆回到平衡位置,电流信号的大小就对应了敏感轴方向的比力。

2.2.2 信号检测与处理过程

参考图 2.3 所示闭环摆式加速度计传递函数框图与图 2.6 所示石英挠性加速度计结构原理,信号器、力矩器是信号检测与处理过程中的关键部件。为了将电流信号转换为计算机容易处理的数字脉冲信号,通常采用电流/频率转换电路(I/f 转换电路),下面结合这些典型部件,说明石英挠性加速度计的信号检测与处理过程。

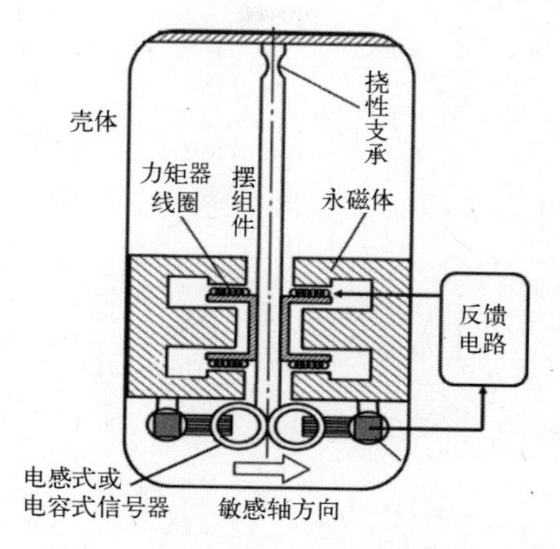

图 2.6　石英挠性加速度计结构原理

1. 电感式信号器

电感式信号器利用两个线圈间的互感作为其距离的函数来测量位移变化，也称为动圈式信号器。电感式信号器原理示意图及其电路原理如图 2.7 和图 2.8所示。

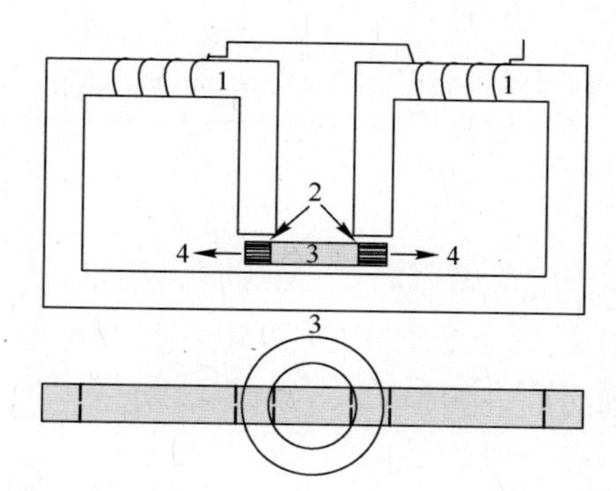

1—励磁线圈；2—空气隙；3—动线圈；4—位移检测方向。

图 2.7　动圈式传感器的截面

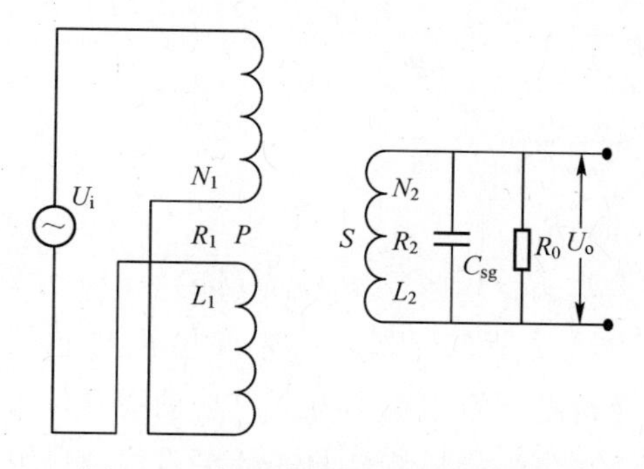

图 2.8　动圈式传感器的工作原理

励磁线圈中电流为

$$I_{\mathrm{i}}(\mathrm{j}\omega)=\frac{U_{\mathrm{i}}(\mathrm{j}\omega)}{R_1+\mathrm{j}\omega L_1} \tag{2.22}$$

式中：R_1 为励磁线圈电阻；L_1 为励磁线圈电感。

产生的磁势为

$$F_{\mathrm{i}}(\mathrm{j}\omega)=N_1 I_{\mathrm{i}}(\mathrm{j}\omega)=\frac{N_1 U_{\mathrm{i}}(\mathrm{j}\omega)}{R_1+\mathrm{j}\omega L_1} \tag{2.23}$$

在空气隙中的磁感应强度为

$$B(\mathrm{j}\omega)=\frac{F_{\mathrm{i}}(\mathrm{j}\omega)}{2\delta}=\frac{\mu_0 N_1 U_{\mathrm{i}}(\mathrm{j}\omega)}{2\delta(R_1+\mathrm{j}\omega L_1)} \tag{2.24}$$

式中：$\mu_0=4\pi\times10^{-7}\mathrm{N/A^2}$ 为真空中的磁导率，可近似为空气中的磁导率；δ 为单侧空气隙间距。

由于有左、右两侧间隙，因此总间隙为 2δ。则在动线圈中的磁通量和感应电势分别为

$$\Phi(\mathrm{j}\omega)=S_{\mathrm{sg}}N_2 B(\mathrm{j}\omega)=\frac{S_{\mathrm{sg}}N_2 F_{\mathrm{i}}(\mathrm{j}\omega)}{2\delta}=\frac{\mu_0 S_{\mathrm{sg}}N_1 N_2 U_{\mathrm{i}}(\mathrm{j}\omega)}{2\delta(R_1+\mathrm{j}\omega L_1)} \tag{2.25}$$

$$U_{\mathrm{m}}(\mathrm{j}\omega)=-\mathrm{j}\omega\Phi(\mathrm{j}\omega)=-\mathrm{j}\omega S_{\mathrm{sg}}N_2 B(\mathrm{j}\omega)=\frac{-\mathrm{j}\omega S_{\mathrm{sg}}N_2 F_{\mathrm{i}}(\mathrm{j}\omega)}{2\delta}=\frac{-\mathrm{j}\omega\mu_0 S_{\mathrm{sg}}N_1 N_2 U_{\mathrm{i}}(\mathrm{j}\omega)}{2\delta(R_1+\mathrm{j}\omega L_1)} \tag{2.26}$$

式中：S_{sg} 为动线圈实际等效磁路截面积，是线圈位置的函数。

考虑实际动线圈中的分布电容 C_{sg} 以及电压检测电路中的输入电阻 R_0，R_2 为动线圈电阻，L_2 为动线圈电感。

动线圈输出电压为

$$U_{\mathrm{o}}(\mathrm{j}\omega)=\frac{U_{\mathrm{m}}(\mathrm{j}\omega)}{R_2+\mathrm{j}\omega L_2+\dfrac{R_0\dfrac{1}{\mathrm{j}\omega C_{\mathrm{sg}}}}{R_0+\dfrac{1}{\mathrm{j}\omega C_{\mathrm{sg}}}}}\cdot\frac{R_0\dfrac{1}{\mathrm{j}\omega C_{\mathrm{sg}}}}{R_0+\dfrac{1}{\mathrm{j}\omega C_{\mathrm{sg}}}} \tag{2.27}$$

$$=\frac{U_{\mathrm{m}}(\mathrm{j}\omega)R_0}{[R_2+\mathrm{j}\omega L_2][\mathrm{j}\omega C_{\mathrm{sg}}R_0+1]+R_0}=\frac{U_{\mathrm{m}}(\mathrm{j}\omega)R_0}{R_0 C_{\mathrm{sg}}L_2(\mathrm{j}\omega)^2+[L_2+R_2 R_0 C_{\mathrm{sg}}]\mathrm{j}\omega+(R_0+R_2)}$$

显然，根据式(2.27)，R_0 设计得越大，分布电容、电感的影响越小；励磁频率越高，输出电压灵敏度越高。希望输出电压只是动线圈位置的函数，因此将励磁频率设计在输出电压的幅频、相频特性曲线的平直段，且励磁频率尽量高。

电感式信号器在摆式加速度计的再平衡回路以及角速率检测的机械转子陀螺的再平衡回路中均有应用。

电感式信号器典型参数如下。

- 分辨力:线位移 0.1μm,角位移 0.1″。
- 灵敏度:线位移 0.1~10V/mm,角位移 10~100mV/mrad。
- 线性度:≤0.1%。
- 测量范围:±(0.5~500nm)。
- 励磁频率:3~50kHz。

2. 电容式信号器

电容式信号器将线位移或角位移转换为电容值的变化,通过检测电路将电容变化量转换为电压或电流信号,实现位移检测。

忽略极板边缘电场,平板电容器的电容量为

$$C=\frac{\varepsilon_r\varepsilon_0 A}{d} \tag{2.28}$$

式中:ε_0 为真空介电常数,$\varepsilon_0=8.85\times10^{-12}$F/m;$\varepsilon_r$ 为介质的相对介电常数。

显然,位移变化造成极板面积 A 改变、极板间标称间隙 d 改变均可使电容值发生相应的变化。

除平板式结构外,还可以将电容式信号器设计为同轴圆筒形。

虽然电容与极板面积 A 为线性关系,但与极板间标称间隙 d 为双曲线函数关系。一方面可以将检测位移变化限制在较小的范围内;另一方面可以采用平板式差动电容信号器改善测量线性度,如图 2.9 所示。

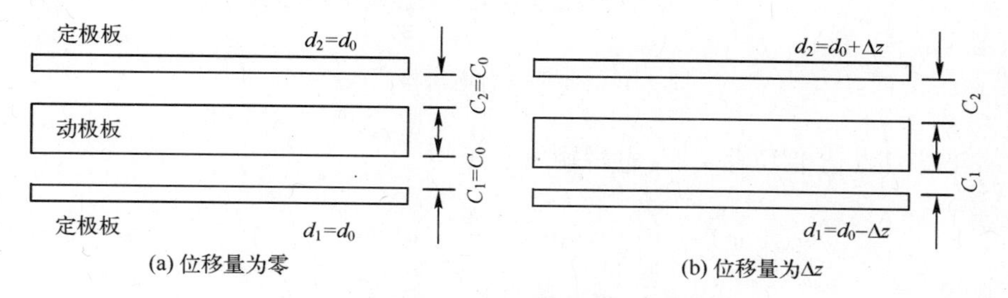

图 2.9　平板式差动电容传感器结构示意图

当动极板处于初始平衡位置时,位移量为零,此时有

$$C_1=C_2=C_0=\frac{\varepsilon_r\varepsilon_0 A}{d_0} \tag{2.29}$$

当动极板产生微小的位移量 Δz 时,两个差动电容的极板间隙变为

$$d_1=d_0-\Delta z,\quad d_2=d_0+\Delta z \tag{2.30}$$

相应的容值变为

$$C_1=\frac{\varepsilon_r\varepsilon_0 A}{d_0-\Delta z}=\frac{\varepsilon_r\varepsilon_0 A}{d_0}\cdot\frac{1}{1-\dfrac{\Delta z}{d_0}}=C_0\left[1+\frac{\Delta z}{d_0}+\left(\frac{\Delta z}{d_0}\right)^2+\left(\frac{\Delta z}{d_0}\right)^3+\cdots\right]\approx C_0\left(1+\frac{\Delta z}{d_0}\right) \tag{2.31}$$

$$C_2=\frac{\varepsilon_r\varepsilon_0 A}{d_0+\Delta z}=\frac{\varepsilon_r\varepsilon_0 A}{d_0}\cdot\frac{1}{1+\dfrac{\Delta z}{d_0}}=C_0\left[1-\frac{\Delta z}{d_0}+\left(\frac{\Delta z}{d_0}\right)^2-\left(\frac{\Delta z}{d_0}\right)^3+\cdots\right]\approx C_0\left(1-\frac{\Delta z}{d_0}\right) \tag{2.32}$$

两个电容的容值差为

$$\Delta C=C_1-C_2=2C_0\left[\frac{\Delta z}{d_0}+\left(\frac{\Delta z}{d_0}\right)^3+\left(\frac{\Delta z}{d_0}\right)^5+\cdots\right]\approx\frac{2C_0}{d_0}\Delta z \tag{2.33}$$

通过差动电容器,改善了位移测量的线性度。

电桥检测电路是差动电容检测技术中一种常用电路,如图 2.10 所示,C_1、C_2分别为差动电容器的两个对应电容容值,电桥上另外两个电容取值为 $C_3=C_4=C_0$。电容 C_1、C_2、C_3、C_4的阻抗分别为 Z_1、Z_2、Z_3、Z_4。

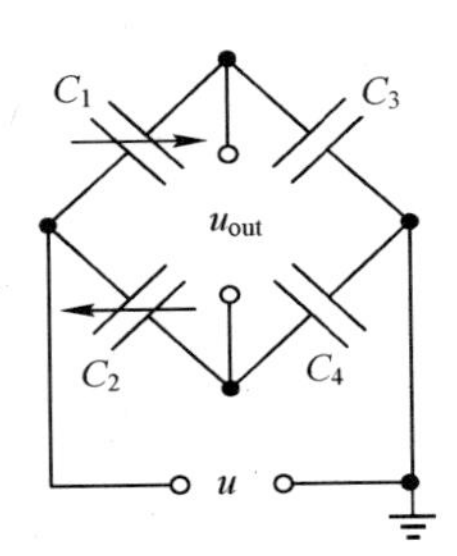

图 2.10 差动电容电桥检测电路

当动极板产生位移 x 时,电桥输出电压为

$$\begin{aligned}u_{out}(j\omega)&=\frac{Z_3}{Z_1+Z_3}u(j\omega)-\frac{Z_4}{Z_2+Z_4}u(j\omega)\\&=\frac{\dfrac{1}{j\omega C_3}}{\dfrac{1}{j\omega C_1}+\dfrac{1}{j\omega C_3}}u(j\omega)-\frac{\dfrac{1}{j\omega C_4}}{\dfrac{1}{j\omega C_2}+\dfrac{1}{j\omega C_4}}u(j\omega)\\&=\left[\frac{C_1}{C_1+C_3}-\frac{C_2}{C_2+C_4}\right]u(j\omega)\end{aligned}$$

$$
= \left[\frac{C_0 + C_0 \dfrac{x}{d_0}}{C_0 \dfrac{x}{d_0} + 2C_0} - \frac{C_0 - C_0 \dfrac{x}{d_0}}{-C_0 \dfrac{x}{d_0} + 2C_0} \right] u(\mathrm{j}\omega)
$$

$$
= \frac{2 \dfrac{x}{d_0}}{4 - \left(\dfrac{x}{d_0} \right)^2} u(\mathrm{j}\omega) \approx \frac{x}{2d_0} u(\mathrm{j}\omega) \tag{2.34}
$$

这种检测电路与交流信号放大电路配合使用,用于“调制—放大—解调”形式的再平衡回路。电容式信号器不仅在摆式加速度计的再平衡回路中有所应用,而且在用于角速率检测的机械转子陀螺的再平衡回路中也有应用。

电容式信号器技术参数与具体的结构形式和检测电路密切相关,典型参数如下。

- 分辨力:线位移 0.01μm,角位移 0.01″。
- 灵敏度:线位移 2pF/μm,角位移 30pF/mrad。
- 线性度:≤0.01%。
- 励磁频率:10kHz~10MHz。

相对于电感式信号器,电容式信号器结构简单、质量轻、无谐波、无干扰磁场、不受外磁场干扰;电容极板间的空气可以为动极板提供良好的运动阻尼,动极板只能限制在两个固定极板间运动,提供了过载止挡;缺点是对电场干扰敏感。

3. 力矩器

永磁动圈式力矩器的典型结构如图 2.11 所示,由磁导体、永磁体、动圈、力矩器骨架、磁导帽等构件组成,动圈位于闭合磁路气隙中,动圈中通入电流,在磁场中受力,就会产生与电流大小成正比的力和力矩。永磁式力矩器典型技术参数如下。

- 标度因数:5~200mN · m/mA。
- 零位力矩:≤10^{-7}mN · m。
- 标度因数对称度:10^{-5}~10^{-4}。
- 非线性:10^{-5}~10^{-4}。
- 标度因数稳定性:10^{-6}。

永磁动圈式力矩器结构简单、输出力矩大、零位力矩小、线性度好,具有高对称性和高稳定性;一般工作的行程范围比较小,属于微动驱动器。在应用中需要

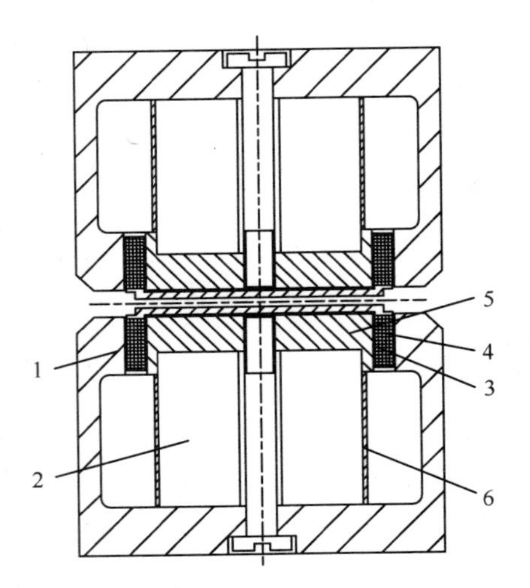

1—轭铁；2—磁钢；3—动圈；4—骨架；5—磁导帽；6—热磁补偿环。

图 2.11　加速度计的动圈式力矩器

考虑永磁体材料磁性能的一致性和长期稳定性，需要通过磁屏蔽减小永磁体磁场的其他影响。

永磁动圈式力矩器不仅用于石英挠性加速度计，而且用于液浮陀螺、动力调谐陀螺的闭环检测力平衡回路。

4. 电流/频率转换器

石英挠性加速度计采用闭环检测方案，当沿敏感轴方向的比力使加速度计摆轴偏离平衡位置时，力矩器产生力矩使摆轴回到原来的平衡位置，而反馈电流的大小就对应了被测比力信号的大小。

为方便计算机数据采集，通常采用电流/频率转换器（I/f 转换器）将反馈电流信号转换为脉冲频率信号。

其基本原理框图如图 2.12 所示。

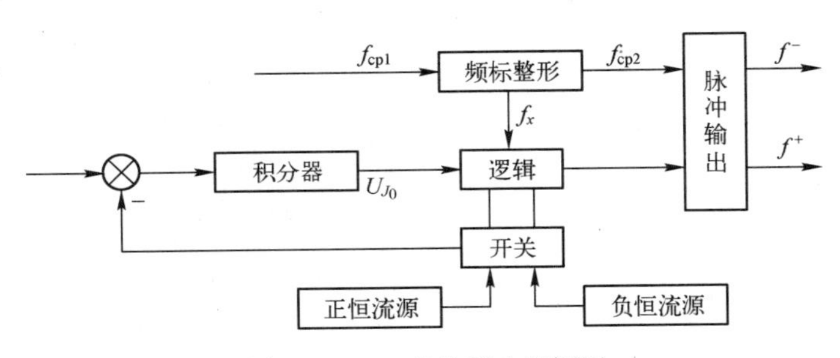

图 2.12　I/f 变换器功能框图

I/f 转换器由积分器、逻辑电路、极性开关、恒流源、频标整形、脉冲输出等部分组成。

各组成部分的功能和工作过程如下。

① 加速度计输出的电流信号 I_1通过积分器积分，在时间 T 内转换为输入电荷量 Q_1，有

$$Q_1 = \int_0^T I_1 \mathrm{d}t \tag{2.35}$$

② 在输入电荷量 Q_1 的作用下，积分器产生输出电压 U_1，该电压在询问频率f_x上升沿的作用下，驱动逻辑电路，控制极性开关，使正向恒流源或负向恒流源输出电流 I_H，反向积分，使积分器电荷量 Q_1 减小。设每个脉冲积分时间 Δt 内，恒流源积分得到的量化积分电荷为

$$q = \int_0^{\Delta t} I_H \mathrm{d}t = I_H \Delta t \tag{2.36}$$

则 N 个脉冲积分得到的量化积分电荷为 Nq，积分器内剩余的存储电荷为

$$Q_J = Q_1 - Nq = Q_1 - NI_H \Delta t < q \tag{2.37}$$

③ 输出脉冲个数为

$$N = \frac{1}{q}(Q_1 - Q_J) = \frac{1}{q}\left(\int_0^T I_1 \mathrm{d}t - Q_J\right) \tag{2.38}$$

当输入电流 I_1 为常值时，对应的输出脉冲频率为

$$f = \frac{N}{T} = \frac{1}{q}\left(\frac{Q_1}{T} - \frac{Q_J}{T}\right) = \frac{1}{q}\left(\frac{\int_0^T I_1 \mathrm{d}t}{T} - \frac{Q_J}{T}\right) = \frac{I_1}{q} - \frac{Q_J}{qT} \tag{2.39}$$

随着时间的增长，量化误差 Q_J 的影响并不积累，即输出脉冲频率与电流 I_1 成正比，输出脉冲数与电流 I_1 的时间积分成正比。

对于石英挠性加速度计，输出电流与所敏感比力成正比，输出电流积分增量与比力积分增量成正比。则经过 I/f 转换，输出的脉冲频率与加速度计所敏感比力成正比，输出的脉冲数与加速度计比力积分增量成正比。

根据上述原理分析，I/f 转换器能够连续地将电流信号转换为数字脉冲信号，不丢失信息。

实际工程应用中，通常采用温控技术和温度补偿技术减小温度变化对 I/f 转换精度的影响。

2.2.3 石英挠性加速度计的误差模型

1. 误差产生机理

石英挠性加速度计中，利用线圈和永磁体产生恢复力矩，使摆片回到平衡位

置。由于电磁力与永磁体的电磁感应强度成正比，因此永磁体磁场的稳定性、线圈全程运动范围内磁场的一致性直接影响加速度计标度因数的稳定性和线性度。

由于机械结构加工与装配时的内部应力，电气元件、永磁体参数变化等原因，会造成信号传感器零位的缓慢变化，产生零偏误差项。

加速度计内部线圈电流发热、电子元器件发热以及外部环境温度变化，都会造成加速度计内部的温度变化，永磁体的温度系数、力矩器线圈面积随温度变化、摆臂长度随温度变化均会造成加速度计标度因数的温度系数变化。温度变化也会造成信号传感器零位的缓慢变化，产生与温度有关的零偏误差项。

加速度计的信号器、力矩器都是电磁元件，因此地磁场、附近机电设备的磁场都会对加速度计信号器零位产生一定的影响，如外磁场过强会影响力矩器的标度因数。通常在加速度计内部，已经采取了各种电磁屏蔽措施。对于精度要求非常高的场合，需要在加速度计外部增加磁屏蔽措施。

外部环境振动会造成加速度计的动态误差，一方面，环境振动会造成加速度计内部元件的机械振动；另一方面，振动会对闭环检测控制回路造成影响，从而产生动态误差。

通常在研制或选用加速度计时，对加速度计工作环境的冲击、振动条件做出具体的技术要求。

2. 误差模型

单个石英挠性摆式加速度计的常用误差模型可表示为以下的输入输出模型，即

$$a=\frac{A}{k_1}=k_0+a_{\mathrm{i}}+k_2a_{\mathrm{i}}^2+k_3a_{\mathrm{i}}^3+k_{\mathrm{ip}}a_{\mathrm{i}}a_{\mathrm{p}}+k_{\mathrm{io}}a_{\mathrm{i}}a_{\mathrm{o}}+\delta_{\mathrm{o}}a_{\mathrm{op}}+\delta_{\mathrm{p}}a_{\mathrm{o}}+\varepsilon \tag{2.40}$$

式中：a 为加速度计的比力测量输出值（g 或 $\mathrm{m/s^2}$）；A 为加速度计的直接输出量，电压输出时单位为 mV，电流输出时单位为 mA，脉冲频率输出时单位为 Hz；a_{i}、a_{p}、a_{o} 分别为沿加速度计输入轴 i、摆轴 p、输出轴 o 方向的比力（g 或 $\mathrm{m/s^2}$）；k_0 为常值零偏（g 或 $\mathrm{m/s^2}$）；k_1 为标度因数，单位为 mV/g、mA/g、Hz/g 或 mV/($\mathrm{m/s^2}$)、mA/($\mathrm{m/s^2}$)、Hz/($\mathrm{m/s^2}$)；k_2 为 2 阶非线性系数（g/g^2 或 $(\mathrm{m/s^2})/(\mathrm{m/s^2})^2$）；$k_3$ 为 3 阶非线性系数（g/g^3 或 $(\mathrm{m/s^2})/(\mathrm{m/s^2})^3$）；3 阶以上非线性系数通常很小，也不稳定，一般作为随机误差的一部分；δ_{o}、δ_{p} 分别为敏感输出轴 o、摆轴 p 方向比力的交叉耦合系数，单位为 g/g 或 $(\mathrm{m/s^2})/(\mathrm{m/s^2})$，实际上可看作安装偏差角，单位为 rad；$k_{\mathrm{ip}}$、$k_{\mathrm{io}}$ 为交叉二次项误差系数（g/g^2 或 $(\mathrm{m/s^2})/(\mathrm{m/s^2})^2$），其中 k_{ip} 称为振摆误差系数，当沿加速度计输入轴和摆轴同时存在同频同相位的振动

加速度时，将耦合出常值的测量零偏误差；ε 为随机误差（g 或 $\mathrm{m/s^2}$）。

也可将模型写为

$$\tilde{a}_x=a_x+\delta a_x=b_{0x}+(1+s_x)a_x+m_{xy}a_y+m_{xz}a_z+b_{vxy}a_xa_y+b_{vxz}a_xa_z+\varepsilon_x \quad (2.41)$$

式中：$\tilde{a}_x$、δa_x 分别为加速度计的比力测量输出值和测量误差（g 或 $\mathrm{m/s^2}$）；a_x、a_y、a_z 分别为沿加速度计基准轴以及其他两个正交方向的比力（g 或 $\mathrm{m/s^2}$）；b_{0x} 为常值零偏（g 或 $\mathrm{m/s^2}$）；s_x 为标度因数误差，通常用 10^{-6} 表示，式（2.40）中的 2 阶、3 阶非线性系数包含在标度因数误差 s_x 中的非线性项中；m_{xy}、m_{xz} 为敏感与加速度计基准轴正交的两个方向比力的交叉耦合系数（g/g 或（$\mathrm{m/s^2}$）/（$\mathrm{m/s^2}$））；b_{vxy}、b_{vxz} 为交叉二次项误差系数（g/g^2 或（$\mathrm{m/s^2}$）/（$\mathrm{m/s^2}$）^{2}）。

式（2.40）的模型适合用于单个加速度计的测试，式（2.41）的模型适合用于捷联系统中 3 个加速度计的误差参数标定与补偿。

考虑温度变化影响，上述参数通常都是温度以及温度变化率的函数。

3. 典型参数范围与精度指标

石英挠性加速度计的典型精度指标如表 2.1 所列。

表 2.1 石英挠性加速度计的典型精度指标

测量范围	1~70g
阈值/分辨力	1~100μg
零偏重复性	10~100μg
标度因数重复性	(10~100)×10^{-6}
零偏温度系数	10~100μg/℃
标度因数温度系数	(10~100)×10^{-6}/℃
非线性	0.01%~0.1%F.S(全量程)
测量带宽	0~500Hz

石英挠性加速度计的应用非常广泛。例如，飞行器、舰船、地面车辆的惯性导航系统，油井测量和钻进方向的测量和控制，高塔、桥梁的摇晃、振动和倾斜测量等。

思 考 题

2.1 简述加速度计的分类。

2.2 比力是如何定义的？

2.3 信号检测与处理过程中用到的典型部件有哪些?

2.4 石英挠性加速度计的误差有哪些?

参考文献

[1] 何铁春,周世勤. 惯性导航加速度计[M]. 北京:国防工业出版社,1983.

[2] 于波,陈云相,郭秀中. 惯性技术[M]. 北京:北京航空航天大学出版社,1994.

[3] Anthony Lawrence. Modern Inertial Technology Navigation, Guidance, and Control[M]. 2nd Edition. New York: Springer-Verlag, 1998.

[4] David H. Titterton, John L. Weston. Strapdown Inertial Navigation Technology[M]. 2nd Edition. The Institution of Electrical Engineers, 2004.

[5] 杨立溪. 惯性技术手册[M]. 2版. 北京:中国宇航出版社,2013.

第3章　MEMS 加速度计

微机电加速度计是基于微机电系统(micro-electro-mechanical system, MEMS)加工技术制作而成的加速度传感器。MEMS 是在微电子技术的基础上发展起来的,是利用微电子加工技术制作微型机械结构,并结合集成电路来实现各种功能。由于微机械加工工艺能够批量化生产微电子机械系统,从而大幅度降低了 MEMS 加速度计的成本。此外,MEMS 工艺能够使专用集成电路与机械传感器集成在同一个芯片上,从而大幅度提升了 MEMS 加速度计的集成度。随着其性能的不断提高,MEMS 加速度计正逐渐替代价格贵、体积大的传统机械加速度计,并催生了一系列新的产品和应用。

目前 MEMS 加速度计由于其低成本、小型化、高性能的优势已经广泛应用于诸多领域,如汽车的主动安全系统、生物活动监测、摄像机图像稳定系统、工业机器人和装备振动监测等。同时,高灵敏度的 MEMS 加速度计是惯性导航与制导系统、石油勘探、地震测量、微重力测量和空间平台稳定系统的核心部件。

3.1　MEMS 加速度计基础理论

3.1.1　机械灵敏度

MEMS 加速度计的基本原理与第 2 章介绍的加速度计的基本原理类似,本节主要以平动加速度计为例,对 MEMS 加速度计带宽和机械热噪声性能作进一步分析推导。如图 3.1 所示,其中质量块的等效质量为 m,支撑梁的等效弹性系数为 k,影响质量块运动的阻尼系数为 c。因此,MEMS 加速度计的物理模型可以等效为一个单自由度的 2 阶质量块-弹簧-阻尼系统,可以得到质量块的动力学方程为

$$m\frac{\mathrm{d}^2x(t)}{\mathrm{d}t^2}+c\frac{\mathrm{d}x(t)}{\mathrm{d}t}+kx(t)=-(a-g)=mf(t) \tag{3.1}$$

式中:g 为沿加速度计敏感轴方向的万有引力加速度;f 为比力;x 为质量块的位移。式(3.1)可以进行以下简化,即

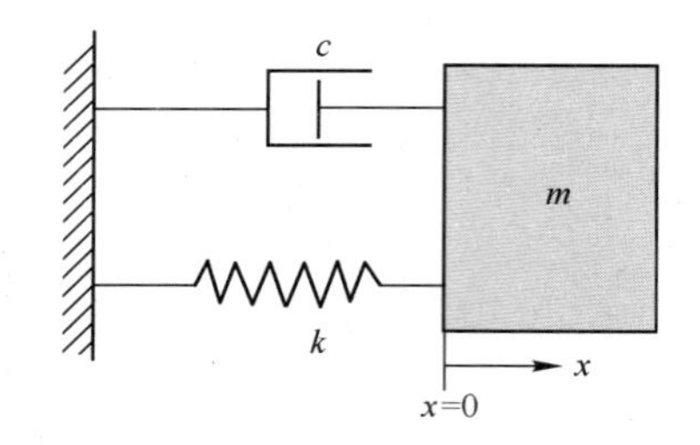

图 3.1　加速度计等效模型

$$\frac{d^2x(t)}{dt^2}+\frac{c}{m}\frac{dx(t)}{dt}+\frac{k}{m}x(t)=-f(t) \tag{3.2}$$

定义质量块无阻尼固有频率 $\omega_n=\sqrt{k/m}$，品质因数 $Q=\sqrt{km}/c$，对式(3.2)进行拉普拉斯变换，得到

$$H(s)=\frac{X(s)}{F(s)}=\frac{-1}{s^2+\frac{c}{m}s+\frac{k}{m}}=\frac{-1}{s^2+\frac{\omega_n}{Q}s+\omega_n^2} \tag{3.3}$$

当 MEMS 加速度计受到某一固定频率形式的外界加速度 $a=a_0\sin(\omega t)$ 作用时，式(3.3)的稳态解为

$$x(t)=x_0\sin(\omega t+\varphi) \tag{3.4}$$

$$x_0=\frac{\frac{1}{\omega_n^2}a_0}{\sqrt{\left[1-\left(\frac{\omega}{\omega_n}\right)^2\right]^2+\left(\frac{1}{Q}\frac{\omega}{\omega_n}\right)^2}} \tag{3.5}$$

$$\varphi=-\arctan\frac{\frac{1}{Q}\frac{\omega}{\omega_n}}{1-\left(\frac{\omega}{\omega_n}\right)^2} \tag{3.6}$$

式中：x_0 为质量块做简谐振动的幅值，当外界存在静态加速度时，MEMS 加速度计的静态机械灵敏度为

$$S_{\text{static}}=\frac{x_{\text{static}}}{a}=\frac{1}{\omega_n^2}=\frac{m}{k} \tag{3.7}$$

由上述理论分析可知，通过增大 MEMS 加速度计机械结构的弹性系数、减小等效质量，可以提高谐振频率；通过减小阻尼系数、增大弹性系数和等效质量，可以提高机械结构的品质因数；通过减小弹性系数、增大等效质量，可以提高 MEMS 加速度计的静态机械灵敏度。

3.1.2 带宽

由式(3.5)可知,MEMS加速度计的动态灵敏度是静态灵敏度和增益系数的乘积,其中增益系数的大小受外界输入加速度频率的影响。因此,增益的改变可以影响MEMS加速度计的检测灵敏度。带宽反映了MEMS加速度计能检测到的输入加速度的频率范围,通常情况下,规定输入加速度的截止频率为增益等于-3dB处的加速度频率。然而,对于高品质因数的MEMS加速度计而言,其增益会随着输入加速度频率的增大而增大,这同样也会带来测量误差。因此,定义带宽的截止频率为增益在±3dB对应的输入加速度频率。

由式(3.5)可知,MEMS加速度计的动态机械灵敏度与谐振频率和品质因数有关,令

$$\lambda=\frac{\omega}{\omega_{\mathrm{n}}} \tag{3.8}$$

那么,动态机械灵敏度可以简化为

$$x_0=\frac{x_{\text{static}}}{\sqrt{(1-\lambda^2)^2+\frac{1}{Q^2}\lambda^2}} \tag{3.9}$$

动态机械灵敏度与静态机械灵敏度之间的增益系数可以表示为

$$\beta=\frac{x_0}{x_{\text{static}}}=\frac{1}{\sqrt{(1-\lambda^2)^2+\frac{1}{Q^2}\lambda^2}} \tag{3.10}$$

通过波特图的形式绘制式(3.10),得到图3.2。根据品质因数Q的大小可以将增益曲线分为3种情况,即欠阻尼系统($Q>0.5$)、临界阻尼系统($Q=0.5$)和过阻尼系统($Q<0.5$)。当$Q=10^{0.15}$时,增益曲线的峰值等于+3dB。因此,当$Q<10^{0.15}$时,带宽的截止频率对应于增益曲线幅值为-3dB处的频率点。此时MEMS加速度计的带宽可计算为

$$\beta_{(-3\mathrm{dB})}=10^{-0.15}=\frac{1}{\sqrt{(1-\lambda^2)^2+\frac{1}{Q^2}\lambda^2}} \tag{3.11}$$

如果$Q\geqslant 10^{0.15}$,带宽的截止频率对应于增益曲线幅值为+3dB处的频率点,此时MEMS加速度计的带宽可计算为

$$\beta_{(+3\mathrm{dB})}=10^{0.15}=\frac{1}{\sqrt{(1-\lambda^2)^2+\frac{1}{Q^2}\lambda^2}} \tag{3.12}$$

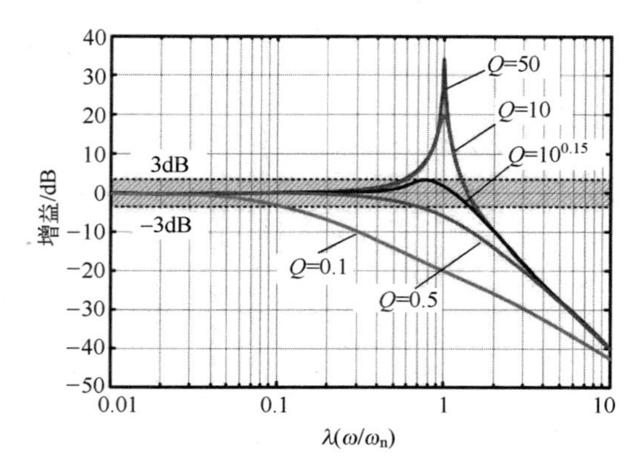

图 3.2 不同品质因数时的增益波特图

通过式(3.11)和式(3.12),可以求解 λ,即

$$\lambda=\begin{cases}\sqrt{1-\dfrac{1}{2Q^2}+\sqrt{\dfrac{1}{4Q^4}-\dfrac{1}{Q^2}+10^{0.3}}} & (Q<10^{0.15})\\ \sqrt{1-\dfrac{1}{2Q^2}-\sqrt{\dfrac{1}{4Q^4}-\dfrac{1}{Q^2}+10^{-0.3}}} & (Q\geqslant 10^{0.15})\end{cases} \tag{3.13}$$

实际上,上述分析的 MEMS 加速度计带宽仅仅是敏感结构的机械带宽,对于整个系统的带宽而言,还需要考虑检测电路的带宽。因此,系统的带宽还受到检测电路中低通滤波器带宽的影响。在考虑实际带宽的不同应用需求时,应该合理地设计 MEMS 加速度计机械结构的 Q 值和检测电路中低通滤波器的带宽。

3.1.3 机械热噪声

在绝对零度以上,分子做随机热运动,即布朗运动。其中,产生于 MEMS 加速度计敏感结构部分,与 MEMS 加速度计结构阻尼有关的热噪声,称为机械热噪声。机械热噪声可建模为随机的、具有零平均值的高斯随机扰动力。在热平衡状态下,机械热噪声的功率密度谱为

$$S(\omega)=4K_{\mathrm{B}}Tc \tag{3.14}$$

式中:K_{B} 为玻尔兹曼常数;T 为开氏温度;c 为作用在 MEMS 加速度计上的阻尼系数。机械热噪声功率密度谱的单位为 $\mathrm{N^2/Hz}$。机械热噪声对于 MEMS 加速度计的影响相当于存在干扰力 $F=\sqrt{4K_{\mathrm{B}}Tc}$。

因此,机械热噪声对应的等效输入加速度可以表示为

$$a_{\text{noise}}=\frac{\sqrt{4K_{\mathrm{B}}Tc}}{m}=\sqrt{\frac{4K_{\mathrm{B}}T\omega_{\mathrm{n}}}{Qm}} \tag{3.15}$$

式中：m 为 MEMS 加速度计机械结构的等效质量。式(3.15)表明，如果想要降低 MEMS 加速度计的机械热噪声，可以通过增大机械结构的 Q 值和等效质量来实现。

3.2　MEMS 加速度计信号转换方式

MEMS 加速度计按照信号转换方式可以分为电容检测式、压电检测式、压阻检测式、隧道电流检测式和谐振式等。

3.2.1　电容检测式 MEMS 加速度计

电容检测式 MEMS 加速度计的敏感质量块和衬底之间分别固定了两组电极，这两组电极会形成一个平行板电容器。当有加速度输入时，加速度计内部的质量块与固定电极会产生相对位移。此位移会引起待测电容两极板的正对面积或间距发生变化，从而导致电容值发生变化。通过检测该电容变化大小就可以得到加速度计敏感轴方向上的加速度大小；检测出正负就能够辨别出运动方向。

1. 电容量改变的两种基本方式

在 MEMS 加速度计中，检测电容一般以平行板电容器的形式存在，平行板电容器的电容大小为

$$C=\varepsilon_0\varepsilon_r\frac{A}{d} \tag{3.16}$$

式中：ε_0 为真空介电常数，$\varepsilon_0=8.8542\times10^{-12}\mathrm{F/m}$；$\varepsilon_r$ 为电容极板中间介质的相对介电常数；A 为两个极板的正对面积；d 为两个极板之间的间距。

从式(3.16)可以看出，在不改变电容介质的情况下，可以有两种方法来改变平行板电容的电容量，即改变两个极板之间的间距 d 和改变两个极板的正对面积 A。因此，也有两种形式的电容式 MEMS 加速度计，即变间距式和变面积式。

1）变间距式

变间距式电容结构如图 3.3 所示，构成检测电容的两块平行极板，分别为固定在敏感质量块上的可动极板与固定在壳体（或微机电结构中与外部壳体相连的衬底）上的固定极板。当外界没有加速度作用到加速度计上时，两极板之间的距离为 d。当 z 轴方向存在加速度时，敏感质量块受到惯性力作用，固定在敏感质量块上的可动极板相对于固定极板在 z 轴方向上产生位移 Δz，使检测电容

的两个极板的间距发生变化，电容值发生变化，通过检测电容值的变化测得加速度的值。这种结构的加速度计一般用于检测 z 轴（即垂直于衬底方向）的加速度。

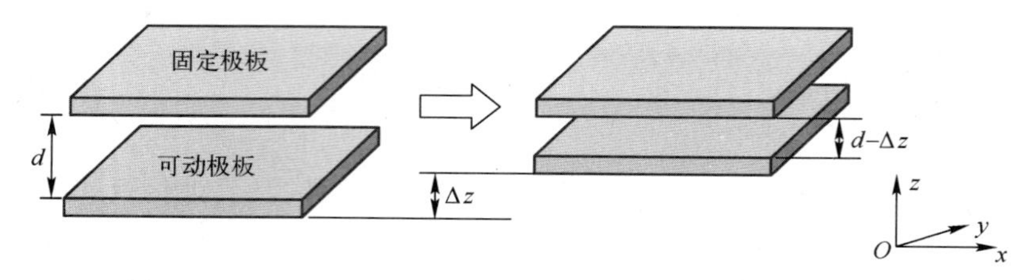

图 3.3 变间距式平行板电容结构

在不受到加速度作用时，平行板间电容为

$$C_0=\varepsilon_0\varepsilon_r\frac{A}{d} \tag{3.17}$$

假设质量块受到加速度的作用带动可动极板在 z 轴正方向上产生 Δz 的位移，此时平行板间电容变为

$$C=\varepsilon_0\varepsilon_r\frac{A}{d-\Delta z} \tag{3.18}$$

因此，电容变化量为

$$\Delta C=C-C_0=\varepsilon_0\varepsilon_r\left(\frac{A}{d-\Delta z}-\frac{A}{d}\right) \tag{3.19}$$

将式(3.19)进行泰勒级数展开，可得

$$\Delta C=C-C_0=\frac{\varepsilon_0\varepsilon_r A}{d}\left[\frac{\Delta z}{d}+\left(\frac{\Delta z}{d}\right)^2+\left(\frac{\Delta z}{d}\right)^3+\cdots\right] \tag{3.20}$$

当间距变化不大时（$\Delta z\ll d$），忽略高阶项，式(3.20)可以简化为

$$\Delta C=C-C_0\approx\varepsilon_0\varepsilon_r A\frac{\Delta z}{d^2} \tag{3.21}$$

加速度计可以用弹簧-质量块-阻尼系统来表示，质量块的加速度与位移之间存在以下关系，即

$$a=-\frac{k}{m}\Delta z \tag{3.22}$$

式中：k 为弹簧-质量块-阻尼系统的弹性系数。由式(3.21)、式(3.22)可得

$$a\approx-\Delta C\frac{d^2k}{\varepsilon_0\varepsilon_r mA} \tag{3.23}$$

由式(3.23)可以看出，在小位移条件下，加速度与平行板电容器的电容差

值呈线性关系,通过检测平行板电容器的电容差值就可以得到加速度值。同时,可以看到加速度与电容值的关系只能近似为线性关系,因此在加速度变化范围较大时,加速度计输出的线性度较差。

2）变面积式

图 3.4 是敏感轴为 x 轴的变面积式平行板电容器结构。构成检测电容的两块平行极板,分别为固定在敏感质量块上的可动极板与固定在壳体(或微机电结构中与外部壳体相连的衬底)上的固定极板。当外界没有加速度作用到加速度计上时,两极板之间的正对面积为 $w \cdot l$。当 x 轴方向存在加速度时,敏感质量块受到惯性力作用,固定在敏感质量块上的可动极板相对于固定极板在 x 轴方向上产生位移 Δx,使检测电容两个极板的正对面积发生变化,电容值发生变化,通过检测电容值的变化测得加速度的值。

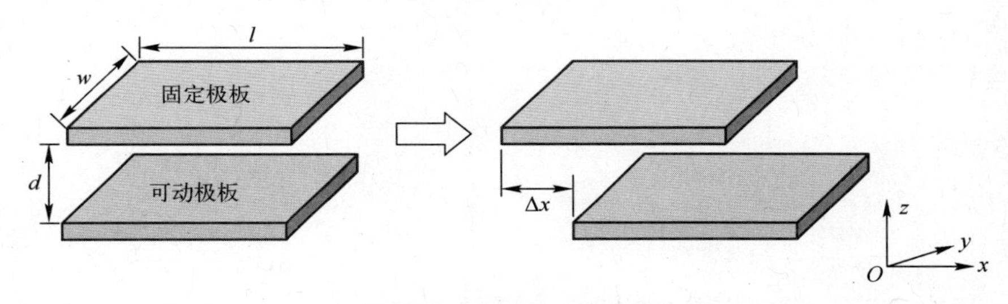

图 3.4　变面积式平行板电容结构

可动极板与固定极板的面积相同,均为 $A=wl$,极板间隙为 d,在没有加速度作用时两极板完全正对,初始电容为

$$C_0=\varepsilon_0\varepsilon_r\frac{A}{d}=\varepsilon_0\varepsilon_r\frac{wl}{d} \tag{3.24}$$

假设质量块受到加速度的作用带动可动极板在 x 轴正方向上产生 Δx 的位移,此时两个极板的正对面积变为 $A=w(l-\Delta x)$,对应的电容为

$$C=\varepsilon_0\varepsilon_r\frac{w(l-\Delta x)}{d} \tag{3.25}$$

因此,电容的变化量为

$$\Delta C=C-C_0=-\frac{\varepsilon_0\varepsilon_r w}{d}\Delta x \tag{3.26}$$

系统所受的加速度与电容变化的关系可以表示为

$$a=-\frac{k}{m}\Delta x=\Delta C\frac{dk}{\varepsilon_0\varepsilon_r wm} \tag{3.27}$$

由式(3.27)可以看出,变面积式电容 MEMS 加速度计中,加速度与平行板

电容器的电容变化量成线性关系,通过检测平行板电容器的电容差值就可以得到加速度值。

综合分析发现,在大加速度输入时,变面积式加速度计要比变间距式加速度计具有更好的线性度。但是在相同极板尺寸和间隙下,变间距式加速度计具有更大的转换系数。

2. 机械结构类型

根据机械结构的特点,电容检测式 MEMS 加速计可以分为 3 种,即扭摆式微机电加速度计、梳齿式微机电加速度计和三明治式微机电加速度计。

扭摆式微机电加速度计的结构原理如图 3.5 所示。由于位于支撑扭转梁两边的质量和惯性矩不相等,在惯性载荷的作用下,摆片将绕扭转梁转动一个角度,与下极板形成变间隙检测电容。扭转梁一侧的电容增大,另一侧的电容减小,形成差动电容,测量差动电容值就可以得到沿敏感轴输入的加速度值。

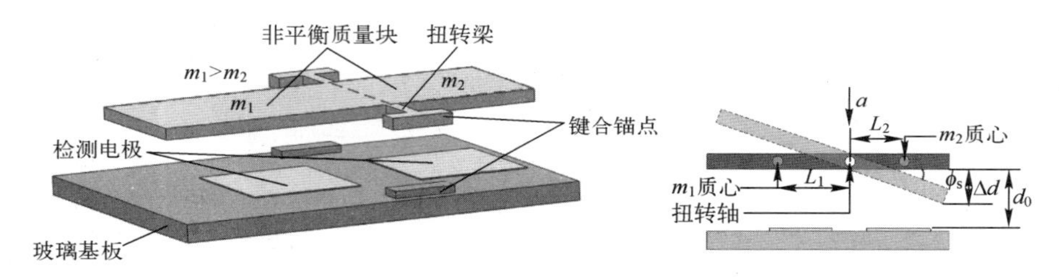

图 3.5　扭摆式微机电加速度计结构及其工作原理示意图

非平衡质量块因加速度作用而产生的扭转角与加速度的大小成一定的比例关系,即

$$(m_1L_1-m_2L_2)a=k_s\phi_s \tag{3.28}$$

式中:m_1与m_2为非平衡质量块的质量;a 为加速度大小;L_1、L_2分别为两侧质量块质心到扭转轴中心的距离;k_s 为扭转刚度;ϕ_s 为扭转角。

图 3.6 所示为一种典型梳齿式微机电加速度计,由位于中央敏感质量块上梳齿状的可动电极和位于两侧衬底基座上的固定电极组成。该结构依靠相邻可动极板和固定极板之间的间隙形成差分电容,当有垂直于电极的加速度输入时,可动极板产生位移,差分电容随之改变,通过检测电容的变化量来测量加速度大小。

图 3.7 所示为瑞士 Colibrys 公司研发的 Si-FlexTM 系列 MEMS 加速度计,该加速度计为典型的三明治结构,包括上电极(固定电极)、敏感质量块(可动电极)和下电极(固定电极)。当存在垂直于敏感质量块的加速度输入时,质量块

上下运动,电容极板间距发生变化,从而导致差分电容的大小改变,进而检测出输入加速度的大小。

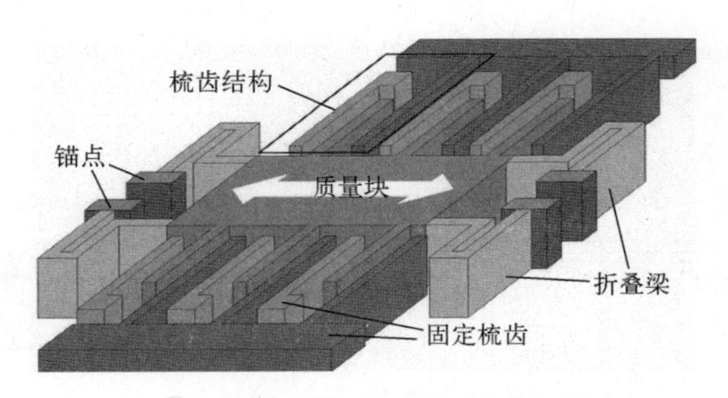

图 3.6　梳齿式微加速度计结构示意图

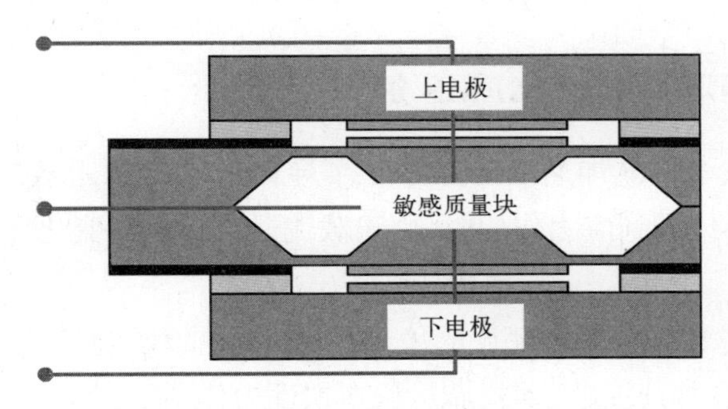

图 3.7　三明治式微机电加速度计示意图

以上 3 种电容检测式 MEMS 加速度计各有特点。其中,扭摆式微机电加速度计灵敏度较高、尺寸小,加工工艺相对简单,成本较低。梳齿式微机电加速度计可以实现较高的灵敏度和检测精度,但其加工工艺主要是深反应离子刻蚀,由于受深宽比限制,对于较厚的硅结构难以实现较小的间隙,从而无法得到较大的电容。三明治式微机电加速度计上下平面的应力对称,温度特性好,但需要多次键合,且内部信号引出困难,导致工艺复杂。

3.2.2　压电检测式 MEMS 加速度计

压电检测式 MEMS 加速度计是基于压电材料(如 PZT、ZnO、AlN 等)的正压电效应工作的。正压电效应是指某些电介质在沿一定方向上受到外力的作用而变形时,其内部产生极化现象,同时在它的两个相对表面上出现正负相反的电荷。当外力去掉后,它又会恢复到不带电的状态。当作用力的方向改变时,电荷的极性也随之改变。

压电检测式 MEMS 加速度计的敏感单元由质量块、悬臂梁、压电材料和电极等部分构成,如图 3.8 所示。当有 z 轴方向的加速度输入时,质量块由于惯性力作用产生位移使悬臂梁发生弯曲,从而压电材料发生变形,于是压电层的上下表面产生电势差。通过测量电势差的大小,可以得到输入的加速度值。压电检测式 MEMS 加速度计具有结构简单、易于集成、灵敏度较高、线性度好及频率范围宽等优点。

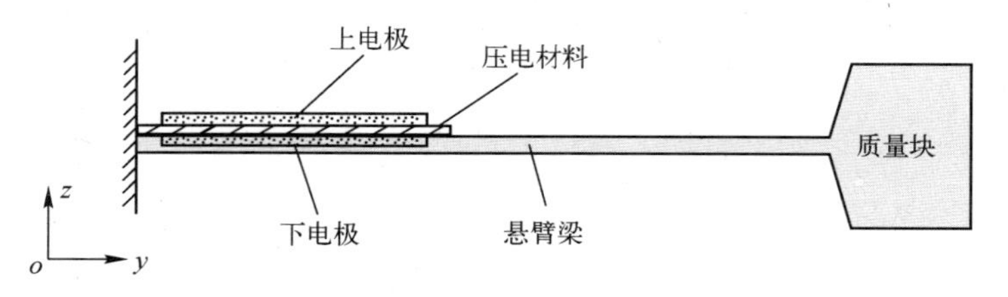

图 3.8 压电检测式 MEMS 加速度计敏感单元

3.2.3 压阻检测式 MEMS 加速度计

压阻检测式 MEMS 加速度计是基于半导体材料的压阻效应工作的。压阻效应是指当半导体受到应力作用时,由于载流子迁移率的变化,使其电阻率发生变化的现象。

压阻检测式 MEMS 加速度计的敏感单元由质量块、悬臂梁、压敏电阻等部分构成,当外界有加速度输入时,质量块在惯性力作用下产生位移使悬臂梁发生弯曲,从而压敏电阻发生变形,其电阻大小发生改变,由压敏电阻组成的惠斯通电桥输出一个与电阻变化量成正比的电压信号,通过测量该电压信号就可以得到输入的加速度大小。图 3.9(a)所示为一种压阻检测式 MEMS 加速度计结构,由主悬臂梁、检测质量块、质量腿、压阻微梁和参考电阻等部分组成。质量块由主悬臂梁连接在外围固定框架上,两组压阻微梁和质量腿分别对称地布置在主悬臂梁两边,微梁上通过硼离子注入工艺形成检测用的压敏电阻。在框架上制作了两个同样形状、同样大小的参考电阻,并和压敏电阻共同构成惠斯通电桥。

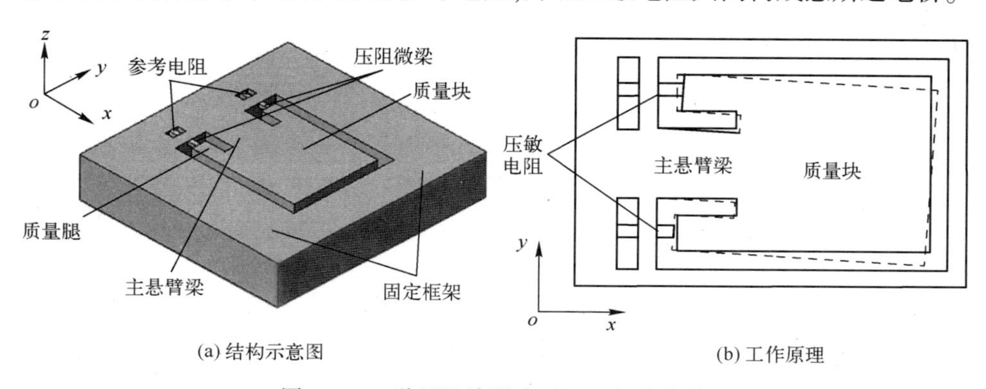

图 3.9 一种压阻检测式 MEMS 加速度计

如图 3.9(b)所示,该加速度计的敏感轴为 y 轴,当受到 y 方向上的加速度时,质量块会带动主悬臂梁产生弯曲变形。由于质量腿的存在,微梁末端的变形位移可以分为两个部分,即随质量块的平动位移和绕悬臂梁末端的反方向转动位移。通过合理设计微梁与主悬臂梁之间的距离,可以使这两个变形位移互相抵消,从而使微梁仅受轴向的拉伸或压缩变形。这样,检测用的两个压敏电阻的阻值一个变大,一个变小,惠斯通电桥的输出电压就反映了外部加速度的大小。

惠斯通电桥如图 3.10 所示。电桥采用恒压源供电,桥压为 U_e,R_1和 R_4是参考电阻,R_2是正应变电阻,R_3是负应变电阻,可以推导得出电桥的输出为

$$U_o=\frac{R_2R_4-R_1R_3}{(R_1+R_4)(R_2+R_3)}U_e \tag{3.29}$$

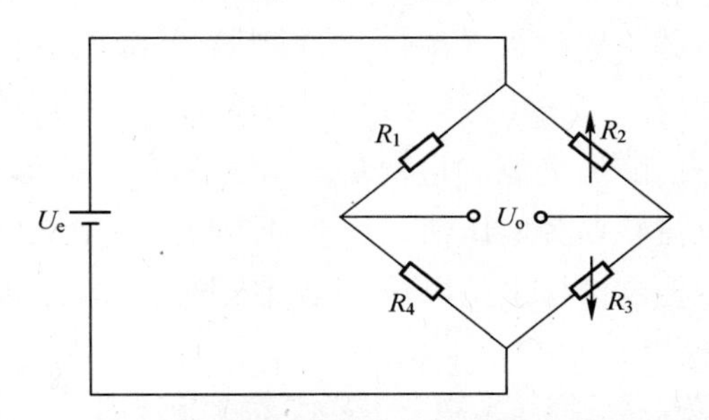

图 3.10　参考电阻和压敏电阻构成的惠斯通电桥

假设 4 个电阻的初始阻值均为 R_0,其中两个参考电阻的阻值保持不变,两个压敏电阻的变化量均为 ΔR,即

$$\begin{cases}R_1=R_4=R_0\\R_2=R_0+\Delta R\\R_3=R_0-\Delta R\end{cases} \tag{3.30}$$

将式(3.30)代入式(3.29)可得

$$U_o=\frac{\Delta R}{2R_0}U_e \tag{3.31}$$

由式(3.31)可知,加速度计的输出电压与电阻变化量成正比。

压阻检测式 MEMS 加速度计主要优点在于结构简单、制作工艺简单、读出电路简单。主要缺点在于易受温度影响。

3.2.4　隧道电流检测式 MEMS 加速度计

根据量子力学理论,当平板电极和隧道针尖电极之间的距离足够小时(通

常控制在 1nm)，在偏置电压的作用下电子会穿过两个电极之间的势垒，流向另一电极，形成隧道电流。隧道电流 I_{tun}与两电极间距离 x 存在以下关系，即

$$I_{tun} \propto U_b e^{-\alpha\sqrt{\phi}x} \tag{3.32}$$

式中：U_b为加在极板上的偏置电压；α 为隧穿常数；ϕ 为隧道势垒高度。可见，随着两个电极之间距离的变化，隧道电流也会随之变化，并且隧道电流的大小与极板间距离呈指数关系，隧穿电流对间距非常敏感，因此可以用隧道电流来测量位移的变化。

隧道电流检测式 MEMS 加速度计的基本原理是利用隧道效应。其结构包括质量块、基底、平板电极、隧尖电极和控制电极等，如图 3.11 所示。由于微加工工艺水平的限制，加工完成之后的极板间距无法达到 1nm 的量级，因此首先需要在下拉控制电极上施加电压，使极板间距逐渐缩小至 1nm 左右，直到产生隧道电流，此时极板的位置称为平衡位置，对应于平衡工作点。此时，当外界有垂直于基底的加速度输入时，由悬臂梁支撑的质量块上会产生惯性力，从而使隧尖电极偏离平衡位置，隧道电流发生变化。为了保证极板间距恒定在工作点附近，就需要将隧道电流转换为电压信号反馈到下拉控制电极，将电极重新拉回到平衡位置，通过下拉控制电极上的电压变化就能推导出输入加速度的大小。

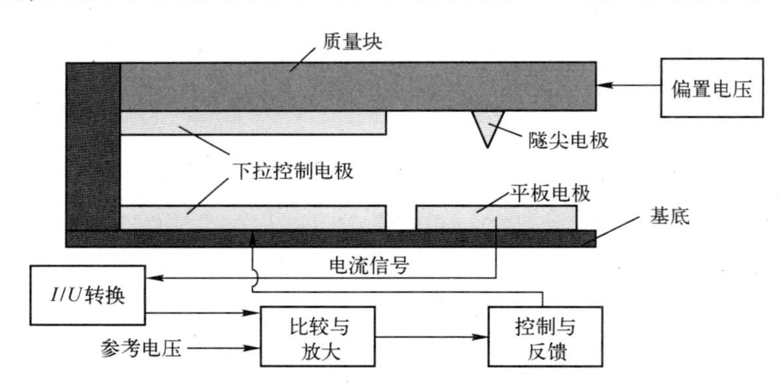

图 3.11 隧道电流检测式 MEMS 加速度计结构示意图

隧道电流检测式 MEMS 加速度计具有灵敏度高的特点。然而，这种加速度计的灵敏度受低频噪声的影响较大，并且隧道电流和极板间距之间存在剧烈的非线性指数衰减关系。因此，必须设计反馈控制系统来抑制各种低频噪声，并且需要将极板间隙的波动量控制在极小的范围内，以将非线性关系通过微小量法转化为线性关系。此外，由于隧道电流检测式 MEMS 加速度计的工作原理基于量子效应，其体积和尺寸的理论模型相对不成熟。这些因素都限制了其应用。

3.2.5　谐振式 MEMS 加速度计

谐振式 MEMS 加速度计的基本工作原理是利用谐振梁的力-频特性，通过检测谐振器的谐振频率变化量来获取输入的加速度大小。最早的谐振式 MEMS 加速度计是由 Albert 于 1982 年提出的石英谐振加速度计，石英具有较高的化学稳定性，并且具有压电激励与检测和频率输出等特性。Draper 实验室于 2005 年研制了一种平面内的硅微谐振式加速度计，如图 3.12 所示。其敏感元件采用静电驱动的振动音叉谐振器，谐振器一端与质量块相连。当外界输入加速度作用于振动平面内时，谐振器受到沿轴向的载荷作用，使其谐振频率发生改变。其中，谐振器的激振和检测通过硅梳齿驱动结构实现。

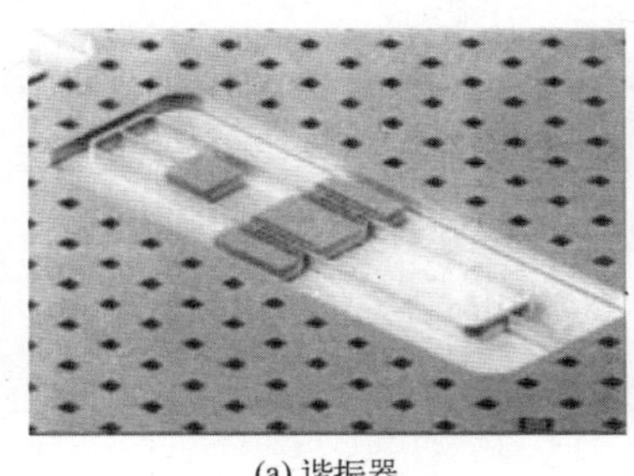

(a) 谐振器

(b) 梳齿驱动

图 3.12　Draper 实验室研制的谐振式 MEMS 加速度计

谐振式 MEMS 加速度计的结构主要包括谐振器、质量块、微杠杆、支撑结构等。谐振器是谐振式 MEMS 加速度计的核心部件，其材料为石英或硅。谐振器有单梁式、双梁式、三梁式等类型。其中最常见的采用双梁式，其谐振器主要采用两端固定的音叉(DETF)，其工作原理如图 3.13 所示。谐振器工作于谐振状态，当外界有加速度输入时，质量块对两个音叉分别产生惯性力，其中一个音叉受到拉力作用导致谐振频率增大，另一个音叉受到压力作用导致谐振频率减小。两个音叉频率的差值与外界加速度成正比，通过差分测量两个音叉的频率变化量就能推导出外界加速度的大小。由于 MEMS 结构的尺寸很小，引起谐振梁的谐振频率变化非常小，器件的灵敏度受到限制。为了提高加速度计的灵敏度，可以采用微杠杆结构来放大惯性力。常见的有单级放大、双级放大和多级放大等。多级杠杆的放大倍数要比单级大，但是结构设计和加工的难度也将增大，非线性效应将增强，因此一般仅限于两级。

谐振式 MEMS 加速度计通过检测谐振器的谐振频率变化量获取输入的加速度大小，避免了幅度测量的误差，不易受到环境噪声的干扰。它具有体积小、重量轻、功耗低、测量精度高、稳定性好、易批量生产、直接输出准数字量等优点。

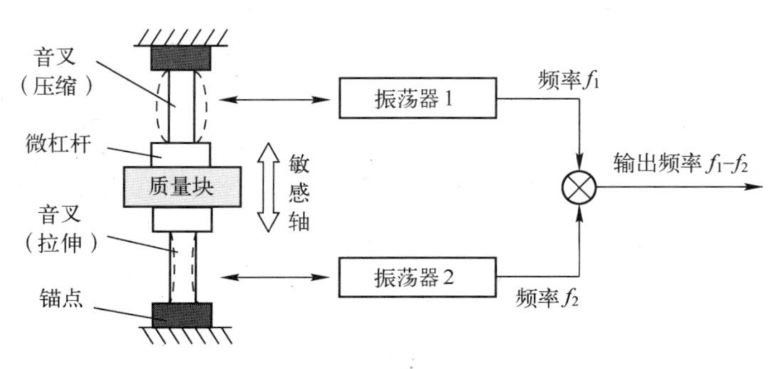

图 3.13　谐振式 MEMS 加速度计的工作原理

除上述提到的几类 MEMS 加速度计外，还有一些基于新原理的新型 MEMS 加速度计，如采用温差法设计的热对流加速度计、基于声光效应的加速度计、利用磁流体设计的加速度计以及光学检测加速度计等。

3.3　电容式 MEMS 加速度计信号检测技术

3.3.1　微弱电容检测原理

目前对于电容的主要测量手段是把电容变化转换成电压进行测量，模拟电容-电压转换电路主要有开关电容积分型以及连续时间调制/解调型两种。

1. 开关电容积分型检测电路

开关电容积分型检测电路的基本原理如图 3.14 所示，它主要包括控制时序的电子模拟开关、采样保持电路和电荷放大器。它的基本原理是利用电容的充、放电将待测电容的变化转化成电压。通过一定频率的时钟信号控制开关的通断，使电容在一定时间间隔内交替充、放电，从而把电容值转化为电压信号。

其中 C_1和 C_2是 MEMS 加速度计内部的差分电容，首先通过控制开关的开合，可以对差分电容 C_1和 C_2充电，然后放电。充、放电过程由一定的时序控制，使待测电容处于动态的充、放电过程。C_1、C_2在充、放电过程中的输入输出电流通过运算放大器转换为低阻型的电压输出。分别有两个时钟控制开关，时钟的时序如图 3.15 所示，其中 Clock1 控制 S_3、S_4、S_5，当 Clock1 为高电平时 S_3、S_4、S_5闭合，当 Clock1 为低电平时 S_3、S_4、S_5 打开；Clock2 控制 S_1、S_2、S_6，当 Clock2 为高电平时 S_1、S_2、S_6 闭合，当 Clock2 为低电平时 S_1、S_2、S_6 打开。

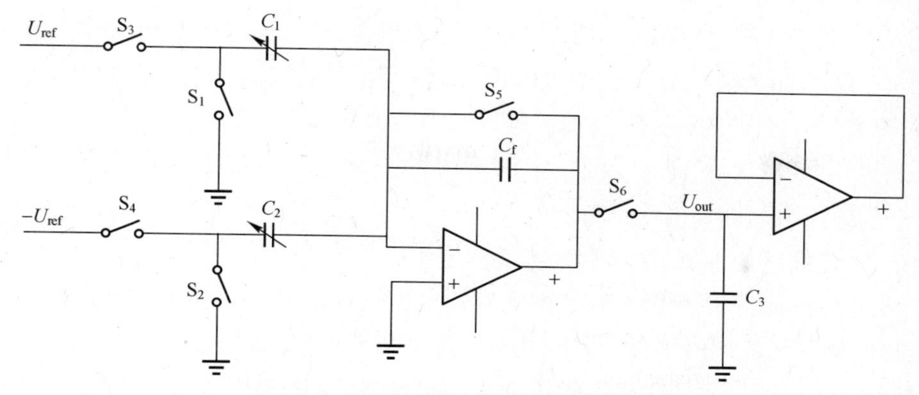

图 3.14 开关电容积分型检测电路

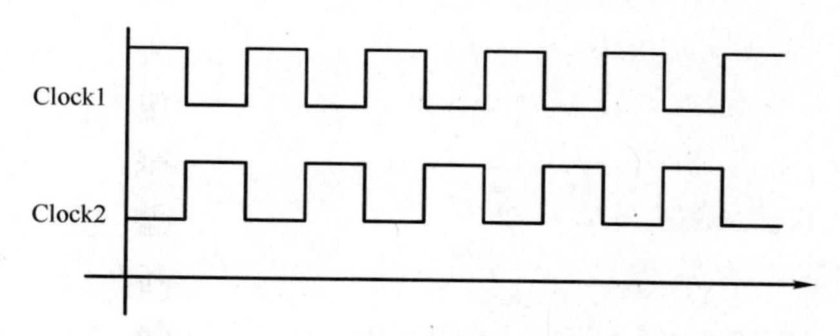

图 3.15 开关电容检测电路时钟时序图

当 Clock1 为高电平、Clock2 为低电平时，C_1、C_2处于充电状态，所带的电荷分别为 $q_1=U_{ref}C_1$，$q_2=-U_{ref}C_2$，C_f 的带电电荷为 0。

当 Clock1 为低电平，Clock2 为高电平时，C_1、C_2对 C_f放电，根据电荷守恒定理，$U_{out}C_f=U_{ref}C_1-U_{ref}C_2$ 可得

$$U_{out}=\frac{(U_{ref}C_1-U_{ref}C_2)}{C_f} \tag{3.33}$$

$$U_{out}=\frac{U_{ref}}{C_f}(C_1-C_2)=2\frac{U_{ref}}{C_f}\Delta C \tag{3.34}$$

对开关电容检测电路来说，影响电路精度的主要因素是电荷放大器的输入电流噪声和漂移，因此要尽量使用输入电流噪声和漂移较小的放大器。

(1) 开关电容检测电路的优点。

① 结构简单，不需要对高频载波信号进行解调，直流工作点稳定。

② 不容易受到运算放大器寄生电容的影响。

③ 可以用 CMOS 工艺实现且稳定性高，因而较多地应用在集成式加速度传感器电路中。

(2) 开关电容检测电路的缺点。

① 该电路要求差分放大器的漏电流很小，直流失调电压很低。

② 由于待测电容很小,当电子模拟开关闭合时,即使是模拟开关中很小的漏电流导致的电荷注入都会产生电压尖峰。为消除该尖峰电压带来的高频干扰,必须增加额外的开关和反馈回路以抵消模拟开关中的漏电流。

③ 由于较高的 kT/C 噪声、MOS 开关的热噪声和数据采样系统的折叠噪声,造成了电路噪声电平较高。

2. 连续时间调制/解调型电容检测电路

图 3.16 展示了利用调制解调电容检测电路原理图。它主要包括对质量块位移的调制与解调两部分。它的基本原理是利用载波检测电路将质量块位移进行调制,然后通过相同频率参考信号对调制后的信号进行解调,将质量块位移信息进行频率解析,然后利用低通滤波器将信号的高频分量进行滤除,最终得到质量块位移信息,具体原理如下。

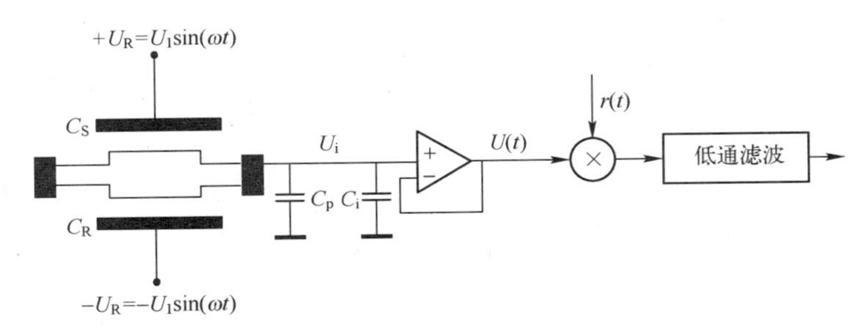

图 3.16 调制解调电容检测电路原理

图中 C_s 和 C_R 为上下极板电容,C_p 和 C_i 为敏感结构和测控电路寄生电容,U_R 为施加在谐振结构电容动极板上的电压,U_1 为电压的幅值,ω 为电压频率,U_i 为运算放大器正向输出电压,由于运算放大器的输入电流为零,即

$$(U_R-U_i)C_S\omega=(U_R+U_i)C_R\omega+U_i(C_p+C_i)\omega \tag{3.35}$$

从而得到

$$U(t)=U_i=\frac{C_S-C_R}{C_S+C_R+C_p+C_i}U_R \tag{3.36}$$

由于

$$C_S=\frac{A\varepsilon\varepsilon_0}{d-x}=\frac{C_0}{d-x}$$
$$C_R=\frac{A\varepsilon\varepsilon_0}{d+x}=\frac{C_0}{d+x} \tag{3.37}$$

式中:ε_0为真空介电常数;ε 为相对介电常数;A 为电容极板正对面积;d 为电容初始间隙;C_0为初始电容值。所以,当质量块位移 x 很小时,式(3.36)可以简

化为

$$U(t)=U_{\mathrm{i}}=\frac{2C_0U_1\sin(\omega t)}{2C_0+(C_{\mathrm{p}}+C_{\mathrm{i}})}x \tag{3.38}$$

因此,质量块位移 x 被调制为 $\sin(\omega t)$ 形式的信号 $U(t)$。为了简化分析,不妨设信号 $U(t)$ 具有以下形式,即

$$U(t)=U_{\mathrm{s}}\cos(\omega_0 t+\theta) \tag{3.39}$$

式中:U_{s} 为信号幅值;ω_0 为电压频率;θ 为被测信号 $U(t)$ 与参考输入信号 $r(t)$ 之间的相位差。参考输入为同频率的正弦波信号,即

$$r(t)=U_{\mathrm{r}}\cos(\omega_0 t) \tag{3.40}$$

那么,经过信号 $r(t)$ 解调之后的信号为

$$\begin{aligned} u_{\mathrm{p}}(t)&=U(t)\cdot r(t)=U_{\mathrm{s}}\cos(\omega_0 t+\theta)\cdot U_{\mathrm{r}}\cos(\omega_0 t) \\ &=\frac{1}{2}U_{\mathrm{s}}U_{\mathrm{r}}\cos(\theta)+\frac{1}{2}U_{\mathrm{s}}U_{\mathrm{r}}\cos(2\omega_0 t+\theta) \end{aligned} \tag{3.41}$$

结果的第一项为乘积的差频分量,第二项为和频分量。经过低通滤波器后,和频分量被消除,得到的输出为

$$u_{\mathrm{o}}(t)=\frac{1}{2}U_{\mathrm{s}}U_{\mathrm{r}}\cos\theta \tag{3.42}$$

从式(3.42)可以看出,解调的输出正比于被测信号的幅度 U_{s},同时正比于被测信号和参考信号的相位差的余弦函数。当 $\theta=0$ 时,输出 $u_{\mathrm{o}}(t)$ 最大。另外,由于 U_{r} 的大小已知且保持不变,因此可以根据测量得到的 $u_{\mathrm{o}}(t)$ 计算出被测信号 U_{s} 的幅度,即可解算出质量块位移的大小。

(1) 连续时间调制/解调型电容检测电路的优点。

① 由于有仪表放大器,可以有效抑制共模噪声分量,以及由运算放大器偏置电压引起的误差。

② 由于采用高频载波进行调制,可以有效避开 $1/f$ 噪声的影响。

(2) 连续时间调制/解调型电容检测电路的缺点。

① 由于差分电容参数可能会有一定偏差,容易因此产生测量误差。

② 低噪声仪表放大器的带宽一般不高,有时无法满足高频载波放大的要求。

综上,连续时间调制/解调型电容检测电路相对于其他电路具有噪声低、设计简单、线性度高、受到寄生效应影响小等特点,而开关电容型微弱电容检测电路易于实现 CMOS 集成,是 MEMS 加速度计专用集成电路芯片的常用方案。

3.3.2 闭环检测技术

MEMS 加速度计系统有开环和闭环两种控制模式,开环测控系统如图 3.17 所示。当外界存在加速度输入时,MEMS 加速度计的机械敏感结构产生相对位移,导致检测电容产生变化,检测电容的变化量通过测控电路转化为电压信号 U_{out},从而反算出输入加速度的大小。可见,开环控制系统将 MEMS 加速度计的检测电容变化量通过电容到电压变换环节直接读出,并未采用闭环反馈控制策略,具体的测控原理如图 3.17 所示。

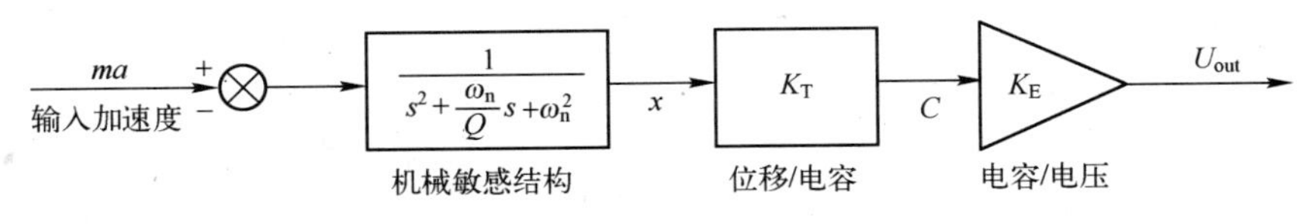

图 3.17 开环测控原理框图

(1) 当 $a=0$ 时,质量块位于平衡位置,电容变化量 $\Delta C=0$。

(2) 当 $a\neq0$ 时,即当有加速度输入时,质量块产生微小位移 Δd,满足 $\Delta d\ll d$,那么电容变化量满足

$$\Delta C=\frac{C_0}{d_0}\Delta d \tag{3.43}$$

那么加速度 a 与检测电容变化量的关系式为

$$a=\frac{kd_0}{mc_0}\Delta C \tag{3.44}$$

式中,k 满足关系 $k\Delta d=ma$。在加速度的作用下,质量块的微小位移 Δd 将转化为检测电容变化量,加速度 a 与电容变化量 ΔC 成正比关系。因此,只要采取合适的电容检测接口电路,检测出电容变化量 ΔC,就能够间接地检测出输入的加速度值。但是开环控制方式下的 MEMS 加速度计性能主要取决于机械敏感结构,因此检测灵敏度容易受到温度的影响,并且由于敏感结构的运动,交叉轴误差相对较大。

变间距式电容适合于检测很小的位移变化,因为线性化的假设仅在位移很小时成立,即对应了小的量程;当测量大量程时,近似线性的假设条件就不能得到很好的满足,导致非线性误差很大。开环加速度计在量程与测量线性度方面存在矛盾,要保证测量线性度,量程不可能太大,如果测量量程偏大,测量线性度将变差。另外,检测较大的加速度时,可动极板位移较大,极板之间的静电力容易导致"吸合现象"的发生。

为了提高量程和测量线性度，防止吸合，一般会使用闭环控制的方式，增加反馈电极，将输出的电容信号转化为电压信号加载到反馈电极上，产生一个与加速度导致的惯性力方向相反的反馈控制力，使可动极板始终维持在平衡位置，此时加载的反馈电压与输入加速度成正比，故依靠检测反馈电压就能得到待测加速度的大小。闭环伺服原理是保证 MEMS 加速度计具有较大量程以及高精度的关键，是目前高精度 MEMS 加速度计普遍采用的测控技术。

静电力是 MEMS 加速度计中最为常见且广泛应用的一种力，当两块平行极板之间存在电压差 U 时，由于电势差的存在，两块极板之间将产生静电吸引力 F，根据电势能原理，即

$$E=\frac{1}{2}CU^2 \tag{3.45}$$

$$F=\frac{\partial E}{\partial X}=\frac{1}{2}U^2\left|\frac{\partial C}{\partial x}\right| \tag{3.46}$$

由式(3.46)，可以求解两块平行极板间的静电力，如图 3.18 所示。

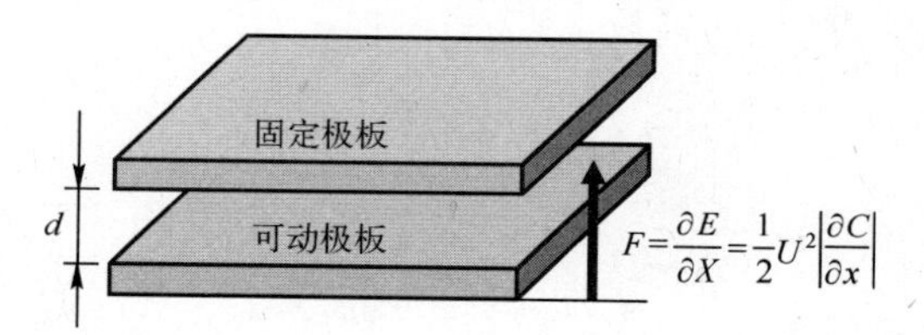

图 3.18　静电力原理示意图

MEMS 加速度计能够很方便地利用静电力来实现闭环控制电路。在闭环 MEMS 加速度计系统中，静电力、惯性力和机械弹性力共同作用，决定质量块的运动状态。图 3.19 所示为 MEMS 加速度计典型的闭环控制电路原理。当外界存在加速度输入时，机械敏感结构实现位移/电容信号的转换，检测电容信号从可动极板输出，经过电容/电压（C/U）变换模块，将电容信号转化为电压信号，输出与加速度成正比的直流电压信号 U_{out}，这个直流电压信号 U_{out} 即是开环控制电路的输出。力反馈回路将 U_{out} 作为反馈电压叠加在敏感结构的力平衡电极上，从而产生静电力。依靠静电力来平衡由于外部加速度作用于质量块上而产生的惯性力，从而使质量块始终保持在平衡位置附近。由于反馈力 F_b 与惯性力 ma 的大小相等、方向相反，因此通过闭环控制电路产生的 F_b 便可以解算出加速度。

（1）当 $a=0$ 时，质量块位于平衡位置，电容变化量 $\Delta C=0$，输出电压 $U_{out}=0$。

（2）当 $a\neq0$ 时，即当有加速度输入时，惯性力作用于质量块，质量块发生位

移，电容变化量 $\Delta C\neq0$，有直流电压输出，将直流输出电压作为反馈电压施加在力反馈电极上，由于负反馈作用，质量块将被拉回到原来的平衡位置。考虑闭环测控电路的传递函数，即

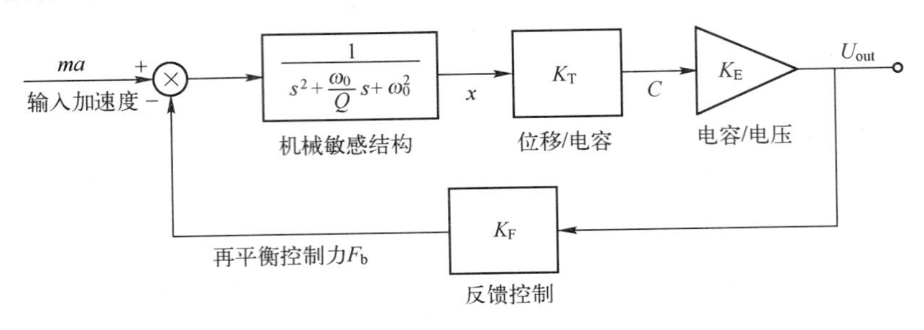

图 3.19　闭环检测原理框图

$$x=\frac{F(s)}{1+F(s)H(s)}ma\approx\frac{1}{H(s)}ma \tag{3.47}$$

式中：x 为机械敏感结构的位移信号；$F(s)$ 和 $H(s)$ 分别为机械敏感结构的传递函数和测控电路增益的传递函数，满足

$$F(s)=\frac{m^{-1}}{s^2+2\delta\omega_0 s+\omega_0^2} \tag{3.48}$$

$$H(s)=K_T K_E K_F$$

可见，在力平衡测控模式下，敏感结构的位移变小，此时电压信号 U_{out} 为

$$U_{out}=\frac{K_T K_E F(s)}{1+F(s)H(s)}ma\approx\frac{1}{K_F}ma \tag{3.49}$$

可见在力平衡测控模式下，MEMS 加速度计的灵敏度由力反馈系数 K_F 决定。

$$\begin{aligned}\omega_{CL}&=\omega_0\sqrt{1+K_0}\\K_0&=F(s=0)H(s=0)\end{aligned} \tag{3.50}$$

根据式(3.50)可知，力平衡闭环控制模式可以有效提升 MEMS 加速度计系统带宽。相比于开环测控回路，闭环测控回路具备以下的优势。

(1) 闭环测控电路的检测增益较大，检测精度较高。

(2) 闭环测控电路具备更好的动态特性和更大的量程。

(3) 闭环测控电路可以有效改善测量非线性和交叉轴误差。

3.4 蝶翼式 MEMS 加速度计

MEMS 加速度计按结构形式分类可分为扭摆式加速度计、平板式加速度计

和梳齿式加速度计。相比平板式加速度计与梳齿式加速度计，扭摆式加速度计具有设计简单、成本低廉、体积小、重量轻、可靠性高、耐冲击等一系列优点，因而受到各国重视并争先研究，目前正逐步在惯性导航、战术武器制导和汽车检测等领域中得到应用。蝶翼式 MEMS 加速度计是一种差分扭摆式 MEMS 单轴加速度计，弥补了国内外在扭摆式加速度计研究过程中的不足并继承传统扭摆式加速度计的优点，是一种高性能、低成本 MEMS 加速度计。

3.4.1 蝶翼式 MEMS 加速度计结构设计及工作原理

1. 结构设计

本节介绍的蝶翼式 MEMS 加速度计由硅结构和玻璃基板两部分组成，如图 3.20 所示。硅结构形成加速度计的敏感结构，玻璃基板上制作检测电极，硅结构的敏感质量块与下方对应玻璃基板上的检测电极组成检测电容。

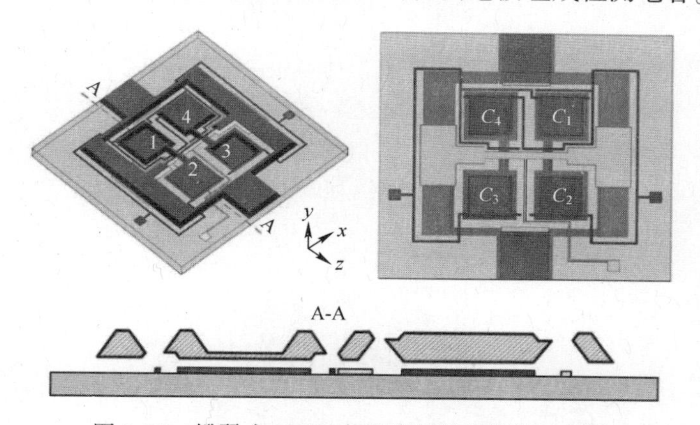

图 3.20 蝶翼式 MEMS 加速度计总体结构示意图

如图 3.21 所示，蝶翼式微机电加速度计敏感硅结构包括两对对角质量相等的差分质量块、六边形支撑梁、支撑框架、键合锚点等部分。六边形支撑梁的倾斜角度由(111)晶面与(100)晶面的夹角确定为 54.74°。

图 3.22 所示为蝶翼式微机电加速度计玻璃基板，包括用于与硅结构键合的凸台，以及位于凹槽平面内的检测电极及其导线和引脚。敏感硅结构与玻璃基板采用湿法腐蚀工艺制作，利用对准标记对准后键合，再经过划片、封装等工艺过程形成加速度检测 MEMS 芯片部分。

2. 工作原理

当加速度计受到面外加速度引起的惯性力作用时，由于分布在支撑梁两侧的质量块质量不相等而导致所受的惯性力不均衡，质量块会绕支撑梁产生扭转。

对于敏感质量块与检测电极构成的检测电容部分来说,检测电极位置固定且大小不变,即电容极板相对的有效正对面积不变,但质量块扭转过程中产生面外位移。那么可以通过电容检测电路检测敏感结构与检测电极之间由于位移变化引起的电容变化,进而得到与检测电容成正比关系的面外加速度的变化,从而实现加速度的检测。

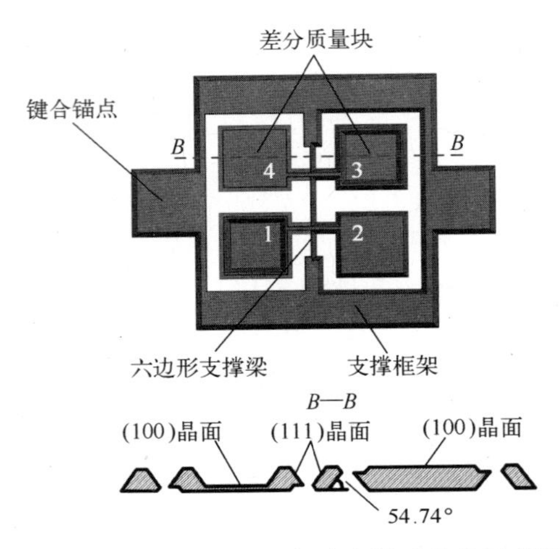

图 3.21　蝶翼式 MEMS 加速度计硅结构示意图

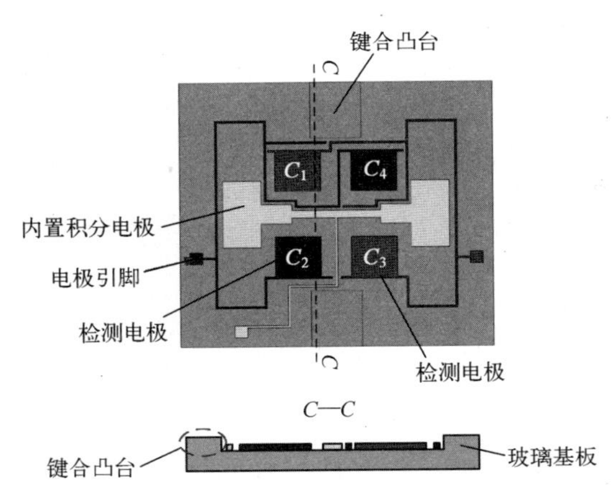

图 3.22　蝶翼式 MEMS 加速度计玻璃基板示意图

将图 3.23 所示坐标系作为基准。当加速度计沿 y 轴反向加速运动时,受到沿 y 轴向下的惯性力,六边形支撑梁发生扭转,质量块 1 和质量块 3 产生相对于电极向下的面外位移分量,质量块 2 和质量块 4 产生相对于电极向上的面外位移分量。当加速度计沿 x 轴与 z 轴正向加速运动时,支撑梁将发生弯曲,此时敏感质量块 y 轴方向的位移很小,与受到 y 轴加速度时产生的面外方向位移相比可以忽略不计。

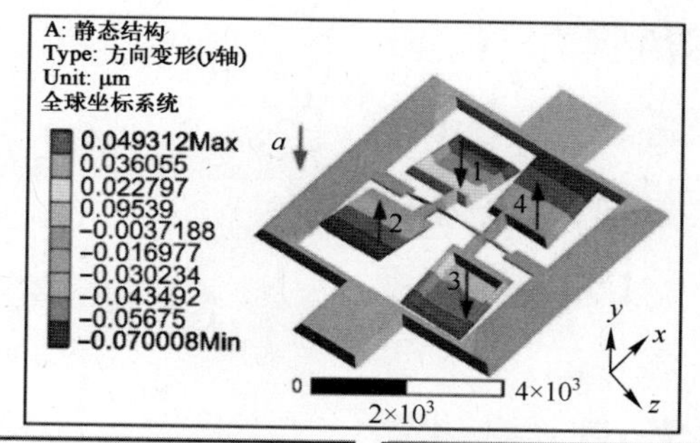

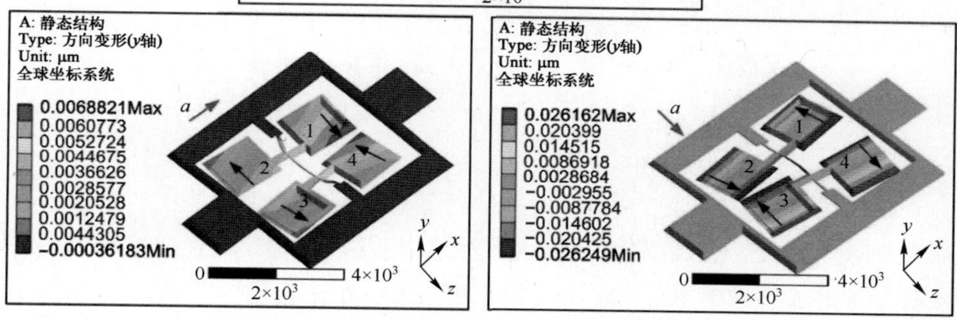

图 3.23　蝶翼式 MEMS 加速度计工作原理示意图

从图 3.23 可以看出，单位加速度作用于加速度计时其结构变形符合上述对蝶翼式 MEMS 加速度计工作原理的分析，且受到垂直于结构平面的加速度作用时，加速度计产生的垂直于结构平面方向的位移远远大于加速度计受到其他两个轴向加速度作用时产生的垂直于结构平面方向的位移，所以蝶翼式 MEMS 加速度计可作为单轴加速度计使用。

3.4.2　蝶翼式 MEMS 加速度计加工工艺

MEMS 加工工艺是实现加速度计结构由理论模型设计转化为工作样机的关键过程。蝶翼式 MEMS 加速度计硅敏感结构主要采用湿法腐蚀，利用双面预埋工艺进行制作。玻璃基板主要是通过湿法腐蚀凸台，然后进行金属铝电极的制作。最后，两者通过阳极键合的方式形成完整的圆片结构，经过划片、封装、电路配置等完成制作。整个加工的工艺流程如图 3.24 所示。

具体的制作步骤如下。

（1）选取硅片并对其进行清洗，利用氧化炉在设定的时间内使硅圆片周围形成预定厚度的二氧化硅层。

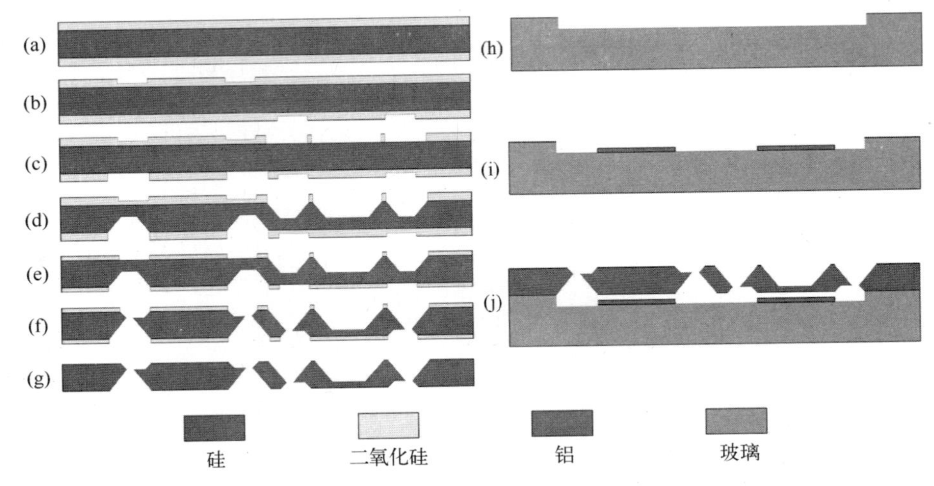

图 3.24　蝶翼式 MEMS 加速度计加工过程示意图

(2) 在有一定厚度二氧化硅层的硅片上双面旋涂光刻胶并在指定位置双面光刻,之后将已光刻的硅圆片放入腐蚀液中显影,将光刻位置的二氧化硅层减薄一半形成预埋掩膜,对硅片进行去胶处理,清洗硅片后对硅片进行烘干处理。

(3) 将烘干后的硅片进行双面旋涂光刻胶,形成的胶层将覆盖预埋层,从而对预埋层形成保护作用,然后在预定位置进行结构层双面光刻,之后将已光刻的硅圆片放入腐蚀液中显影,直到将光刻位置的二氧化硅全部去除曝光硅结构,形成结构腐蚀掩膜,对硅片进行去胶处理,清洗硅片后对硅片进行烘干处理。

(4) 将硅片放入 TMAH 溶液中进行湿法腐蚀,首先腐蚀的表面是已经去除掩膜的硅部分,腐蚀到预定的深度后取出硅片进行清洗后吹干。

(5) 将硅片放入腐蚀液中,同时将二氧化硅层去除一半的厚度,此时第一次光刻曝光部分的二氧化硅全部去除,预埋掩膜打开,对硅片进行清洗吹干操作。

(6) 将硅片再次放入 TMAH 溶液中进行湿法腐蚀,硅片腐蚀穿透后取出硅片,清洗吹干。

(7) 将硅片放入腐蚀液中去除全部的二氧化硅。

(8) 将玻璃板置于真空镀膜机中镀上铬、金层作为玻璃凹槽腐蚀时的掩膜保护层,然后在镀好铬和金层的玻璃板背面贴上保护膜,放入腐蚀液中腐蚀出特定深度的凹槽,到达深度后取出玻璃片清洗吹干。

(9) 将腐蚀出凸台后的玻璃板置于溅射平台中进行检测电极溅射,后通过光刻腐蚀形成与硅结构敏感质量块相对应的电极。

（10）将全部去除二氧化硅的硅片与玻璃基板利用键合机在特定条件下进行阳极键合。

通过键合机完成敏感硅结构和玻璃基板阳极键合之后，需要对含有多个 MEMS 结构的键合圆片进行划片处理，形成单个蝶翼式 MEMS 加速度计芯片。

3.4.3　蝶翼式 MEMS 加速度计性能测试

由于 MEMS 结构尺寸很小，加速度计作用于敏感结构所引起的电容变化量也十分微小，合适的微弱电容检测电路成为 MEMS 加速度计检测电路设计的重要组成部分。反相对称激励电路是检测 fF 级电容变化量且常用于电容式加速度计的主要检测电路之一，结合蝶翼式 MEMS 加速度计四敏感质量块双差分结构的特点，以反相激励检测电路作为蝶翼式 MEMS 加速度计差分电容检测电路。它的优点在于减小了 MEMS 器件与电路结合处寄生电容的影响，同时可以使温度造成加速度计输出的缓慢漂移得到抑制。

采用反相激励电路的蝶翼式 MEMS 加速度计微弱电容检测方案如图 3.25 所示。该图表达了通过调制解调的思想将差分电容信号转化为输出电压的过程。单片机产生的调制信号将标准电压调制为方波信号并通过叠加偏置电压改变调制方波的均值，将改变均值之后的方波加载到加速度计芯片中。含有方波信号的电容信号经与放大器直接相连的硅结构进入信号读取电路实现 C/U 转换，信号经过放大和滤波后解调。将解调后的信号再一次放大并通过低通滤波器滤去信号中高频噪声成分后输出直流电压信号，完成电容检测。

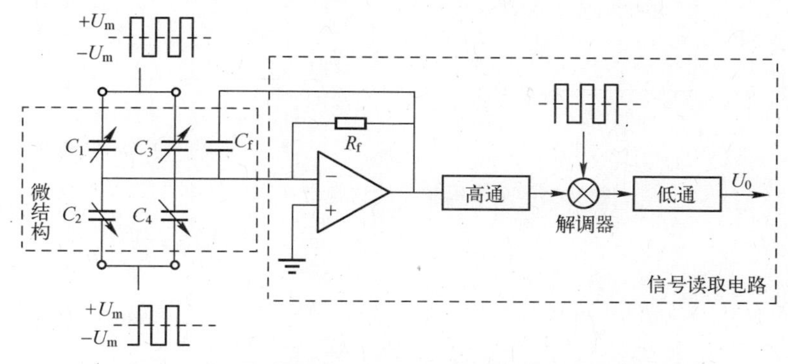

图 3.25　蝶翼式 MEMS 加速度计检测电路设计原理框图

蝶翼式 MEMS 加速度计的主要测试指标包括标度因数、起动时间、全量程非线性和频带宽等，部分测试结果汇总于表 3.1 中。

表 3.1 蝶翼式 MEMS 加速度计整体性能测试结果汇总表

测试性能名称	实际测量值
量程(g)	±15
标度因数(mV/g)	207.801
1g 稳定性(mg)	0.390
频带宽(Hz)	59.090

图 3.26 给出了全量程测试拟合曲线和频带宽测试拟合曲线,分别用于计算全量程非线性和频带宽。根据式(3.51)计算全量程非线性,可得蝶翼式 MEMS 加速度计全量程非线性度为 0.42%。根据加速度计的幅频特性曲线,计算出振幅下降 3dB 的频率点,即为蝶翼式 MEMS 加速度计的工作带宽,可得频带宽约为 59.09Hz。

$$K_{rm} = \left. \frac{U_j^* - U_j}{|U_{max} - U_{min}|} \right|_{max} \tag{3.51}$$

式中:U_j^* 为第 j 点输入加速度对应拟合直线上计算值;U_j 为第 j 点上输入加速度测量值;U_{max} 为对应最大输入加速度输出值;U_{min} 对应最小输入加速度输出值;K_{rm} 为全量程非线性度。

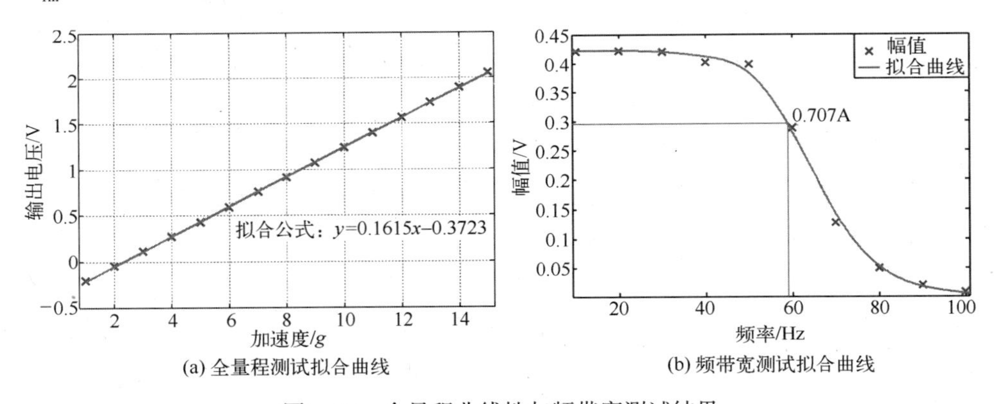

(a) 全量程测试拟合曲线 (b) 频带宽测试拟合曲线

图 3.26 全量程非线性与频带宽测试结果

思 考 题

3.1 MEMS 加速度计的信号转换方式有哪些?各有什么优、缺点?

3.2 电容检测式 MEMS 加速度计电容量改变的基本方式和机械结构类型

有哪些？

3.3 简述微弱电容检测的原理和方式。

3.4 简述蝶翼式 MEMS 加速度计的工作原理,并分析其技术优势。

参考文献

[1] Xiao D,Wu X,Li Q,et al. A Double Differential Torsional MEMS Accelerometer with Improved Temperature Robustness[M]. Springer Singapore,2017.

[2] Niu W,Fang L,Xu L,et al. Summary of Research Status and Application of MEMS Accelerometers[J]. Journal of Computer and Communications,2018.

[3] 刘高. 新型蝶翼式加速度计关键技术研究[D]. 长沙:国防科学技术大学,2015.

[4] 夏德伟. 蝶翼式微加速度计优化设计[D]. 长沙:国防科学技术大学,2016.

[5] Bhattacharyya T K,Roy A L. MEMS Piezoresistive Accelerometers[M]. Springer India,2014.

[6] Dong P,Wu X,Li S. A High-Performance Monolithic Triaxial High-G Accelerometer[C]. Sensors. IEEE,2007.

[7] 王莉,李孟委,杨凤娟,等. 隧道加速度计结构原理及最小电极距离分析[J]. 中北大学学报(自然科学版),2007,28(002):177-180.

[8] 刘益芳,吴德志,郑高峰,等. 微隧道式加速度计的最优控制[J]. 光学精密工程. 2013,21(006):1561-1567.

[9] Albert W C. Force Sensing Using Quartz Crystal Flexure Resonators[C]// 38th Annual Symposium on Frequency Control,1984. IEEE.

[10] Hopkins R E,Borenstein J T,Antkowiak B M,et al. The Silicon Oscillating Accelerometer:A MEMS Inertial Instrument for Strategic Missile Guidance,2001.

[11] 高杨,雷强,赵俊武,等. 微机械谐振式加速度计的研究现状及发展趋势[J]. 强激光与粒子束,2017,29(8):14.

第4章　机械转子陀螺

人们很早就注意到高速旋转的物体具有维持其旋转方向稳定的惯性。在我国,明朝就已经出现了“陀螺”一词,指一种高速定轴旋转的玩具。19世纪,通过在枪管、炮管内加螺旋状的膛线,使子弹、炮弹飞行过程中高速自旋,增强其飞行的方向稳定性,从而提高其命中精度。

1852年,法国的里昂傅科(Leon Foucault,1819—1868)发现并命名了高速转子的陀螺效应,可用于测量物体的角运动,根据其定轴性在实验室定性地演示了地球自转现象,为机械转子陀螺奠定了基础,“Gyroscope”陀螺,意思是“观察转动的仪器”。

由于克服转子支撑轴的摩擦力矩是提高角运动测量精度的关键技术,因此机械转子陀螺以转子支撑方式命名,如采用液浮支撑技术的液浮陀螺、采用挠性支撑技术的挠性陀螺和采用静电支撑技术的静电陀螺。这些不同的机械转子陀螺共同的理论基础都是刚体的动力学。

4.1　机械转子陀螺的基础理论

4.1.1　动量矩定理与定轴性

在力或力矩的作用下,物体内部任意两点间的距离始终保持不变,即物体无形变,则该物体称为刚体。在研究机械转子陀螺的动力学模型时,理论上可以将陀螺转子近似为刚体。

绕固定点 O 转动的陀螺转子,其相对于点 O 的动量矩 $\boldsymbol{H}$ 可表示为转子内所有质点动量矩的矢量和,即

$$\boldsymbol{H} = \sum \boldsymbol{r}_i \times m_i \boldsymbol{v}_i = \sum \boldsymbol{r}_i \times m_i(\boldsymbol{\omega} \times \boldsymbol{r}_i) = \sum -m_i \boldsymbol{r}_i \times (\boldsymbol{r}_i \times \boldsymbol{\omega}) \tag{4.1}$$

式中:$\boldsymbol{\omega}$ 为陀螺转子绕定点转动角速度矢量;m_i、$\boldsymbol{r}_i$、$\boldsymbol{v}_i$ 分别为陀螺转子内质点 i 的质量、从点 O 到点 i 的位移矢量、点 i 的速度矢量;“×”表示两个矢量的叉乘。

以点 O 为坐标原点,建立惯性直角坐标系(相对惯性空间无旋转、无运动加速度),则矢量形式的动量矩表达式(4.1)可表示为以下分量形式,即

$$\begin{bmatrix} H_x \\ H_y \\ H_z \end{bmatrix} = \sum \begin{bmatrix} r_{ix} \\ r_{iy} \\ r_{iz} \end{bmatrix} \times \left(m_i \begin{bmatrix} v_{ix} \\ v_{iy} \\ v_{iz} \end{bmatrix} \right) = \sum \begin{bmatrix} r_{ix} \\ r_{iy} \\ r_{iz} \end{bmatrix} \times \left(m_i \begin{bmatrix} \omega_x \\ \omega_y \\ \omega_z \end{bmatrix} \times \begin{bmatrix} r_{ix} \\ r_{iy} \\ r_{iz} \end{bmatrix} \right)$$
$$= \sum - m_i \begin{bmatrix} r_{ix} \\ r_{iy} \\ r_{iz} \end{bmatrix} \times \left(\begin{bmatrix} r_{ix} \\ r_{iy} \\ r_{iz} \end{bmatrix} \times \begin{bmatrix} \omega_x \\ \omega_y \\ \omega_z \end{bmatrix} \right) \tag{4.2}$$

可以进一步用陀螺转子的惯性张量 $\boldsymbol{J}$ 和角速度矢量 $\boldsymbol{\omega}$ 表示陀螺转子绕定点转动的动量矩,即

$$\begin{bmatrix} H_x \\ H_y \\ H_z \end{bmatrix} = \sum - m_i \begin{bmatrix} r_{ix} \\ r_{iy} \\ r_{iz} \end{bmatrix} \times \left(\begin{bmatrix} r_{ix} \\ r_{iy} \\ r_{iz} \end{bmatrix} \times \begin{bmatrix} \omega_x \\ \omega_y \\ \omega_z \end{bmatrix} \right)$$
$$= \sum - m_i \begin{bmatrix} 0 & -r_{iz} & r_{iy} \\ r_{iz} & 0 & -r_{ix} \\ -r_{iy} & r_{ix} & 0 \end{bmatrix} \begin{bmatrix} 0 & -r_{iz} & r_{iy} \\ r_{iz} & 0 & -r_{ix} \\ -r_{iy} & r_{ix} & 0 \end{bmatrix} \begin{bmatrix} \omega_x \\ \omega_y \\ \omega_z \end{bmatrix}$$
$$= \sum m_i \begin{bmatrix} r_{iy}^2 + r_{iz}^2 & -r_{ix}r_{iy} & -r_{ix}r_{iz} \\ -r_{ix}r_{iy} & r_{ix}^2 + r_{iz}^2 & -r_{iy}r_{iz} \\ -r_{ix}r_{iz} & -r_{iy}r_{iz} & r_{ix}^2 + r_{iy}^2 \end{bmatrix} \begin{bmatrix} \omega_x \\ \omega_y \\ \omega_z \end{bmatrix}$$
$$= \begin{bmatrix} \sum m_i(r_{iy}^2 + r_{iz}^2) & -\sum m_i r_{ix} r_{iy} & -\sum m_i r_{ix} r_{iz} \\ -\sum m_i r_{ix} r_{iy} & \sum m_i (r_{ix}^2 + r_{iz}^2) & -\sum m_i r_{iy} r_{iz} \\ -\sum m_i r_{ix} r_{iz} & -\sum m_i r_{iy} r_{iz} & \sum m_i (r_{ix}^2 + r_{iy}^2) \end{bmatrix} \begin{bmatrix} \omega_x \\ \omega_y \\ \omega_z \end{bmatrix}$$
$$= \begin{bmatrix} J_{xx} & -J_{xy} & -J_{xz} \\ -J_{xy} & J_{yy} & -J_{yz} \\ -J_{xz} & -J_{yz} & J_{zz} \end{bmatrix} \begin{bmatrix} \omega_x \\ \omega_y \\ \omega_z \end{bmatrix} = \boldsymbol{J\omega} \tag{4.3}$$

由式(4.3),陀螺转子绕定点转动的动量矩与其旋转角速度矢量方向一致。

动量矩定理(莱查定理)

$$\frac{\mathrm{d}\boldsymbol{H}}{\mathrm{d}t} = \boldsymbol{M} \tag{4.4}$$

即陀螺转子绕定点转动的动量矩对时间的导数等于陀螺转子所受合外力矩。

证明 由式(4.1)对时间求导数,得

$$\begin{aligned}\frac{\mathrm{d}\boldsymbol{H}}{\mathrm{d}t}&=\frac{\mathrm{d}\left(\sum \boldsymbol{r}_i \times m_i\boldsymbol{v}_i\right)}{\mathrm{d}t}=\sum \frac{\mathrm{d}\boldsymbol{r}_i}{\mathrm{d}t}\times m_i\boldsymbol{v}_i+\sum \boldsymbol{r}_i \times m_i\frac{\mathrm{d}\boldsymbol{v}_i}{\mathrm{d}t}\\&=\sum \boldsymbol{v}_i\times m_i\boldsymbol{v}_i+\sum \boldsymbol{r}_i\times m_i\boldsymbol{a}_i=0+\sum \boldsymbol{r}_i\times \boldsymbol{F}_i=\sum \boldsymbol{M}_i=\boldsymbol{M}\end{aligned} \tag{4.5}$$

式中:$\boldsymbol{a}_i$ 为陀螺转子内质点 i 的加速度矢量;$\boldsymbol{F}_i$ 为作用在质点 i 的力;$\boldsymbol{M}_i$ 为作用在质点 i 的力矩。

证毕。

如图 4.1 所示,根据动量矩定理,外力矩 $\boldsymbol{M}$ 越小,外力矩造成的动量矩方向变化越小,图中的角 $\mathrm{d}\boldsymbol{\theta}$ 越小;若无外力矩作用,陀螺转子的旋转动量矩将保持不变,即旋转角速度矢量方向也将保持不变,角 $\mathrm{d}\boldsymbol{\theta}$ 为零;陀螺转子的旋转动量矩 $\boldsymbol{H}$ 越大,外力矩造成的动量矩方向变化越小,角 $\mathrm{d}\boldsymbol{\theta}$ 越小。这就是陀螺转子具有定轴性的物理解释。

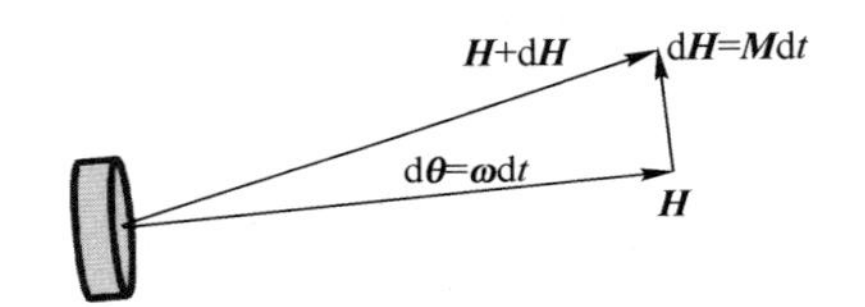

图 4.1 外力矩与陀螺转子动量矩变化

根据式(4.3),提高陀螺转子旋转角速度、增大陀螺转子转动惯量(增大质量或使陀螺转子质量分布距离旋转中心点尽量远)均可提高陀螺转子的旋转动量矩。

动量矩定理与动量定理形式上具有对偶性。

动量定理

$$\frac{\mathrm{d}\boldsymbol{P}}{\mathrm{d}t}=\frac{\mathrm{d}(m\boldsymbol{v})}{\mathrm{d}t}=m\frac{\mathrm{d}\boldsymbol{v}}{\mathrm{d}t}=m\boldsymbol{a}=\boldsymbol{F} \tag{4.6}$$

即质点的动量对时间的导数等于质点所受合外力。

4.1.2 欧拉动力学方程、表观运动与进动性

直接根据式(4.3)、式(4.4)的动量矩定理建立陀螺转子的动力学模型,数学上将会非常复杂,原因在于:惯性坐标系下,随着陀螺转子的旋转,相对于惯性坐标系的转动惯量将会随时间变化。此外,有时需要分析在非惯性系(相对惯性系旋转的坐标系,如与地球固连的坐标系)中的陀螺转子动力学模型。

针对上述问题，陀螺转子绕定点转动的欧拉动力学方程采用动坐标系表示动量矩定理。

以点 O 为坐标原点，建立惯性直角坐标系 i（$Ox_iy_iz_i$ 相对惯性空间无旋转、无运动加速度）以及动坐标系 m（$Ox_my_mz_m$ 直接固连在刚体上，或固连于其他相对惯性空间旋转的坐标系）。

设陀螺转子绕定点转动的动量矩坐标向量在惯性坐标系 i 和动坐标系 m 中分别表示为

$$\boldsymbol{H}^{\mathrm{i}}=\begin{bmatrix}H_x^{\mathrm{i}}\\H_y^{\mathrm{i}}\\H_z^{\mathrm{i}}\end{bmatrix},\quad \boldsymbol{H}^{\mathrm{m}}=\begin{bmatrix}H_x^{\mathrm{m}}\\H_y^{\mathrm{m}}\\H_z^{\mathrm{m}}\end{bmatrix},\quad \boldsymbol{H}^{\mathrm{i}}=\begin{bmatrix}H_x^{\mathrm{i}}\\H_y^{\mathrm{i}}\\H_z^{\mathrm{i}}\end{bmatrix}=\boldsymbol{C}_{\mathrm{m}}^{\mathrm{i}}\boldsymbol{H}^{\mathrm{m}}=\boldsymbol{C}_{\mathrm{m}}^{\mathrm{i}}\begin{bmatrix}H_x^{\mathrm{m}}\\H_y^{\mathrm{m}}\\H_z^{\mathrm{m}}\end{bmatrix} \tag{4.7}$$

式中：$\boldsymbol{C}_{\mathrm{m}}^{\mathrm{i}}$ 为从动坐标系 m 到惯性坐标系 i 的方向余弦矩阵，$\boldsymbol{C}_{\mathrm{m}}^{\mathrm{i}}=\begin{bmatrix}c_{11}&c_{12}&c_{13}\\c_{21}&c_{22}&c_{23}\\c_{31}&c_{32}&c_{33}\end{bmatrix}$，它对时间的导数为

$$\frac{\mathrm{d}(\boldsymbol{C}_{\mathrm{m}}^{\mathrm{i}})}{\mathrm{d}t}=\dot{\boldsymbol{C}}_{\mathrm{m}}^{\mathrm{i}}=\boldsymbol{C}_{\mathrm{m}}^{\mathrm{i}}[\boldsymbol{\omega}_{\mathrm{im}}^{\mathrm{m}}\times] \tag{4.8}$$

将式（4.7）、式（4.8）代入式（4.5）得

$$\frac{\mathrm{d}\boldsymbol{H}^{\mathrm{i}}}{\mathrm{d}t}=\frac{\mathrm{d}(\boldsymbol{C}_{\mathrm{m}}^{\mathrm{i}}\boldsymbol{H}^{\mathrm{m}})}{\mathrm{d}t}=\boldsymbol{C}_{\mathrm{m}}^{\mathrm{i}}\frac{\mathrm{d}\boldsymbol{H}^{\mathrm{m}}}{\mathrm{d}t}+\frac{\mathrm{d}(\boldsymbol{C}_{\mathrm{m}}^{\mathrm{i}})}{\mathrm{d}t}\boldsymbol{H}^{\mathrm{m}}=\boldsymbol{C}_{\mathrm{m}}^{\mathrm{i}}\frac{\mathrm{d}\boldsymbol{H}^{\mathrm{m}}}{\mathrm{d}t}+\boldsymbol{C}_{\mathrm{m}}^{\mathrm{i}}[\boldsymbol{\omega}_{\mathrm{im}}^{\mathrm{m}}\times]\boldsymbol{H}^{\mathrm{m}}=\boldsymbol{M}^{\mathrm{i}}=\boldsymbol{C}_{\mathrm{m}}^{\mathrm{i}}\boldsymbol{M}^{\mathrm{m}} \tag{4.9}$$

即坐标向量形式的陀螺转子绕定点转动的欧拉动力学方程为

$$\dot{\boldsymbol{H}}^{\mathrm{i}}=\boldsymbol{C}_{\mathrm{m}}^{\mathrm{i}}\dot{\boldsymbol{H}}^{\mathrm{m}}+\boldsymbol{C}_{\mathrm{m}}^{\mathrm{i}}[\boldsymbol{\omega}_{\mathrm{im}}^{\mathrm{m}}\times]\boldsymbol{H}^{\mathrm{m}}=\boldsymbol{M}^{\mathrm{i}}=\boldsymbol{C}_{\mathrm{m}}^{\mathrm{i}}\boldsymbol{M}^{\mathrm{m}} \tag{4.10}$$

写成分量形式的陀螺转子绕定点转动的欧拉动力学方程为

$$\begin{bmatrix}\dot{H}_x^{\mathrm{i}}\\\dot{H}_y^{\mathrm{i}}\\\dot{H}_z^{\mathrm{i}}\end{bmatrix}=\boldsymbol{C}_{\mathrm{m}}^{\mathrm{i}}\begin{bmatrix}\dot{H}_x^{\mathrm{m}}\\\dot{H}_y^{\mathrm{m}}\\\dot{H}_z^{\mathrm{m}}\end{bmatrix}+\boldsymbol{C}_{\mathrm{m}}^{\mathrm{i}}\begin{bmatrix}0&-\omega_{\mathrm{im}z}^{\mathrm{m}}&\omega_{\mathrm{im}y}^{\mathrm{m}}\\\omega_{\mathrm{im}z}^{\mathrm{m}}&0&-\omega_{\mathrm{im}x}^{\mathrm{m}}\\-\omega_{\mathrm{im}y}^{\mathrm{m}}&\omega_{\mathrm{im}x}^{\mathrm{m}}&0\end{bmatrix}\begin{bmatrix}H_x^{\mathrm{m}}\\H_y^{\mathrm{m}}\\H_z^{\mathrm{m}}\end{bmatrix}=\begin{bmatrix}M_x^{\mathrm{i}}\\M_y^{\mathrm{i}}\\M_z^{\mathrm{i}}\end{bmatrix}=\boldsymbol{C}_{m}^{\mathrm{i}}\begin{bmatrix}M_x^{\mathrm{m}}\\M_y^{\mathrm{m}}\\M_z^{\mathrm{m}}\end{bmatrix} \tag{4.11}$$

$$\begin{bmatrix}\dot{H}_x^{\mathrm{m}}\\\dot{H}_y^{\mathrm{m}}\\\dot{H}_z^{\mathrm{m}}\end{bmatrix}+\begin{bmatrix}0&-\omega_{\mathrm{im}z}^{\mathrm{m}}&\omega_{\mathrm{im}y}^{\mathrm{m}}\\\omega_{\mathrm{im}z}^{\mathrm{m}}&0&-\omega_{\mathrm{im}x}^{\mathrm{m}}\\-\omega_{\mathrm{im}y}^{\mathrm{m}}&\omega_{\mathrm{im}x}^{\mathrm{m}}&0\end{bmatrix}\begin{bmatrix}H_x^{\mathrm{m}}\\H_y^{\mathrm{m}}\\H_z^{\mathrm{m}}\end{bmatrix}=\begin{bmatrix}M_x^{\mathrm{m}}\\M_y^{\mathrm{m}}\\M_z^{\mathrm{m}}\end{bmatrix} \tag{4.12}$$

也可以根据哥氏定理,直接得到矢量形式的陀螺转子绕定点转动的欧拉动力学方程,即

$$\left.\frac{\mathrm{d}\boldsymbol{H}}{\mathrm{d}t}\right|_{\mathrm{i}}=\left.\frac{\mathrm{d}\boldsymbol{H}}{\mathrm{d}t}\right|_{\mathrm{m}}+\boldsymbol{\omega}_{\mathrm{im}}\times\boldsymbol{H}=\boldsymbol{M} \tag{4.13}$$

将动坐标系与地球固连,则有

$$\left.\frac{\mathrm{d}\boldsymbol{H}}{\mathrm{d}t}\right|_{\mathrm{i}}=\left.\frac{\mathrm{d}\boldsymbol{H}}{\mathrm{d}t}\right|_{\mathrm{e}}+\boldsymbol{\omega}_{\mathrm{ie}}\times\boldsymbol{H}=\boldsymbol{M} \tag{4.14}$$

若外力矩为零,则有$\left.\frac{\mathrm{d}\boldsymbol{H}}{\mathrm{d}t}\right|_{\mathrm{i}}=\boldsymbol{M}=0$,此时有

$$\left.\frac{\mathrm{d}\boldsymbol{H}}{\mathrm{d}t}\right|_{\mathrm{e}}=-\boldsymbol{\omega}_{\mathrm{ie}}\times\boldsymbol{H}=\boldsymbol{H}\times\boldsymbol{\omega}_{\mathrm{ie}},\quad\left|\left.\frac{\mathrm{d}\boldsymbol{H}}{\mathrm{d}t}\right|_{\mathrm{e}}\right|=|\boldsymbol{H}||\boldsymbol{\omega}_{\mathrm{ie}}|\sin\theta=H\omega_{\mathrm{ie}}\sin\theta \tag{4.15}$$

即若此时动量矩矢量 $\boldsymbol{H}$ 与地球自转角速度矢量 $\boldsymbol{\omega}_{\mathrm{ie}}$ 的夹角 θ 不为零,则动量矩矢量 $\boldsymbol{H}$ 相对地球的时间变化率不为零,在地球上的观察者将观察到陀螺转子自转轴相对地球存在旋转,称为**表观运动**。

进一步分析式(4.15)的分量形式,设地球自转角速度矢量方向与坐标系 e 的 z 轴方向重合,则有

$$\begin{bmatrix}\dot{H}_x^{\mathrm{e}}\\ \dot{H}_y^{\mathrm{e}}\\ \dot{H}_z^{\mathrm{e}}\end{bmatrix}=\begin{bmatrix}0&\omega_{\mathrm{ie}}&0\\ -\omega_{\mathrm{ie}}&0&0\\ 0&0&0\end{bmatrix}\begin{bmatrix}H_x^{\mathrm{e}}\\ H_y^{\mathrm{e}}\\ H_z^{\mathrm{e}}\end{bmatrix},\quad \boldsymbol{H}^{\mathrm{e}}(t)=\begin{bmatrix}H_x^{\mathrm{e}}(t)\\ H_y^{\mathrm{e}}(t)\\ H_z^{\mathrm{e}}(t)\end{bmatrix}=\begin{bmatrix}H_y^{\mathrm{e}}(0)\sin\omega_{\mathrm{ie}}t+H_x^{\mathrm{e}}(0)\cos\omega_{\mathrm{ie}}t\\ H_y^{\mathrm{e}}(0)\cos\omega_{\mathrm{ie}}t-H_x^{\mathrm{e}}(0)\sin\omega_{\mathrm{ie}}t\\ H_z^{\mathrm{e}}(0)\end{bmatrix} \tag{4.16}$$

$$H=|\boldsymbol{H}|=\sqrt{(H_x^{\mathrm{e}}(0))^2+(H_y^{\mathrm{e}}(0))^2+(H_z^{\mathrm{e}}(0))^2},\quad \left|\left.\frac{\mathrm{d}\boldsymbol{H}}{\mathrm{d}t}\right|_{\mathrm{e}}\right|=\omega_{\mathrm{ie}}\sqrt{(H_x^{\mathrm{e}}(0))^2+(H_y^{\mathrm{e}}(0))^2} \tag{4.17}$$

代入式(4.15)得

$$\sin\theta=\frac{\sqrt{(H_x^{\mathrm{e}}(0))^2+(H_y^{\mathrm{e}}(0))^2}}{\sqrt{(H_x^{\mathrm{e}}(0))^2+(H_y^{\mathrm{e}}(0))^2+(H_z^{\mathrm{e}}(0))^2}} \tag{4.18}$$

H、$\left|\left.\frac{\mathrm{d}\boldsymbol{H}}{\mathrm{d}t}\right|_{\mathrm{e}}\right|$、$\theta$ 均为常值,$\boldsymbol{H}^{\mathrm{e}}(0)=[H_x^{\mathrm{e}}(0)\quad H_y^{\mathrm{e}}(0)\quad H_z^{\mathrm{e}}(0)]^{\mathrm{T}}$ 为初始时刻投影于坐标系 e 的动量矩。显然,表观运动的 $\boldsymbol{H}^{\mathrm{e}}(t)$ 端点轨迹为圆,矢量 $\boldsymbol{H}^{\mathrm{e}}(t)$ 扫过的曲面为一个顶点在原点的圆锥面,半锥角为 θ。本质上,表观运动是由于观察者在旋转的坐标系中观察转子运动造成的,地球表面陀螺转子的表观运动如图 4.2 所示。

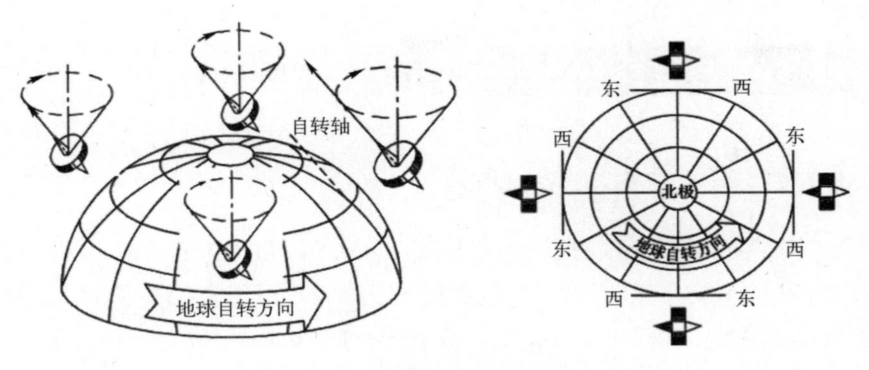

图 4.2　陀螺转子表观运动

如图 4.2 所示，在外力矩 $\boldsymbol{M}$ 的作用下，动量矩 $\boldsymbol{H}$ 转动的角速度方向垂直于 $\boldsymbol{M}$ 与 $\boldsymbol{H}$ 所在平面。陀螺转子的这种旋转运动称为**进动运动**，简称**进动**。将动坐标系 $\mathrm{m}(Ox_{\mathrm{m}}y_{\mathrm{m}}z_{\mathrm{m}})$ 直接固连在转子上，动坐标系 m 的坐标轴 z 与动量矩 $\boldsymbol{H}$ 的方向重合，另外两个坐标轴不随转子旋转，代入式(4.11)、式(4.12)，有

$$\left.\frac{\mathrm{d}\boldsymbol{H}}{\mathrm{d}t}\right|_{\mathrm{i}}=\left.\frac{\mathrm{d}\boldsymbol{H}}{\mathrm{d}t}\right|_{\mathrm{m}}+\boldsymbol{\omega}_{\mathrm{im}}\times\boldsymbol{H}=\boldsymbol{M},\quad \begin{bmatrix}0\\0\\\dot{H}\end{bmatrix}+\begin{bmatrix}0&-\omega_{\mathrm{im}z}&\omega_{\mathrm{im}y}\\\omega_{\mathrm{im}z}&0&-\omega_{\mathrm{im}x}\\-\omega_{\mathrm{im}y}&\omega_{\mathrm{im}x}&0\end{bmatrix}\begin{bmatrix}0\\0\\H\end{bmatrix}=\begin{bmatrix}M_x^{\mathrm{m}}\\M_y^{\mathrm{m}}\\M_z^{\mathrm{m}}\end{bmatrix} \tag{4.19}$$

$$\begin{bmatrix}\omega_{\mathrm{im}y}H\\-\omega_{\mathrm{im}x}H\\\dot{H}\end{bmatrix}=\begin{bmatrix}M_x^{\mathrm{m}}\\M_y^{\mathrm{m}}\\M_z^{\mathrm{m}}\end{bmatrix},\quad \begin{bmatrix}\omega_{\mathrm{im}y}\\\omega_{\mathrm{im}x}\\\dot{H}\end{bmatrix}=\begin{bmatrix}\dfrac{M_x^{\mathrm{m}}}{H}\\-\dfrac{M_y^{\mathrm{m}}}{H}\\M_z^{\mathrm{m}}\end{bmatrix} \tag{4.20}$$

式(4.20)表明，沿 x 轴的力矩，立即产生沿 y 轴方向的进动角速度；沿 y 轴的力矩，立即产生沿 x 轴方向的进动角速度；力矩为零，进动角速度也立即为零，进动过程是“无惯性”的，陀螺转子的这种特性称为**进动性**。

早期的机械框架式二自由度陀螺直接利用陀螺的定轴性建立方位和水平基准，利用陀螺的进动性通过施加力矩调整方位和水平基准方向，使陀螺转子旋转轴指向北向或当地垂线方向，如陀螺方位仪和陀螺地平仪。

对于平台式和捷联式惯性导航系统，通常将陀螺作为角速率传感器，测量载体相对惯性空间的角运动。其中，液浮陀螺、动力调谐陀螺是最为典型的机械转子陀螺。

4.2 单自由度液浮陀螺

4.2.1 组成结构与部件功能

如图 4.3 所示,单自由度液浮陀螺(single-DOF fluid floated gyroscope)是典型的测量角速率的机械转子陀螺,陀螺转子支承在浮子组合件构成的内框架中。高密度的浮液产生的浮力使浮子组合件悬浮,减小对轴承的压力,从而降低摩擦力矩对陀螺测量精度的影响。两浮陀螺除采用液浮来支承框架外,还通过动压气浮来支承陀螺转子,三浮陀螺在此基础上还进一步采用磁浮技术实现轴承的定中。

陀螺电机带动陀螺转子高速旋转,产生动量矩,一般采用内定子外转子形式的三相、两相磁滞同步电机或永磁电机。

角度传感器将浮子组合件相对于陀螺壳体的转动角转化为电信号,通常有动圈式和微动同步器式角度传感器。

开环检测的液浮陀螺(角位移式速率陀螺)如图 4.3 所示,弹簧提供弹性力矩约束浮子组合件绕输出轴的转动。闭环检测的液浮陀螺(力反馈式速率陀螺)如图 4.4 所示,力矩器产生电磁力矩使浮子组合件回到平衡位置。

为提高精度,通常采用温控技术,温控电路通过热敏丝测量温度,通过加热丝调节陀螺内部的温度。液浮陀螺组成结构如图 4.5 所示。

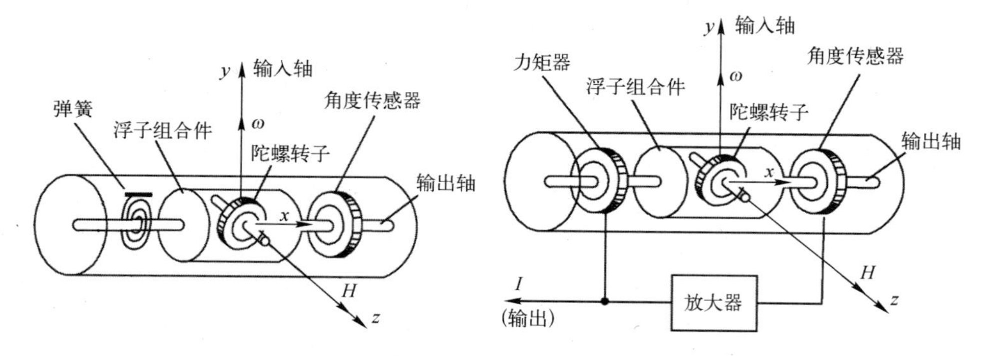

图 4.3 开环检测的液浮陀螺组成示意图　　图 4.4 闭环检测的液浮陀螺组成示意图

在图 4.3、图 4.4、图 4.6 中,z 轴为陀螺转子旋转轴,记为 S 轴;y 轴为角速率输入轴,记为 I 轴;x 轴称为信号输出轴,记为 O 轴。

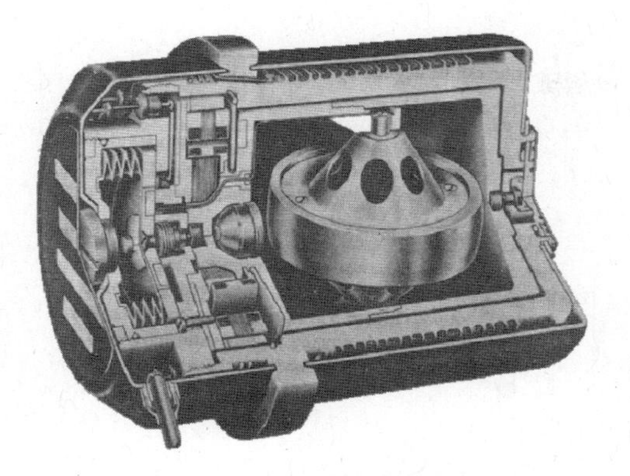

图 4.5　液浮陀螺组成结构

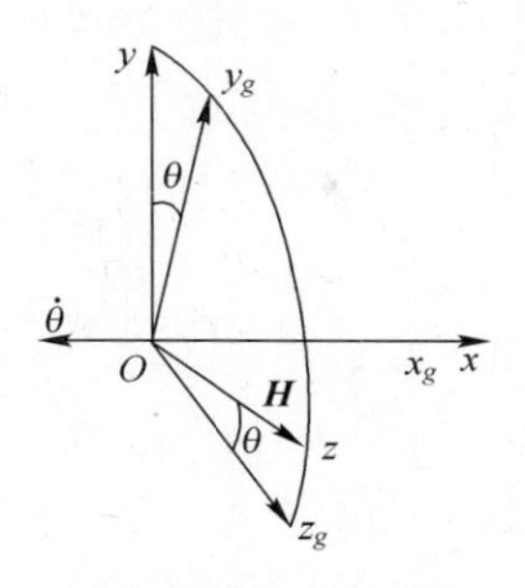

图 4.6　陀螺转子坐标系 $o-xyz$ 与测量坐标系 $o-x_g y_g z_g$ 间关系

4.2.2　信号检测与处理过程

如图 4.3 和图 4.4 所示，陀螺坐标系 $o-xyz$ 与陀螺转子固连，但不随转子自转。z 轴始终与转子自转轴重合，即始终与动量矩 $\boldsymbol{H}$ 的方向重合；x 轴沿浮子支承轴方向（由于角度传感器测量沿该轴方向的陀螺进动，也称为输出轴），与动量矩 $\boldsymbol{H}$ 的方向正交；y 轴为敏感角速率的方向，称为输入轴。

陀螺安装在载体上，当载体存在沿 y 轴方向角速率为 ω_y 的转动时，将迫使动量矩 $\boldsymbol{H}$ 也相对惯性空间发生角速率为 $\boldsymbol{\omega}$ 的转动。根据式(4.19)，将 $\boldsymbol{\omega}_{\mathrm{im}}$ 简化表示为 $\boldsymbol{\omega}$，有

$$\left.\frac{\mathrm{d}\boldsymbol{H}}{\mathrm{d}t}\right|_{\mathrm{i}}=\boldsymbol{M}\neq 0,\ \begin{bmatrix}0\\0\\\dot{H}\end{bmatrix}+\begin{bmatrix}0&0&\omega_y\\0&0&0\\-\omega_y&0&0\end{bmatrix}\begin{bmatrix}0\\0\\H\end{bmatrix}=\begin{bmatrix}M\\0\\0\end{bmatrix}\tag{4.21}$$

此时陀螺转子自转角速率不变，$\dot{H}=0$。$\boldsymbol{M}$ 是作用在陀螺转子上的力矩，根据牛顿第三定律，必存在大小相等、方向相反的反作用力矩，由陀螺作用在输出轴上，称为**陀螺力矩**，$\boldsymbol{M}_G=-\boldsymbol{M}$。显然，若能精确测量出陀螺力矩，则根据 $\omega_y H=M=-M_G$ 即可精确测量出角速率 ω_y。

根据达朗贝尔原理，对于开环检测的液浮陀螺，沿输出轴方向的陀螺力矩、惯性力矩、阻尼力矩、弹簧劲度力矩与干扰力矩之和为零，有

$$M_G-J\dot{\omega}_x+c\dot{\theta}+k\theta+M_{\mathrm{d}}=0,\ M=-M_G=-J\dot{\omega}_x+c\dot{\theta}+k\theta+M_{\mathrm{d}}\tag{4.22}$$

式中：$\boldsymbol{J}$ 为浮子沿 x 轴转动惯量；c 为浮液的阻尼系数；k 为弹簧劲度系数；θ 为浮子偏离平衡位置的角度，取与 x 轴相反的转动方向为正。干扰力矩包括轴承摩擦力矩、质心偏移造成的力矩等。整理式(4.22)可得

$$-J\dot{\omega}_x+c\dot{\theta}+k\theta+M_\mathrm{d}=\omega_y H=M \tag{4.23}$$

如图 4.6 所示，通常以 $\theta=0$ 的初始位置的陀螺坐标系为陀螺测量坐标系 g，设陀螺测量坐标系下的角速率为

$$\boldsymbol{\omega}_{\mathrm{ig}}^{\mathrm{g}}=\begin{bmatrix}\omega_{\mathrm{ig}x}^{\mathrm{g}}\\ \omega_{\mathrm{ig}y}^{\mathrm{g}}\\ \omega_{\mathrm{ig}z}^{\mathrm{g}}\end{bmatrix}\quad\begin{bmatrix}\omega_x\\ \omega_y\\ \omega_z\end{bmatrix}=\begin{bmatrix}\omega_{\mathrm{ig}x}^{\mathrm{g}}-\dot{\theta}\\ \omega_{\mathrm{ig}y}^{\mathrm{g}}\cos\theta-\omega_{\mathrm{ig}z}^{\mathrm{g}}\sin\theta\\ \omega_{\mathrm{ig}y}^{\mathrm{g}}\sin\theta+\omega_{\mathrm{ig}z}^{\mathrm{g}}\cos\theta\end{bmatrix} \tag{4.24}$$

将式(4.24)代入式(4.23)得

$$J\ddot{\theta}+c\dot{\theta}+k\theta=H(\omega_{\mathrm{ig}y}^{\mathrm{g}}\cos\theta-\omega_{\mathrm{ig}z}^{\mathrm{g}}\sin\theta)+J\dot{\omega}_{\mathrm{ig}x}^{\mathrm{g}}-M_\mathrm{d} \tag{4.25}$$

设载体做周期性角运动，$\omega_{\mathrm{ig}x}^{\mathrm{g}}=A\sin(2\pi f_x t)$，则 $J\dot{\omega}_{\mathrm{ig}x}^{\mathrm{g}}=2\pi f_x JA\cos(2\pi f_x t)$。

而 $H=J_z\Omega$，由于陀螺转速 Ω 非常高，$J_z\Omega\gg 2\pi Jf_x A$，因此通常可忽略 $J\dot{\omega}_{\mathrm{ig}x}^{\mathrm{g}}$ 项。采用高密度浮液产生的浮力使浮子组合件悬浮，通过动压气浮来支承陀螺转子或进一步采用磁浮技术实现轴承的定中等技术，均可显著降低摩擦力矩 M_d，因此该项也可忽略。当 θ 很小时，可忽略 $\omega_{\mathrm{ig}z}^{\mathrm{g}}\sin\theta$，且 $\cos\theta\approx 1$。此时有

$$J\ddot{\theta}+c\dot{\theta}+k\theta=H\omega_{\mathrm{ig}y}^{\mathrm{g}} \tag{4.26}$$

零初始条件下，对式(4.26)求拉普拉斯变换，得系统传递函数为

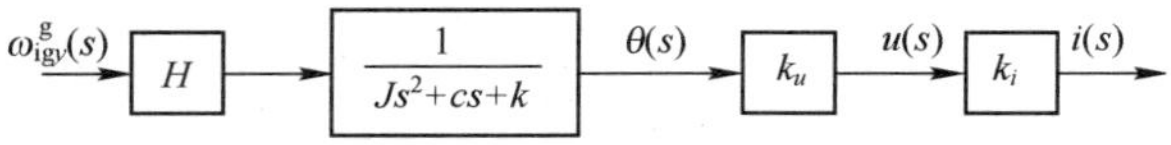

图 4.7 开环检测的液浮陀螺传递函数框图

$$\frac{\theta(s)}{\omega_{\mathrm{ig}y}^{\mathrm{g}}(s)}=\frac{H}{Js^2+cs+k} \tag{4.27}$$

通常需要将角度值转换为电信号，如电压信号 $u=k_u\theta$；或进一步转换为电流信号，如 $i=k_i u=k_i k_u\theta$。则

$$\frac{u(s)}{\omega_{\mathrm{ig}y}^{\mathrm{g}}(s)}=\frac{k_u H}{Js^2+cs+k},\quad \frac{i(s)}{\omega_{\mathrm{ig}y}^{\mathrm{g}}(s)}=\frac{k_i k_u H}{Js^2+cs+k} \tag{4.28}$$

开环检测的液浮陀螺传递函数框图如图 4.7 所示。

令式(4.28)中 $s=0$，得稳态下（各量不再随时间变化，即对时间的导数为零）的标度因数为 $\frac{k_i k_u H}{k}$。该值越大，则测量分辨率越高。

由于机械弹簧劲度系数 k 的长期稳定性以及受温度变化等因素的影响，开环检测的液浮陀螺精度很难提高，且当 θ 较大时，陀螺敏感轴方向会发生偏移，$\omega_{\mathrm{ig}z}^{\mathrm{g}}\sin\theta$ 不可忽略，也会造成交叉耦合误差，因此，通常采用闭环检测提高液浮陀

螺测量精度。

闭环检测的液浮陀螺(力反馈式速率陀螺)如图 4.4 所示,去掉机械弹簧,将放大后的电流信号 $i=k_i u=k_i k_u \theta$ 反馈到力矩器,产生正比于电流 i 的力矩,即

$$M_c=k_m i=k_m k_i u=k_m k_i k_u \theta \tag{4.29}$$

将式(4.29)中的 $M_c=k_m k_i k_u \theta$ 代替式(4.26)中的 $k\theta$,得

$$J\ddot{\theta}+c\dot{\theta}+k_m k_i k_u \theta=H\omega_{igy}^{g} \tag{4.30}$$

求拉普拉斯变换,得传递函数为

$$\frac{\theta(s)}{\omega_{igy}^{g}(s)}=\frac{H}{Js^2+cs+k_m k_i k_u} \tag{4.31}$$

则

$$\frac{i(s)}{\omega_{igy}^{g}(s)}=\frac{k_i k_u \theta(s)}{\omega_{igy}^{g}(s)}=\frac{k_i k_u H}{Js^2+cs+k_m k_i k_u} \tag{4.32}$$

闭环检测的液浮陀螺传递函数框图如图 4.8 所示。

令式(4.32)中 $s=0$,得稳态标度因数为$\frac{k_i k_u H}{k_m k_i k_u}=\frac{H}{k_m}$。该值越大,则测量分辨率越高。

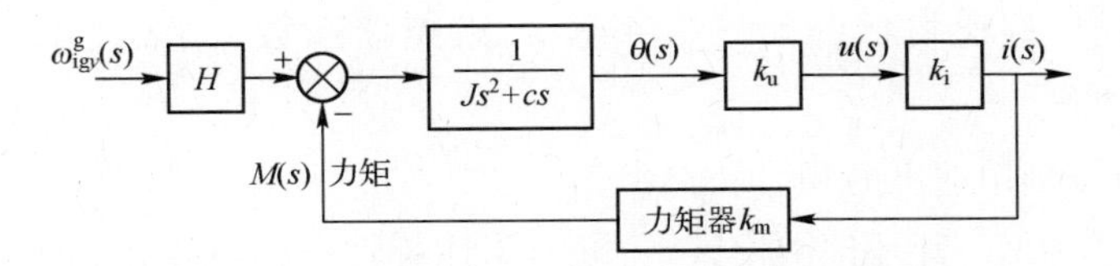

图 4.8　闭环检测的液浮陀螺传递函数框图

为方便计算机数据采集处理,通常通过电流/频率(I/F)转换技术将电流信号转换为脉冲频率信号,频率的高低对应角速率的大小,一定采样时间间隔内的脉冲数对应角增量(角速率积分增量)。

对比式(4.28)与式(4.32),可知开环检测与闭环检测的液浮陀螺传递函数均为典型的二阶环节,将测量得到的信号乘以适当的系数,将其当量规范为角速率后,测量传递函数可写为

$$\frac{\widetilde{\omega}_{igy}^{g}(s)}{\omega_{igy}^{g}(s)}=\frac{\omega_n^2}{s^2+2\zeta\omega_n s+\omega_n^2} \tag{4.33}$$

式中:ω_n 为固有频率;ζ 为阻尼系数,与陀螺的动态特性密切相关。

固有频率越高,测量频带越宽;固有频率过低,测量频带过窄,会影响高频角速率信号的检测;但固有频率过高,测量频带过宽,也会使高频噪声影响加剧。

阻尼系数小,响应时间短,快速性好,但若过小则容易发生振荡;增大阻尼,可减小振荡,但阻尼过大会使响应时间增大,影响快速性。

由式(4.28)、式(4.33),开环检测模式下的固有频率为

$$\omega_n = \sqrt{\frac{k}{J}}$$

由式(4.32)、式(4.33),闭环检测模式下的固有频率为

$$\omega_n = \sqrt{\frac{k_m k_i k_u}{J}}$$

闭环检测模式与开环检测模式相比,具有以下技术优势。

(1) 参数稳定性更好。

开环检测模式下,稳态标度因数为$\frac{k_i k_u H}{k}$,机械弹簧劲度系数 k 的长期稳定性以及受温度变化等因素,对应电压、电流放大器放大倍数的 $k_i k_u$,以及与陀螺转子转速相关的角动量 H 均会影响陀螺标度因数稳定性。

而闭环检测模式下,稳态标度因数为$\frac{k_i k_u H}{k_m k_i k_u}=\frac{H}{k_m}$,只受角动量 H 以及力矩器系数 k_m 影响。相比机械弹簧劲度系数 k,力矩器系数 k_m 从技术上较易保持稳定。

(2) 测量小角速度时精度更高。

如图 4.3 所示,开环检测模式下,通常采用弹性扭杆将陀螺固定在陀螺框架轴的一端。当扭杆发生弯曲变形时,陀螺质心位置会发生偏移,弹性扭杆材料的弹性磁滞效应也会造成微小的干扰力矩,影响测量小角速度时的精度。而闭环检测模式则避免了这一问题,如图 4.4 所示。

(3) 调整测量频带宽度更方便。

开环检测模式下要调整测量频带宽度,即调整固有频率 $\omega_n = \sqrt{\frac{k}{J}}$,需要改变机械弹簧劲度系数 k,一般比较困难。

闭环检测模式下要调整测量频带宽度,即调整固有频率 $\omega_n = \sqrt{\frac{k_m k_i k_u}{J}}$,可以保持力矩器系数 k_m 不变,调整电压放大器、电流放大器的放大倍数,实现测量频带宽度的调整。注意到此时稳态标度因数为$\frac{k_i k_u H}{k_m k_i k_u}=\frac{H}{k_m}$,显然调整测量频带宽度不会造成稳态标度因数降低,保证了测量分辨率。

(4) 交叉耦合误差更小。

开环检测模式下,当输入角速率信号较大时,陀螺敏感轴偏离平衡位置的角度会增大,造成交叉耦合误差。而闭环检测模式下,通过力矩器产生力矩使陀螺敏感轴回到平衡位置,从而显著减小了陀螺敏感轴偏离平衡位置造成的交叉耦合误差,提高了陀螺的测量精度。

4.2.3 误差模型

1. 误差产生机理

考虑主要误差影响因素的闭环检测液浮陀螺传递函数框图如图4.9所示。

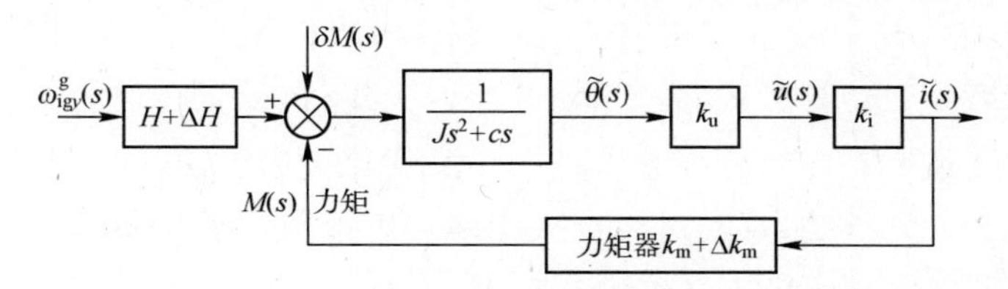

图4.9 考虑主要误差影响因素的闭环检测液浮陀螺传递函数框图

陀螺转子转速不稳定会造成动量矩 $\boldsymbol{H}$ 不稳定,温度、长期稳定性因素会造成陀螺力矩器系数 k_m 不稳定,相应的 $\Delta\boldsymbol{H}$、Δk_m 会造成陀螺标度因数误差。

当存在加速度时,加工工艺原因造成的陀螺转子质心偏移、外界力学环境以及材料和结构原因造成的陀螺转子质心偏移,都会产生干扰力矩,从而影响陀螺精度。

图4.9所示传递函数框图对应的传递函数可表示为

$$\tilde{i}(s)=\frac{k_i k_u(H+\Delta H)}{Js^2+cs+(k_m+\Delta k_m)k_i k_u}\left[\omega_{igy}^{g}(s)+\frac{\delta M(s)}{H+\Delta H}\right] \tag{4.34}$$

稳态情况下有

$$\begin{aligned}\tilde{i}&=\frac{k_i k_u(H+\Delta H)}{(k_m+\Delta k_m)k_i k_u}\left(\omega_{igy}^{g}+\frac{\delta M}{H+\Delta H}\right)=\frac{H+\Delta H}{k_m+\Delta k_m}\left(\omega_{igy}^{g}+\frac{\delta M}{H+\Delta H}\right)\\&\approx\frac{H}{k_m}\omega_{igy}^{g}+\frac{\omega_{igy}^{g}}{k_m}\Delta H-\frac{H\omega_{igy}^{g}}{k_m^2}\Delta k_m+\frac{1}{H}\delta M\end{aligned} \tag{4.35}$$

含测量误差的角速率测量结果可表示为

$$\tilde{\omega}_{igy}^{g}=\frac{k_m}{H}\tilde{i}=\omega_{igy}^{g}+\delta\omega_{igy}^{g}=\omega_{igy}^{g}+\left(\frac{\Delta H}{H}-\frac{\Delta k_m}{k_m}\right)\omega_{igy}^{g}+\frac{k_m}{H^2}\delta M \tag{4.36}$$

由式(4.36),传递函数框图中不考虑电压、电流放大器放大倍数误差以及阻尼系数误差的原因是这些系数不影响稳态结果。

2. 静态与动态误差模型

单自由度液浮陀螺只有一个角速率敏感轴。敏感轴分别为沿 x、y、z 方向的 3 个陀螺可分别称为 x 陀螺、y 陀螺、z 陀螺,其误差模型可分别表示为

$$\widetilde{\omega}_x=\omega_x+\delta\omega_x=(1+S_x)\omega_x+m_{xy}\omega_y+m_{xz}\omega_z+\omega_{Dx}+\omega_{Bx} \tag{4.37}$$

$$\widetilde{\omega}_y=\omega_y+\delta\omega_y=(1+S_y)\omega_y+m_{yx}\omega_x+m_{yz}\omega_z+\omega_{Dy}+\omega_{By} \tag{4.38}$$

$$\widetilde{\omega}_z=\omega_z+\delta\omega_z=(1+S_z)\omega_z+m_{zx}\omega_x+m_{zy}\omega_y+\omega_{Dz}+\omega_{Bz} \tag{4.39}$$

式中:ω_x、ω_y、ω_z 分别为沿 x、y、z 方向的角速率理论值;$\widetilde{\omega}_x$、$\widetilde{\omega}_y$、$\widetilde{\omega}_z$ 分别为陀螺角速率测量结果;S_x、S_y、S_z 分别为相应陀螺的标度因数误差,根据开环检测模式下稳态标度因数计算公式,机械弹簧劲度系数、陀螺力矩器系数以及与陀螺转子转速相关的角动量 $\boldsymbol{H}$ 等参数变化均会造成陀螺标度因数误差。根据闭环检测模式下稳态标度因数计算公式,力矩器系数以及与陀螺转子转速相关的角动量 $\boldsymbol{H}$ 等参数变化会造成陀螺标度因数误差。温度变化会影响磁性材料特性,影响放大电路中电子元器件的参数,进而造成陀螺标度因数误差。采用温控或温度补偿技术可以减小陀螺标度因数误差。将 S_x、S_y、S_z 表示为输入角速率的多项式,可描述标度因数的非线性;m_{xy}、m_{xz}分别为 x 陀螺敏感沿 y 轴、z 轴角速率的交叉耦合系数;m_{yx}、m_{yz}分别为 y 陀螺敏感沿 x 轴、z 轴角速率的交叉耦合系数;m_{zx}、m_{zy}分别为 z 陀螺敏感沿 x 轴、y 轴角速率的交叉耦合系数,交叉耦合误差是由于陀螺敏感轴方向偏离标称方向造成的;$\omega_{\mathrm{D}x}$、$\omega_{\mathrm{D}y}$、$\omega_{\mathrm{D}z}$以及 $\omega_{\mathrm{B}x}$、$\omega_{\mathrm{B}y}$、$\omega_{\mathrm{B}z}$分别为 x 陀螺、y 陀螺、z 陀螺的静态和动态漂移误差。

将 $\omega_{\mathrm{D}x}$、$\omega_{\mathrm{D}y}$、$\omega_{\mathrm{D}z}$统一简化表示为 ω_{D},单自由度机械转子陀螺静态漂移误差模型可进一步表示为

$$\omega_{\mathrm{D}}=D_{\mathrm{F}}+D_Ia_I+D_Sa_S+D_{SI}a_Sa_I+D_{IO}a_Ia_O+D_{OS}a_Oa_S+D_{II}a_I^2+D_{SS}a_S^2+\varepsilon_{\mathrm{D}} \tag{4.40}$$

式中:ω_{D} 下标 D 是 drift 的首字母,表示静态漂移;D_{F} 为与加速度(比力)无关的陀螺漂移误差项,如杂散磁场、温度变化等因素均可造成相关误差,通常采取磁屏蔽、温控等措施减小 D_{F} 的大小;ε_{D} 为零均值随机漂移误差项,主要由陀螺枢轴中摩擦力矩随机变化以及转子沿自转轴转速的随机变化等不稳定因素造成;a_I、a_S、a_O 分别为沿输入轴 I、陀螺转子旋转轴 S 和输出轴 O 的比力(相对惯性空间的运动加速度与万有引力加速度之差);D_I、D_S、D_{SI}、D_{IO}、D_{OS}、D_{II}、D_{SS}为相应的误差项系数。

式(4.40)中与比力有关的各误差项有明确的物理意义。当陀螺质心沿 S 轴存在偏移时,则沿 I 轴的比力就会与其结合产生绕输出轴 O 的干扰力矩,产生等效漂移误差项 D_Ia_I;同理,当陀螺质心沿 I 轴存在偏移时,则沿 S 轴的比力就会与其结合产生绕输出轴 O 的干扰力矩,产生等效漂移误差项 D_Sa_S。D_Ia_I、

$D_S a_S$ 由陀螺质心偏移造成,称为质量不平衡误差。

注意到

$$D_{SI} a_S a_I + D_{IO} a_I a_O + D_{OS} a_O a_S + D_{II} a_I^2 + D_{SS} a_S^2 \\ = a_I (D_{II} a_I + D_{SI1} a_S + D_{IO} a_O) + a_S (D_{SI2} a_I + D_{SS} a_S + D_{OS} a_O) \tag{4.41}$$

其中,$D_{SI} = D_{SI1} + D_{SI2}$

式(4.41)中 $a_I (D_{II} a_I + D_{SI1} a_S + D_{IO} a_O)$ 的物理意义为:沿输入轴 I、陀螺转子旋转轴 S 和输出轴 O 的比力造成了沿陀螺转子旋转轴 S 方向的弹性形变,造成了沿该方向的陀螺质心偏移,与沿 I 轴的比力结合产生绕输出轴 O 的干扰力矩产生的等效漂移误差项。

式(4.41)中 $a_S (D_{SI2} a_I + D_{SS} a_S + D_{OS} a_O)$ 的物理意义为:沿输入轴 I、陀螺转子旋转轴 S 和输出轴 O 的比力造成了沿 I 轴的弹性形变,造成了沿该方向的陀螺质心偏移,与沿 S 方向的比力结合产生绕输出轴 O 的干扰力矩产生的等效漂移误差项。

根据模型中误差量的物理意义及其大小,静态漂移误差模型可根据实际情况简化,如表示为

$$\omega_{\mathrm{D}} = D_{\mathrm{F}} + D_I a_I + D_S a_S + D_{SI} a_S a_I + \varepsilon_{\mathrm{D}} \tag{4.42}$$

理论上,若沿 I 轴的弹性形变系数与沿 S 轴的弹性形变系数相等,则误差项系数 $D_{SI} = 0$,因此,$D_{SI} a_S a_I$ 称为非等弹性误差,D_{SI} 称为非等弹性误差系数。

式(4.42)的模型每一项都可根据动力学方程明确地推导出来,称为物理模型。从数学公式的对称性出发,可将其扩展为

$$\omega_{\mathrm{D}} = D_{\mathrm{F}} + D_I a_I + D_S a_S + D_O a_O + D_{SI} a_S a_I + D_{IO} a_I a_O + D_{OS} a_O a_S + \\ D_{II} a_I^2 + D_{SS} a_S^2 + D_{OO} a_O^2 + \varepsilon_{\mathrm{D}} \tag{4.43}$$

式(4.43)的模型称为数学模型,其中 $D_O a_O$、$D_{OO} a_O^2$ 并没有明确的物理意义,但有些情况下考虑这两项确实可改善试验中陀螺漂移误差的补偿效果,因此实际应用中数学模型也是可以考虑的。

与动态干扰力矩相关的陀螺漂移误差项称为动态漂移误差,相应的模型称为动态漂移误差模型,与角加速度和角速度的乘积项、陀螺组件的转动惯量、陀螺转子动量矩等多方面因素密切相关。虽然理论上可以推导建立相应的动态误差模型,但动态漂移误差的测试、模型中系数的标定往往非常困难。

将动态漂移误差 $\omega_{\mathrm{B}x}$、$\omega_{\mathrm{B}y}$、$\omega_{\mathrm{B}z}$ 统一简化表示为 ω_{B},单自由度液浮陀螺的动态误差模型可表示为

$$\omega_{\mathrm{B}} = B_{Id} \dot{\omega}_I + B_{Od} \dot{\omega}_O + B_{Sd} \dot{\omega}_S + B_{IO} \omega_I \omega_O + B_{IS} \omega_O \omega_S + B_{OS} \omega_O \omega_S + \\ B_{IS2} \omega_I \omega_S^2 + B_{OdS} \dot{\omega}_O \omega_S + B_{OdS2} \dot{\omega}_O \omega_S^2 + B_{OdI2} \dot{\omega}_O \omega_I^2 + \varepsilon_{\mathrm{B}} \tag{4.44}$$

式中：ω_B 下标 B 是 bias 的首字母，表示动态造成的零偏；ω_I、ω_O、ω_S 以及 $\dot{\omega}_I$、$\dot{\omega}_O$、$\dot{\omega}_S$ 分别为沿输入轴、输出轴和陀螺转子自转轴的角速度分量及其对时间的导数；B_{Id}、B_{Od}、B_{Sd}、B_{OdS}、B_{OdS2} 和 B_{OdI2} 中的下标 d 是 dynamic 和 derivative 的首字母，表示动态误差项系数，对应含有角速度一阶导数的项；ε_B 为动态随机漂移。

一些文献将式(4.37)至式(4.39)中标度因数误差系数和交叉耦合误差系数及其非线性项也作为动态漂移误差，则式(4.44)动态漂移误差项将增加相应的量。

3. 典型精度指标

液浮陀螺一般用于平台式惯性导航系统，精度高、可靠性好，具有较好的环境适应性，但缺点是结构复杂，制造成本高，由于要对浮液进行温控，起动时间较长，主要适用于精度要求高、允许较长准备时间的场合，如舰船导航。高精度液浮陀螺的典型精度指标如表 4.1 所列。

表 4.1 高精度液浮陀螺的典型精度指标

一次通电稳定性	0.001～0.0001(°)/h
多次通电重复性	0.01～0.001(°)/h
长期稳定性	0.01～0.001(°)/h

4.3 动力调谐陀螺

4.3.1 组成结构与部件功能

动力调谐陀螺(dynamic tuned gyroscope，DTG)也称挠性陀螺(flexibly suspended gyroscope)，采用挠性支承技术，代替枢轴支承，消除由于枢轴摩擦干扰力矩造成的误差影响。如图 4.10 所示，动力调谐陀螺主要组成部件包括：驱动电机和角度传感器；陀螺转子和挠性接头；力矩器和壳体。

其中，挠性接头是关键部件，由平衡环和相互垂直的内外挠性杆组成。如图 4.11 所示，驱动轴与平衡环之间通过一对共线的内挠性杆(内扭杆)连接，平衡环与外转子之间靠另一对共线的外挠性杆(外扭杆)连接。内、外挠性杆与驱动轴相互正交，且相交于一点，该点称为挠性支承中心。

内、外挠性杆具有很大的抗弯刚度，从而使驱动电机可通过驱动轴和内挠性杆带动平衡环旋转，平衡环进一步通过外挠性杆带动陀螺转子高速旋转。同时，由于挠性杆绕其自身轴的扭转刚度很低(通常抗弯刚度比扭转刚度大 50 倍以上),使驱动轴和陀螺转子旋转轴间可以发生偏转。偏转的角度可以被角度传感器检测得到。力矩器的作用是根据角度传感器的检测信号对陀螺转子施加力矩,使其回到平衡位置。

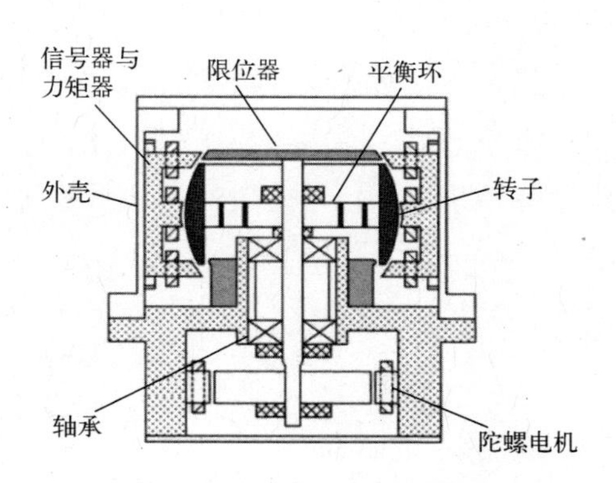

图4.10 动力调谐陀螺结构

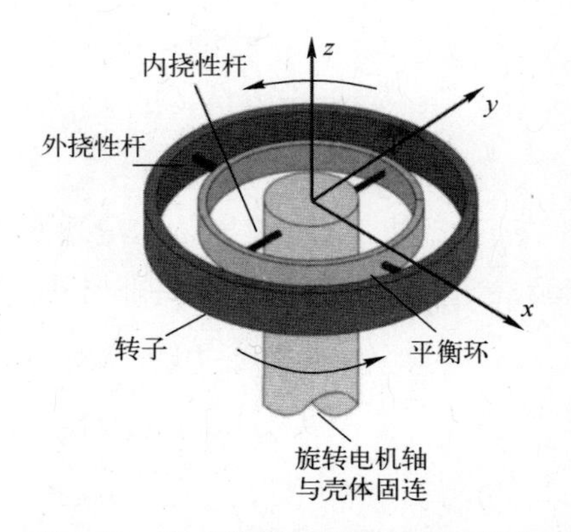

图4.11 动力调谐陀螺挠性接头结构

挠性接头的特性使动力调谐陀螺的转子具有两个自由度:第一个转动自由度是当转子绕内挠性轴偏转,此时带动平衡环一起偏转,内挠性轴产生扭转弹性变形;第二个转动自由度是当转子绕外挠性轴偏转,此时平衡环不会随之偏转,外挠性轴产生扭转弹性变形。

4.3.2 信号检测与处理过程

动力调谐陀螺为二自由度陀螺,基于达朗贝尔原理,采用动静法,可推导出动力调谐陀螺动力学方程为

$$\begin{cases}-J_{\mathrm{e}}\ddot{\beta}-J_{\mathrm{e}}\dot{\omega}_{\mathrm{ig}x}^{\mathrm{g}}-\xi\dot{\beta}-\Delta k\beta-\lambda\alpha-H\dot{\alpha}-H^{*}\omega_{\mathrm{ig}y}^{\mathrm{g}}+M_{xo}+M_{x}^{*}=0\\-J_{\mathrm{e}}\ddot{\alpha}-J_{\mathrm{e}}\dot{\omega}_{\mathrm{ig}y}^{\mathrm{g}}-\xi\dot{\alpha}-\Delta k\alpha+\lambda\beta+H\dot{\beta}+H^{*}\omega_{\mathrm{ig}x}^{\mathrm{g}}+M_{yo}+M_{y}^{*}=0\end{cases}\tag{4.45}$$

式中:上面绕 x 轴的方程和下面绕 y 轴的方程均包括9项:左式第一项为同轴惯性力矩;β、α 分别为陀螺转子相对壳体绕 x 轴、y 轴的转角,J_{e} 为陀螺赤道转动惯量(绕 x 轴或 y 轴的转动惯量);第二项为陀螺壳体相对惯性空间角运动(角速度 $\omega_{\mathrm{ig}x}^{\mathrm{g}}$、$\omega_{\mathrm{ig}y}^{\mathrm{g}}$ 对时间的导数)引起的同轴惯性力矩;第三项为同轴阻尼力矩,ξ 为气体阻尼系数;第四项为剩余弹性力矩,Δk 为剩余弹性系数;第五项为正交阻尼弹性力矩,即绕 x 轴的转角造成的沿 y 轴上的弹性力矩,以及绕 y 轴的转角造成的沿 x 轴上的弹性力矩,λ 为正交阻尼弹性系数;第六项为陀螺力矩,H 为陀螺自转角动量,$\dot{\beta}$、$\dot{\alpha}$分别为陀螺转子相对壳体绕 x 轴、y 轴的转动角速度;第七项为陀螺壳体相对惯性空间角运动引起的陀螺力矩,H^{*} 为陀螺输入等效角动量;第

八项为外力矩;最后一项为二次谐波力矩。

动力调谐陀螺如工作在开环检测模式下,则通过检测转角 β、α 来检测陀螺壳体相对惯性空间角运动。对式(4.45)求拉普拉斯变换,零初始条件下有

$$\begin{cases}(Hs+\lambda)\alpha(s)+(J_e s^2+\xi s+\Delta k)\beta(s)=-J_e s\omega_{igx}^{g}(s)-H^*\omega_{igy}^{g}(s)+M_{xo}(s)+M_x^*(s)\\-(J_e s^2+\xi s+\Delta k)\alpha(s)+(Hs+\lambda)\beta(s)=J_e s\omega_{igy}^{g}(s)-H^*\omega_{igx}^{g}(s)-M_{yo}(s)-M_y^*(s)\end{cases} \tag{4.46}$$

通过改进工艺,使气体阻尼系数 ξ、剩余弹性系数 Δk、正交阻尼弹性系数 λ 以及二次谐波力矩 $\boldsymbol{M}_x^*$、$\boldsymbol{M}_y^*$ 非常小,则有

$$\begin{cases}Hs\alpha(s)+J_e s^2\beta(s)=-J_e s\omega_{igx}^{g}(s)-H^*\omega_{igy}^{g}(s)+M_{xo}(s)\\-J_e s^2\alpha(s)+Hs\beta(s)=J_e s\omega_{igy}^{g}(s)-H^*\omega_{igx}^{g}(s)-M_{yo}(s)\end{cases} \tag{4.47}$$

低动态情况下 $J_e s\omega_{igx}^{g}(s)$、$J_e s\omega_{igy}^{g}(s)$ 的影响很小,进而有

$$\begin{cases}Hs\alpha(s)+J_e s^2\beta(s)=-H^*\omega_{igy}^{g}(s)+M_{xo}(s)\\-J_e s^2\alpha(s)+Hs\beta(s)=-H^*\omega_{igx}^{g}(s)-M_{yo}(s)\end{cases} \tag{4.48}$$

整理得

$$\begin{cases}\dfrac{H}{H^*}\alpha(s)+\dfrac{J_e}{H^*}s\beta(s)=-\dfrac{1}{s}\omega_{igy}^{g}(s)+\dfrac{1}{H^*s}M_{xo}(s)\\-\dfrac{J_e}{H^*}s\alpha(s)+\dfrac{H}{H^*}\beta(s)=-\dfrac{1}{s}\omega_{igx}^{g}(s)-\dfrac{1}{H^*s}M_{yo}(s)\end{cases} \tag{4.49}$$

理论分析和实际工程实践表明,$\dfrac{J_e}{H^*}s$ 数值很小,只会造成陀螺转子旋转轴的微幅角振动,称为章动,这种微幅章动会很快衰减,不会影响陀螺对角运动的测量过程。因此,可进一步简化为

$$\begin{cases}\dfrac{H}{H^*}\alpha(s)=-\dfrac{1}{s}\omega_{igy}^{g}(s)+\dfrac{1}{H^*s}M_{xo}=-\dfrac{1}{s}\left[\omega_{igy}^{g}(s)-\dfrac{1}{H^*}M_{xo}\right]\\\dfrac{H}{H^*}\beta(s)=-\dfrac{1}{s}\omega_{igx}^{g}(s)-\dfrac{1}{H^*s}M_{yo}=-\dfrac{1}{s}\left[\omega_{igx}^{g}(s)+\dfrac{1}{H^*}M_{yo}\right]\end{cases} \tag{4.50}$$

根据式(4.50),开环检测模式下动力调谐陀螺输出的是角速率积分信号以及外力矩造成的陀螺进动信号。

开环检测模式下的动力调谐陀螺一般用于平台式惯性导航系统,正交安装的两个动力调谐陀螺安装在惯导平台上,可以测量正交的3个方向的角速度。平台隔离了载体角运动,平台控制系统根据动力调谐陀螺输出的角运动测量信号,通过闭环反馈控制平台稳定,稳态时有 $\alpha(s)=0$、$\beta(s)=0$,此时 $\omega_{igy}^{g}(s)=$

$-\frac{1}{H^*}M_{xo}(s)$、$\omega_{igx}^{g}(s)=\frac{1}{H^*}M_{yo}(s)$，通过对陀螺力矩器施加电流，调整力矩，施加指令角速度，可使平台按一定规律相对惯性空间转动，使惯导平台稳定在指定导航参考坐标系下。例如，若对每一个陀螺的力矩器都不施加控制电流，对于每一个陀螺有 $\omega_{igy}^{g}(s)=-\frac{1}{H^*}M_{xo}(s)=0$，$\omega_{igx}^{g}(s)=\frac{1}{H^*}M_{yo}(s)=0$，由于陀螺固连在平台上，则平台相对惯性空间无转动 $[\omega_{ipx}^{p} \quad \omega_{ipy}^{p} \quad \omega_{ipz}^{p}]^{T}=0$（p 为平台坐标系），此时平台稳定在惯性参考系下；若要求惯导平台稳定在当地水平地理坐标系下（n 系），则需要根据陀螺与平台的安装关系调整力矩器电流，使 $[\omega_{ipx}^{p} \quad \omega_{ipy}^{p} \quad \omega_{ipz}^{p}]^{T}=[\omega_{inx}^{n} \quad \omega_{iny}^{n} \quad \omega_{inz}^{n}]^{T}$。

动力调谐陀螺通常工作在闭环检测模式下，通过施加反馈力矩 M_{xo}、M_{yo} 使陀螺转子相对壳体稳定在平衡位置，即使 β、α 稳定在零附近，根据此时的施矩电流就可得到陀螺壳体相对惯性空间角速度 ω_{igx}^{g}、ω_{igy}^{g}，即动力调谐陀螺有两个敏感轴。闭环检测模式下的动力调谐陀螺一般用于捷联式惯性导航系统。

实际工程中，动力调谐陀螺动力学方程式（4.45）可简化为

$$\begin{cases}-J_e\ddot{\beta}-J_e\dot{\omega}_{igx}^{g}-H\dot{\alpha}-H^*\omega_{igy}^{g}+M_{xo}=0\\-J_e\ddot{\alpha}-J_e\dot{\omega}_{igy}^{g}+H\dot{\beta}+H^*\omega_{igx}^{g}+M_{yo}=0\end{cases} \tag{4.51}$$

考虑到 $J_e\ddot{\beta}$、$J_e\ddot{\alpha}$ 数值很小，方程式（4.51）可进一步简化为

$$\begin{cases}-J_e\dot{\omega}_{igx}^{g}-H\dot{\alpha}-H^*\omega_{igy}^{g}+M_{xo}=0\\-J_e\dot{\omega}_{igy}^{g}+H\dot{\beta}+H^*\omega_{igx}^{g}+M_{yo}=0\end{cases} \tag{4.52}$$

令 $M_{xo}=-k_uk_ik_m\alpha$，$M_{yo}=k_uk_ik_m\beta$，k_u、k_i、k_m 分别为电压放大器系数、电流放大器系数以及力矩器系数，则有

$$\begin{cases}-J_e\dot{\omega}_{igx}^{g}-H\dot{\alpha}-H^*\omega_{igy}^{g}-k_uk_ik_m\alpha=0\\-J_e\dot{\omega}_{igy}^{g}+H\dot{\beta}+H^*\omega_{igx}^{g}+k_uk_ik_m\beta=0\end{cases} \tag{4.53}$$

零初始条件下取拉普拉斯变换，得

$$\begin{cases}\alpha(s)=-\dfrac{H^*\omega_{igy}^{g}(s)+J_es\omega_{igx}^{g}(s)}{Hs+k_uk_ik_m}\\\beta(s)=-\dfrac{H^*\omega_{igx}^{g}(s)-J_es\omega_{igy}^{g}(s)}{Hs+k_uk_ik_m}\end{cases} \tag{4.54}$$

低动态条件下可忽略 $J_e s$ 的影响，输出电流信号 $i_y=-k_u k_i \alpha$，$i_x=-k_u k_i \beta$，则有

$$\begin{cases} i_y(s)=-k_u k_i \alpha(s)=\dfrac{k_u k_i H^*}{Hs+k_u k_i k_m}\omega_{igy}^{g}(s) \\ i_x(s)=-k_u k_i \beta(s)=\dfrac{k_u k_i H^*}{Hs+k_u k_i k_m}\omega_{igx}^{g}(s) \end{cases} \tag{4.55}$$

为方便计算机数据采集处理，通常通过电流/频率（I/f）转换技术将电流信号转换为脉冲频率信号，频率的高低对应角速率的大小，一定采样时间间隔内的脉冲数对应角增量（角速率积分增量）。

实际工程中，将动力调谐陀螺动力学方程式（4.45）进行简化是有条件的，最主要的是要实现动力调谐。

以绕 x 轴的方程为例，当陀螺转子的自转轴与电机驱动轴之间出现偏角 β 时（即相对仪表基座出现偏角 β，电机驱动轴相对仪表基座固连），挠性杆会由于弹性变形产生弹性约束力矩 $M_{fx}=K\beta$，又称正弹性力矩。由于陀螺转子的自转轴与电机驱动轴方向不一致，平衡环将发生扭摆。理论上可以证明扭摆会产生与 M_{fx} 方向相反的负弹性力矩 $M_{Px}=(a-c/2)\omega_c^2\beta$ 以及交变的二次谐波力矩 $M_x^*=-(a-c/2)\omega_c^2\beta\cos 2\omega_c t$。

式中：a 为平衡环赤道转动惯量（沿平衡环直径方向的转动惯量，平衡环为均匀对称的圆环）；c 为平衡环极转动惯量（通过平衡环圆心，沿垂直于平衡环回转平面方向的转动惯量）；ω_c 为陀螺转子转动角速度。

剩余弹性力矩定义为

$$\Delta k\beta=M_{fx}-M_{Px}=K\beta-(a-c/2)\omega_c^2\beta=[K-(a-c/2)\omega_c^2]\beta \tag{4.56}$$

显然，当满足式（4.57）的条件时，剩余弹性力矩为零。

$$K=\left(a-\frac{c}{2}\right)\omega_c^2 \text{ 或 } \omega_c=\sqrt{\frac{K}{\left(a-\dfrac{c}{2}\right)}} \tag{4.57}$$

式（4.57）称为调谐条件，这也是动力调谐陀螺名称的来历。

交变的二次谐波力矩其平均效应为零，一般情况下不会引起漂移误差，但当基座也存在 2 倍频角振荡（β 含有 $2\omega_c$ 频率分量）时，会产生整流误差，需要考虑。

通过改进工艺，可以进一步使式（4.45）中其他误差影响因素得到抑制，确保基于式（4.55）模型的测量精度。

4.3.3 误差模型

1. 误差产生机理

1）自转轴角偏移引起漂移误差的作用机理

首先考虑静基座环境，陀螺壳体转动角速度对时间的导数为零，忽略二次谐波力矩 M_x^*、M_y^*，稳态情况下陀螺转子相对壳体绕 x 轴、y 轴的转角对时间的导数为零，则式(4.45)可表示为

$$\begin{cases}-\Delta k\beta_0-\lambda\alpha_0-H^*\omega_{igy}^{g}+M_{xo}=0\\-\Delta k\alpha_0+\lambda\beta_0+H^*\omega_{igx}^{g}+M_{yo}=0\end{cases}\tag{4.58}$$

α_0、β_0 为稳态时的陀螺自转轴角偏移。整理得

$$\begin{cases}-\dfrac{\Delta k}{H^*}\beta_0-\dfrac{\lambda}{H^*}\alpha_0-\omega_{igy}^{g}+\dfrac{1}{H^*}M_{xo}=0\\-\dfrac{\Delta k}{H^*}\alpha_0+\dfrac{\lambda}{H^*}\beta_0+\omega_{igx}^{g}+\dfrac{1}{H^*}M_{yo}=0\end{cases}\tag{4.59}$$

当稳态情况下存在陀螺自转轴角偏移 α_0、β_0 时，陀螺不能区分被测角速度 ω_{igy}^{g} 与 $\dfrac{\Delta k}{H^*}\beta_0+\dfrac{\lambda}{H^*}\alpha_0$，也不能区分被测角速度 ω_{igx}^{g} 与 $-\dfrac{\Delta k}{H^*}\alpha_0+\dfrac{\lambda}{H^*}\beta_0$，则陀螺自转轴角偏移、剩余弹性系数、正交阻尼系数造成的等效陀螺漂移误差可表示为

$$\begin{cases}\delta\omega_{igy}^{g}=-\dfrac{\lambda}{H^*}\alpha_0-\dfrac{\Delta k}{H^*}\beta_0=-\dfrac{1}{\tau}\alpha_0-\omega_k\beta_0\\\delta\omega_{igx}^{g}=-\dfrac{\lambda}{H^*}\beta_0+\dfrac{\Delta k}{H^*}\alpha_0=-\dfrac{1}{\tau}\beta_0+\omega_k\alpha_0\end{cases}\tag{4.60}$$

式中：τ 为时间常数；ω_k 为进动角频率。

2）二次谐波力矩角振动环境下引起漂移误差的作用机理

考虑 x 轴、y 轴间的交叉影响，忽略小量，二次谐波力矩可近似表示为

$$\begin{cases}M_x^*=-\left(a-\dfrac{c}{2}\right)\omega_c^2\beta\cos2\omega_c t-\left(a-\dfrac{c}{2}\right)\omega_c^2\alpha\sin2\omega_c t=-K_0\beta\cos2\omega_c t-K_0\alpha\sin2\omega_c t\\M_y^*=\left(a-\dfrac{c}{2}\right)\omega_c^2\alpha\cos2\omega_c t-\left(a-\dfrac{c}{2}\right)\omega_c^2\beta\sin2\omega_c t=K_0\alpha\cos2\omega_c t-K_0\beta\sin2\omega_c t\end{cases}\tag{4.61}$$

满足调谐条件的理想情况下，$K_0=K$。陀螺自转轴相对惯性空间稳定，当基座存在角振动时，β、α 也会呈现相应的角振动。设 $\beta=-\psi_x\cos2\omega_c t$，$\alpha=\psi_y\cos2\omega_c t$，代入式(4.61)，造成的二次谐波力矩常值分量为

$$M_x^* = \frac{K_0}{2}\psi_x \quad M_y^* = \frac{K_0}{2}\psi_y \tag{4.62}$$

将式(4.62)代入式(4.45),不考虑正交阻尼力矩、剩余弹性力矩等其他误差因素,忽略微幅章动影响量$-J_e\,\dot{\omega}_{igx}^{g}$、$-J_e\,\dot{\omega}_{igy}^{g}$,得

$$\begin{cases} -H^*\omega_{igy}^{g} + M_{xo} + \dfrac{K_0}{2}\psi_x = 0 \\ H^*\omega_{igx}^{g} + M_{yo} + \dfrac{K_0}{2}\psi_y = 0 \end{cases} \tag{4.63}$$

整理得

$$\begin{cases} -\omega_{igy}^{g} + \dfrac{1}{H^*}M_{xo} + \dfrac{K_0}{2H^*}\psi_x = 0 \\ \omega_{igx}^{g} + \dfrac{1}{H^*}M_{yo} + \dfrac{K_0}{2H^*}\psi_y = 0 \end{cases} \tag{4.64}$$

此时陀螺不能区分被测角速度ω_{igy}^{g}与$\dfrac{K_0}{2H^*}\psi_x$,也不能区分被测角速度ω_{igx}^{g}与$\dfrac{K_0}{2H^*}\psi_y$,则二次谐波力矩在2倍频基座角振动环境下造成的等效陀螺漂移误差可表示为

$$\begin{cases} \delta\omega_{igy}^{g} = \dfrac{K_0}{2H^*}\psi_x \\ \delta\omega_{igx}^{g} = -\dfrac{K_0}{2H^*}\psi_y \end{cases} \tag{4.65}$$

从以上误差产生机理分析可知,2倍频基座角振动环境下造成的等效陀螺漂移误差的根本原因是二次谐波力矩,为消除二次谐波力矩,发展了一种双平衡环的动力调谐陀螺。通过在转子和驱动轴之间安装两个互成90°同时不相互干涉的平衡环,使其产生的两个二次谐波力矩相差180°相位从而相互抵消。

3) 线加速度、线振动加速度引起漂移误差的作用机理

由式(4.64),忽略二次谐波力矩的误差影响,得

$$\begin{cases} -\omega_{igy}^{g} + \dfrac{1}{H^*}M_{xo} = 0 \\ \omega_{igx}^{g} + \dfrac{1}{H^*}M_{yo} = 0 \end{cases} \tag{4.66}$$

理想情况下,M_{xo}、M_{yo}由陀螺力矩器产生,开环检测状态工作时对应陀螺指令角速度,闭环检测状态工作时对应反馈信号。线加速度、线加速度振动环境

下，陀螺转子、平衡环质心偏移均会造成干扰力矩，附加在 M_{xo}、M_{yo} 上的干扰力矩 δM_{xo}、δM_{yo} 造成的等效漂移误差可表示为

$$\begin{cases}\delta\omega_{igy}^{g}=\dfrac{1}{H^{*}}\delta M_{xo}\\ \delta\omega_{igx}^{g}=-\dfrac{1}{H^{*}}\delta M_{yo}\end{cases} \tag{4.67}$$

线加速度引起的干扰力矩与线加速度、转子或平衡环质量以及质心偏移量的乘积成正比。

线振动加速度引起的干扰力矩与线振动加速度幅值、转子或平衡环质量以及质心偏移量的乘积成正比。

例如，当陀螺转子质心存在沿 z 轴的偏移 Z_g 时，有

$$\begin{cases}\delta M_{xo}=ma_{y}Z_{g}\\ \delta M_{yo}=-ma_{x}Z_{g}\end{cases} \tag{4.68}$$

将式(4.68)代入式(4.67)，得相应的陀螺漂移误差为

$$\begin{cases}\delta\omega_{igy}^{g}=\dfrac{mZ_{g}}{H^{*}}a_{y}\\ \delta\omega_{igx}^{g}=\dfrac{mZ_{g}}{H^{*}}a_{x}\end{cases} \tag{4.69}$$

4）非等弹性引起漂移误差的作用机理

非等弹性引起漂移误差的作用机理也是由于线加速度引起了干扰力矩，转子或平衡环质量在线加速度作用下将产生惯性力，但力臂不是由固有的质心偏移量造成的，而是受力产生形变造成质心偏移。具体为：陀螺受到加速度作用时，由于陀螺的挠性支承沿转子的轴向和径向的弹性系数不相等，转子质心不沿惯性力的作用方向偏离支承中心，从而形成干扰力矩作用在转子上。具体表达式为

$$\begin{cases}\delta M_{xo}=-ma_{y}\dfrac{ma_{z}}{k_{z}}+ma_{z}\dfrac{ma_{y}}{k_{r}}=m^{2}a_{y}a_{z}\left(\dfrac{1}{k_{r}}-\dfrac{1}{k_{z}}\right)\\ \delta M_{yo}=ma_{x}\dfrac{ma_{z}}{k_{z}}-ma_{z}\dfrac{ma_{x}}{k_{r}}=-m^{2}a_{x}a_{z}\left(\dfrac{1}{k_{r}}-\dfrac{1}{k_{z}}\right)\end{cases} \tag{4.70}$$

式中：m 为转子质量；a_x、a_y、a_z 为沿 x、y、z 这3个正交方向的线加速度，z 轴与陀螺自转轴方向一致；k_z 为沿陀螺自转轴方向（轴向，z 轴方向）的等效线刚度；k_r 为沿与陀螺自转轴垂直方向（径向，x 轴方向或 y 轴方向）的等效线刚度；$\dfrac{ma_x}{k_r}$、

$\frac{ma_y}{k_r}$、$\frac{ma_z}{k_z}$分别为在惯性力 ma_x、ma_y、ma_z 作用下陀螺质心沿 x、y、z 方向的偏移量。将式(4.70)代入式(4.69),得非等弹性漂移误差为

$$\begin{cases}\delta\omega_{\mathrm{igy}}^{\mathrm{g}}=\dfrac{m^2a_ya_z}{H^*}\left(\dfrac{1}{k_r}-\dfrac{1}{k_z}\right)\\ \delta\omega_{\mathrm{igx}}^{\mathrm{g}}=\dfrac{m^2a_xa_z}{H^*}\left(\dfrac{1}{k_r}-\dfrac{1}{k_z}\right)\end{cases} \tag{4.71}$$

2. 静态与动态误差模型

动力调谐陀螺有两个角速率敏感轴。设陀螺敏感轴分别为沿 x、y 方向,陀螺转子旋转轴沿 z 方向,其误差模型可表示为

$$\begin{cases}\widetilde{\omega}_x=\omega_x+\delta\omega_x=(1+S_x)\omega_x+m_{xy}\omega_y+m_{xz}\omega_z+\omega_{\mathrm{D}x}+\omega_{\mathrm{B}x}\\ \widetilde{\omega}_y=\omega_y+\delta\omega_y=(1+S_y)\omega_y+m_{yx}\omega_x+m_{yz}\omega_z+\omega_{\mathrm{D}y}+\omega_{\mathrm{B}y}\end{cases} \tag{4.72}$$

式中:ω_x、ω_y、ω_z 分别为沿 x、y、z 方向的角速率理论值;$\widetilde{\omega}_x$、$\widetilde{\omega}_y$ 为陀螺角速率测量结果;$\delta\omega_x$、$\delta\omega_y$ 为对应的漂移误差;S_x、S_y 分别为相应敏感轴方向的陀螺标度因数误差,采用温控或温度补偿技术可以减小陀螺标度因数误差。将 S_x、S_y 表示为输入角速率的多项式,可描述标度因数的非线性,将 S_x、S_y 表示为温度的函数,可进行温度补偿;m_{xy}、m_{xz}分别为 x 陀螺敏感沿 y 轴、z 轴角速率的交叉耦合系数;m_{yx}、m_{yz}分别为 y 陀螺敏感沿 x 轴、z 轴角速率的交叉耦合系数,交叉耦合误差是由于陀螺敏感轴方向偏离标称方向造成的;$\omega_{\mathrm{D}x}$、$\omega_{\mathrm{D}y}$分别为陀螺沿 x、y 方向的静态漂移误差,可进一步表示为

$$\begin{cases}\omega_{\mathrm{D}x}=D(x)_{\mathrm{F}}+D(x)_{\mathrm{g}x}a_x+D(x)_{\mathrm{g}y}a_y+D(x)_{\mathrm{a}xz}a_xa_z+\varepsilon_{\mathrm{D}x}\\ \omega_{\mathrm{D}y}=D(y)_{\mathrm{F}}+D(y)_{\mathrm{g}x}a_x+D(y)_{\mathrm{g}y}a_y+D(y)_{\mathrm{a}yz}a_ya_z+\varepsilon_{\mathrm{D}y}\end{cases} \tag{4.73}$$

式中:$D(x)_{\mathrm{F}}$、$D(y)_{\mathrm{F}}$ 为与加速度(比力)无关的陀螺漂移误差项,主要与剩余弹性系数、陀螺零位偏角、温度变化等因素有关。式中系数的下标 g 是 g-sensitive (g 敏感性)(漂移误差)的首字母,下标 a 是 anisoelastic 非等弹性(漂移误差)的首字母。$\varepsilon_{\mathrm{D}x}$、$\varepsilon_{\mathrm{D}y}$为零均值静态随机漂移误差项,主要由陀螺转子沿自转轴转速的随机变化、二次谐波力矩等不稳定因素造成。a_x、a_y、a_z 分别为沿 x、y、z 方向的比力(相对惯性空间的运动加速度与万有引力加速度之差)。$D(x)_{\mathrm{g}x}$、$D(x)_{\mathrm{g}y}$、$D(x)_{\mathrm{a}xz}$、$D(y)_{\mathrm{g}x}$、$D(y)_{\mathrm{g}y}$、$D(y)_{\mathrm{a}yz}$为相应的与加速度(比力)有关的误差项系数。

式(4.73)中与比力有关的各误差项有明确的物理意义。$D(x)_{\mathrm{g}x}a_x$、$D(y)_{\mathrm{g}y}a_y$漂移误差项对应的漂移误差方向与比力(加速度)方向相同,与陀螺转子质心的轴向偏移有关,称为直接摆性力矩漂移误差或轴向不平衡漂移误差;$D(x)_{\mathrm{g}y}a_y$、

$D(y)_{gx}a_x$ 漂移误差项对应的漂移误差方向与比力(加速度)方向垂直,称为正交摆性力矩漂移误差或正交不平衡漂移误差;$D(x)_{axz}a_xa_z$、$D(y)_{ayz}a_ya_z$ 为转子支承系统非等弹性引起的漂移误差,$D(x)_{axz}$、$D(y)_{ayz}$ 为非等弹性误差系数。

式(4.73)模型中的每一项都可根据动力学方程明确地推导出来,当陀螺结构出现交叉耦合时,式(4.73)模型中 a_x、a_y、a_z 都分别包含了其他方向的加速度。因而式(4.73)模型可扩充为以下形式,即

$$\begin{cases} \omega_{Dx}=D(x)_F+D(x)_{gx}a_x+D(x)_{gy}a_y+D(x)_{gz}a_z+D(x)_{2x}a_x^2+D(x)_{2y}a_y^2+ \\ \qquad D(x)_{2z}a_z^2+D(x)_{axz}a_xa_z+D(x)_{axy}a_xa_y+D(x)_{ayz}a_ya_z+\varepsilon_{Dx} \\ \omega_{Dy}=D(y)_F+D(y)_{gx}a_x+D(y)_{gy}a_y+D(y)_{gz}a_{yz}+D(y)_{2x}a_x^2+D(y)_{2y}a_y^2+ \\ \qquad D(y)_{2z}a_z^2+D(y)_{axz}a_xa_z+D(y)_{ayz}a_ya_z+D(x)_{axy}a_xa_y+\varepsilon_{Dy} \end{cases} \tag{4.74}$$

式中系数的下标 F 表示与 g 无关的常值漂移项,下标 g 是 g-sensitive(g 敏感性)漂移误差的首字母,下标 a 是 anisoelastic(非等弹性)漂移误差的首字母,下标 2 表示二次项。式(4.74)模型与式(4.73)模型相比,增加的误差项通常比较小。

当动力调谐陀螺用于捷联式惯性导航系统时,由于陀螺直接固连在载体上,需要考虑动态误差影响。动力调谐陀螺动态漂移误差与角加速度、角速度乘积项等多方面因素密切相关。虽然理论上可以推导建立相应的动态误差模型,但动态漂移误差的测试、模型中系数的标定往往非常困难。

动力调谐陀螺误差模型可表示如下,其中 ε_{Bx}、ε_{By} 为动态随机漂移误差项,即

$$\begin{cases} \omega_{Bx}=B(x)_{xy}\omega_x\omega_y+B(x)_{xz}\omega_x\omega_z+B(x)_{2xz}\omega_x^2\omega_z+ \\ \qquad B(x)_{xyd}\omega_x\dot{\omega}_y+B(x)_{2xyd}\omega_x^2\dot{\omega}_y+\varepsilon_{Bx} \\ \omega_{By}=B(y)_{yx}\omega_y\omega_x+B(y)_{yz}\omega_y\omega_z+B(y)_{2yz}\omega_y^2\omega_z+ \\ \qquad B(y)_{yxd}\omega_y\dot{\omega}_x+B(y)_{2yxd}\omega_y^2\dot{\omega}_x+\varepsilon_{By} \end{cases} \tag{4.75}$$

一些文献将式(4.72)中标度因数误差系数和交叉耦合误差系数及其非线性项也作为动态漂移误差,则式(4.75)动态漂移误差项将增加相应的量。

3. 典型精度指标

动力调谐陀螺的典型精度指标如表 4.2 所列。

表 4.2　动力调谐陀螺的典型精度指标

项　目	中高精度	中　精　度	低　精　度
一次通电漂移稳定性	≤0.05	0.05~0.5	≥0.5
与 g 无关的多次通电漂移重复性((°)/h)	0.05~0.1	0.1~0.5	0.5~3
与 g 有关的漂移率((°)/h)	≤3	≤30	≤50
与 g 有关的多次通电漂移重复性((°)/h)	0.05~0.1	0.1~0.5	0.5~5
标度因数非线性/%	≤0.05	≤0.1	≤0.1
最大测量角速率((°)/s)	— 用于平台式惯导系统	80~300 用于捷联式系统	≥300 用于捷联式系统

动力调谐陀螺结构简单、体积小、精度较高、启动迅速，广泛应用于飞机、船舶、导弹、航天器的制导、导航与控制系统中。

思　考　题

4.1　什么是表观运动？什么是进动运动？

4.2　简述单自由度液浮陀螺的工作原理。

4.3　分析说明液浮陀螺采用闭环检测相对于开环检测具有的技术优势。

4.4　简述动力调谐陀螺的工作原理。

4.5　单自由度液浮陀螺与动力调谐陀螺的误差模型分别是什么？

参 考 文 献

[1] 于波，陈云相，郭秀中．惯性技术[M]．北京：北京航空航天大学出版社，1994.

[2] 郭秀中．惯性系统陀螺理论[M]．北京：国防工业出版社，1996.

[3] Anthony Lawrence. Modern Inertial Technology Navigation, Guidance, and Control[M]. 2nd Edition. New York: Springer-Verlag, 1998.

[4] Titterton D, Weston J. Strapdown Inertial Navigation Technolog[M]. 2nd Edition. The Institution of Electrical Engineers, 2004.

[5] 杨立溪．惯性技术手册[M]．2 版．北京：中国宇航出版社，2013.

第5章　振动式 MEMS 陀螺

振动式微机电陀螺是一种基于哥氏效应的陀螺,基于 MEMS 加工技术制作而成,具有体积小、功耗低、寿命长、成本低等突出特点,目前在移动载体、汽车、无人机等工业领域得到了广泛应用。随着智能技术、无人系统、物联网等领域的兴起以及微型武器、微型卫星和高精度惯性导航等国防领域的发展,世界各国对高精度的振动式 MEMS 陀螺提出了迫切需求。

提升振动式 MEMS 陀螺的精度是目前 MEMS 研究和产业界最具吸引力的发展方向之一。首先,高精度振动式 MEMS 陀螺可以替换同等精度的传统陀螺,从而使这些应用领域摆脱传统陀螺在体积、功耗和成本方面的负担,促进这些领域的进一步发展。另外,小体积、低功耗、低成本与高精度的组合将会激活一些前所未有甚至是未曾预料的新应用领域,因此高精度振动式 MEMS 陀螺将成为一种“使能技术”(enabling technology),极大改变人类的生产和生活方式。

5.1　振动式 MEMS 陀螺概述

美国 Draper 实验室于 1991 年首次展示了一种音叉式硅微机电陀螺,自此在世界范围内掀起了 MEMS 陀螺的研究热潮。与此同时,MEMS 工艺也得到了巨大的发展,利用表面微机械加工和体微机械加工技术,基于硅材料加工制造的振动式 MEMS 陀螺出现了各种各样的新型结构,常见的典型结构有音叉式(梳齿状)、蝶翼式、四质量块、半球形、环形和嵌套环式结构等,如图 5.1 所示。目前振动式 MEMS 陀螺的主要制造材料是硅,其他用到的非硅材料主要有石英和一些金属材料。石英材料的缺点在于刻蚀加工难度大且材料本身不导电,其他金属材料也难以应用 MEMS 工艺进行加工制造,很难实现量产,因此目前的振动式 MEMS 陀螺主要是硅基陀螺。

MEMS 陀螺主要用于实现汽车的部分安全功能,如汽车的电子稳定控制系统(electronics stability control,ESC)、车身翻转控制、斜坡保持控制、电子主动转向及主动悬架控制等。在消费电子行业中,MEMS 陀螺也开始出现大量应用,如相机中的光学图像稳定系统(optical image stabilization,OIS)以及各种游戏和手持设备如 VR 眼镜/头盔和 3D 鼠标等。此外,MEMS 陀螺和加速度计也被用于构建惯性测量单元 IMU 以实现惯性导航。

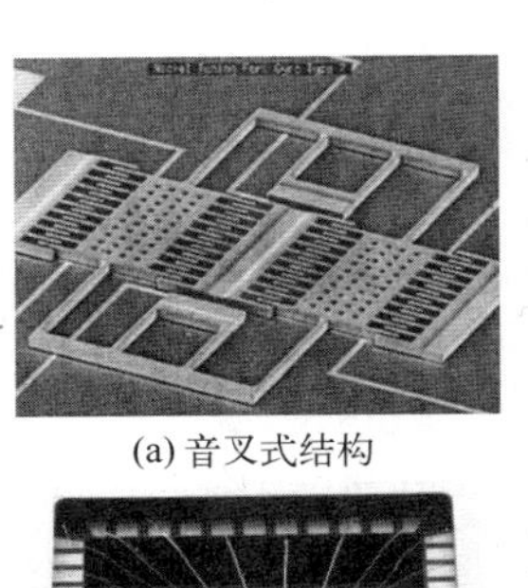

(a) 音叉式结构

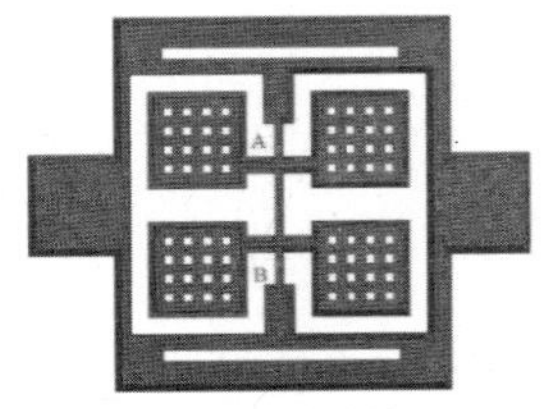

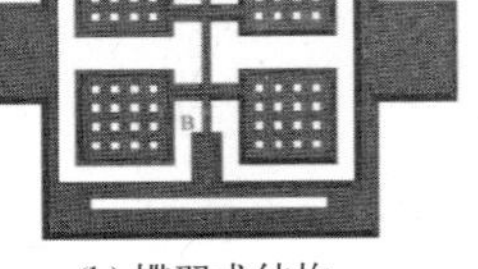

(b) 蝶翼式结构

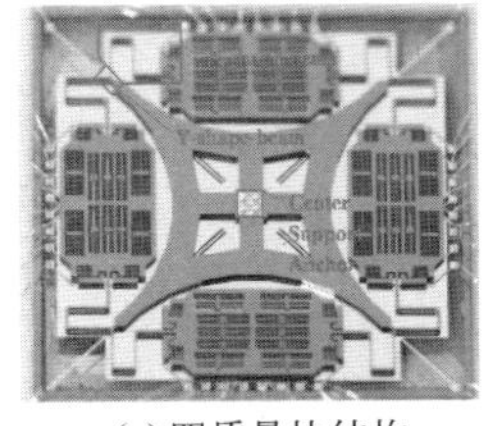

(c) 四质量块结构

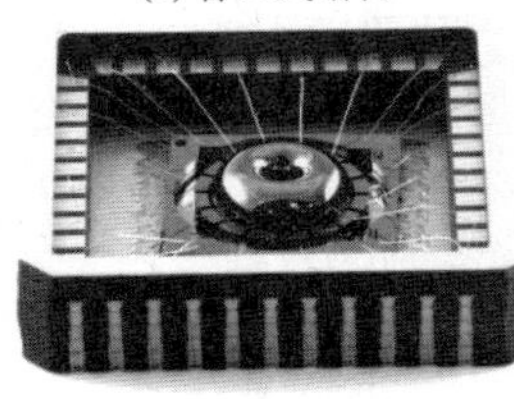

(d) 半球形结构

(e) 环形结构

(f) 嵌套环式结构

图 5.1　常见的振动式 MEMS 陀螺典型结构

根据陀螺的精度从低到高可以分为速率级、战术级和惯性级,目前多数振动式 MEMS 陀螺还停留在速率级水平,但是国内外也有不少单位研制出了战术级的振动式 MEMS 陀螺。在国防领域,战术级以上的振动式 MEMS 陀螺具有较高的应用价值,可以装配于各种战术导弹、制导炸弹、无人机和无人车等。经过多年发展,振动式 MEMS 陀螺的精度有了巨大进步,目前正朝着惯性级的精度发展。

研发具有高精度的振动式 MEMS 陀螺一直是业内公认极具挑战性的难题,一方面是因为 MEMS 工艺的相对制造误差比常规加工工艺大;另一方面是谐振器和电容换能器尺度降低会导致传感效率的降低。如何充分利用 MEMS 谐振器在微纳尺度的物理效应,提升陀螺的灵敏度和对误差的鲁棒性,是提升振动式 MEMS 陀螺精度的关键。

振动式 MEMS 陀螺发展至今已经产生了很多种类,根据材料、加工方式、驱动方式、检测方式以及工作模式等可以将其划分如下。

(1) 按陀螺制作材料可将振动式 MEMS 陀螺分为硅材料陀螺和非硅材料陀螺。硅材料陀螺又可分为单晶硅陀螺和多晶硅陀螺;非硅材料陀螺主要指石英材料陀螺、金属材料陀螺(如镍)、压电晶体陀螺和其他材料陀螺。

(2) 按加工方式可将振动式 MEMS 陀螺分为体微机电加工陀螺、表面微机电加工陀螺、LIGA 加工陀螺等。

(3) 按驱动方式可将振动式 MEMS 陀螺分为静电驱动式陀螺、电磁驱动式陀螺和压电驱动式陀螺等。静电驱动一般采用推挽驱动方式,在驱动电极上施加交变电压产生线性静电力，是目前常用的驱动方式。优点是结构简单、方便设计；缺点是驱动幅度不能过大，否则会产生非线性，造成驱动模态不稳定。

(4) 按检测方式可将振动式 MEMS 陀螺分为电容检测陀螺、压阻检测陀螺、压电检测陀螺、光学检测陀螺和隧道效应检测陀螺等。常用方式为电容式检测。

(5) 按工作模式可将振动式 MEMS 陀螺分为速率陀螺（角速度测量型）和速率积分陀螺（角度测量型）。速率陀螺工作模式包含开环模式和闭环模式；速率积分陀螺则指全角模式。一般非正交线振动结构中的陀螺多可在全角模式下工作，而其他类型的大部分陀螺均属于速率陀螺。

5.2 振动式MEMS陀螺基本原理

5.2.1 哥氏加速度与哥氏力

哥氏加速度最早是由法国科学家科里奥利（Coriolis G G，1792—1843）在1835年提出的。它是由于动系转动引起相对速度方向改变与由于相对运动引起牵连速度大小和方向改变而产生的。首先选定两个参考系，即惯性坐标系和动坐标系，如图5.2所示。

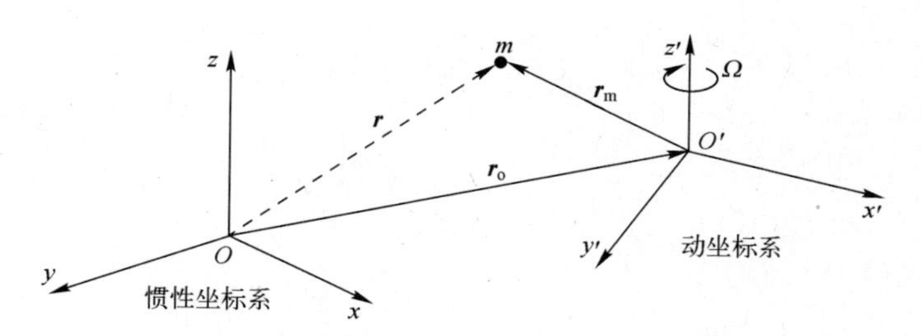

图5.2 质点在惯性坐标系中的复合运动

设动坐标系 $O'x'y'z'$ 相对惯性坐标系 $Oxyz$ 做旋转运动和平移运动，则质点 m 相对于惯性坐标系的运动状态由质点相对于动坐标系的运动和动坐标系相对于惯性坐标系的运动两方面所决定。假设动坐标系原点 O' 相对惯性坐标系绝对矢径、速度和加速度分别为 $\boldsymbol{r}_o$、$\boldsymbol{v}_o$、$\boldsymbol{a}_o$；动坐标系的旋转运动角速度为 $\boldsymbol{\Omega}$；质点 m 在动坐标系中相对矢径、速度和加速度分别为 $\boldsymbol{r}_m$、$\boldsymbol{v}_m$、$\boldsymbol{a}_m$；质点 m 在惯性坐标系中绝对矢径、速度和加速度为 $\boldsymbol{r}$、$\boldsymbol{v}$、$\boldsymbol{a}$。由图5.2所示的几何关系，有

$$\boldsymbol{r}=\boldsymbol{r}_o+\boldsymbol{r}_m \tag{5.1}$$

同时，对坐标系 $Oxyz$ 取时间的导数，得

$$\left.\frac{\mathrm{d}\boldsymbol{r}}{\mathrm{d}t}\right|_{\mathrm{o}}=\left.\frac{\mathrm{d}\boldsymbol{r}_{\mathrm{o}}}{\mathrm{d}t}\right|_{\mathrm{o}}+\left.\frac{\mathrm{d}\boldsymbol{r}_{\mathrm{m}}}{\mathrm{d}t}\right|_{\mathrm{o}} \tag{5.2}$$

如果两个坐标系之间存在相对运动,那么式(5.2)右边第一项表示两坐标系之间的移动速度,第二项可表示为

$$\left.\frac{\mathrm{d}\boldsymbol{r}_{\mathrm{m}}}{\mathrm{d}t}\right|_{\mathrm{o}}=\left.\frac{\mathrm{d}}{\mathrm{d}t}(r_{\mathrm{m}x'}\boldsymbol{i}_{\mathrm{o}'}+r_{\mathrm{m}y'}\boldsymbol{j}_{\mathrm{o}'}+r_{\mathrm{m}z'}\boldsymbol{k}_{\mathrm{o}'})\right|_{\mathrm{o}} \tag{5.3}$$

式中:$r_{\mathrm{m}x'}$、$r_{\mathrm{m}y'}$、$r_{\mathrm{m}z'}$为$\boldsymbol{r}_{\mathrm{m}}$在坐标系$O'x'y'z'$轴上的分量;$\boldsymbol{i}_{\mathrm{o}'}$、$\boldsymbol{j}_{\mathrm{o}'}$、$\boldsymbol{k}_{\mathrm{o}'}$为对应的单位向量,由于动坐标系$O'x'y'z'$相对惯性坐标系$Oxyz$做旋转运动,且运动角速度为$\Omega$,所以$\boldsymbol{i}_{\mathrm{o}'}$、$\boldsymbol{j}_{\mathrm{o}'}$、$\boldsymbol{k}_{\mathrm{o}'}$的方向相对惯性坐标系$Oxyz$是随时变化的。式(5.3)可表示为

$$\left.\frac{\mathrm{d}\boldsymbol{r}_{\mathrm{m}}}{\mathrm{d}t}\right|_{\mathrm{o}}=\left.\frac{\mathrm{d}r_{\mathrm{m}x'}}{\mathrm{d}t}\right|_{\mathrm{o}}\boldsymbol{i}_{\mathrm{o}'}+\left.\frac{\mathrm{d}r_{\mathrm{m}y'}}{\mathrm{d}t}\right|_{\mathrm{o}}\boldsymbol{j}_{\mathrm{o}'}+\left.\frac{\mathrm{d}r_{\mathrm{m}z'}}{\mathrm{d}t}\right|_{\mathrm{o}}\boldsymbol{k}_{\mathrm{o}'}+\left.\frac{\mathrm{d}\boldsymbol{i}_{\mathrm{o}'}}{\mathrm{d}t}\right|_{\mathrm{o}}r_{\mathrm{m}x'}+\left.\frac{\mathrm{d}\boldsymbol{j}_{\mathrm{o}'}}{\mathrm{d}t}\right|_{\mathrm{o}}r_{\mathrm{m}y'}+\left.\frac{\mathrm{d}\boldsymbol{k}_{\mathrm{o}'}}{\mathrm{d}t}\right|_{\mathrm{o}}r_{\mathrm{m}z'} \tag{5.4}$$

式(5.4)中右边前3项可看作动坐标系$O'x'y'z'$相对惯性坐标系$Oxyz$没有相对旋转运动时,只是向量$\boldsymbol{r}_{\mathrm{m}}$大小的变化在相对动坐标系$O'x'y'z'$坐标轴上的投影,所以前3项可写为向量$\boldsymbol{r}_{\mathrm{m}}$相对动坐标系$O'x'y'z'$的导数$\left.\frac{\mathrm{d}\boldsymbol{r}_{\mathrm{m}}}{\mathrm{d}t}\right|_{\mathrm{o}'}$;后3项仅仅是由于动坐标系$O'x'y'z'$的方向变化引起的,当刚体绕定点转动时,有

$$\begin{cases}\left.\frac{\mathrm{d}\boldsymbol{i}_{\mathrm{o}'}}{\mathrm{d}t}\right|_{\mathrm{o}}r_{\mathrm{m}x'}=r_{\mathrm{m}x'}(\Omega\times\boldsymbol{i}_{\mathrm{o}'})\\\left.\frac{\mathrm{d}\boldsymbol{j}_{\mathrm{o}'}}{\mathrm{d}t}\right|_{\mathrm{o}}r_{\mathrm{m}y'}=r_{\mathrm{m}y'}(\Omega\times\boldsymbol{j}_{\mathrm{o}'})\\\left.\frac{\mathrm{d}\boldsymbol{k}_{\mathrm{o}'}}{\mathrm{d}t}\right|_{\mathrm{o}}r_{\mathrm{m}z'}=r_{\mathrm{m}z'}(\Omega\times\boldsymbol{k}_{\mathrm{o}'})\end{cases} \tag{5.5}$$

代入式(5.4),得

$$\begin{aligned}\left.\frac{\mathrm{d}\boldsymbol{r}_{\mathrm{m}}}{\mathrm{d}t}\right|_{\mathrm{o}}&=\left.\frac{\mathrm{d}\boldsymbol{r}_{\mathrm{m}}}{\mathrm{d}t}\right|_{\mathrm{o}'}+r_{\mathrm{m}x'}(\Omega\times\boldsymbol{i}_{\mathrm{o}'})+r_{\mathrm{m}y'}(\Omega\times\boldsymbol{j}_{\mathrm{o}'})+r_{\mathrm{m}z'}(\Omega\times\boldsymbol{k}_{\mathrm{o}'})\\&=\left.\frac{\mathrm{d}\boldsymbol{r}_{\mathrm{m}}}{\mathrm{d}t}\right|_{\mathrm{o}'}+\Omega\times(r_{\mathrm{m}x'}\boldsymbol{i}_{\mathrm{o}'}+r_{\mathrm{m}y'}\boldsymbol{j}_{\mathrm{o}'}+r_{\mathrm{m}z'}\boldsymbol{k}_{\mathrm{o}'})\\&=\left.\frac{\mathrm{d}\boldsymbol{r}_{\mathrm{m}}}{\mathrm{d}t}\right|_{\mathrm{o}'}+\Omega\times\boldsymbol{r}_{\mathrm{m}}\end{aligned} \tag{5.6}$$

式(5.6)就是向量形式的哥氏定理。它说明同一个向量相对两个不同参考系对时间取导数之间的关系。只有在两个参考坐标系没有相对转动时,两者$\left(\left.\frac{\mathrm{d}\boldsymbol{r}_{\mathrm{m}}}{\mathrm{d}t}\right|_{\mathrm{o}}\text{和}\left.\frac{\mathrm{d}\boldsymbol{r}_{\mathrm{m}}}{\mathrm{d}t}\right|_{\mathrm{o}'}\right)$才相等。式(5.6)左边称为绝对导数,右边第一项称为相对导

数。将式(5.6)代入式(5.2)得到速度合成定理,即绝对速度=相对速度+牵连速度。

$$\left.\frac{\mathrm{d}\boldsymbol{r}}{\mathrm{d}t}\right|_{\mathrm{o}}=\left.\frac{\mathrm{d}\boldsymbol{r}_{\mathrm{o}}}{\mathrm{d}t}\right|_{\mathrm{o}}+\left.\frac{\mathrm{d}\boldsymbol{r}_{\mathrm{m}}}{\mathrm{d}t}\right|_{\mathrm{o}'}+\boldsymbol{\Omega}\times\boldsymbol{r}_{\mathrm{m}} \tag{5.7}$$

式中:$\left.\frac{\mathrm{d}\boldsymbol{r}}{\mathrm{d}t}\right|_{\mathrm{o}}$为绝对速度;$\left.\frac{\mathrm{d}\boldsymbol{r}_{\mathrm{m}}}{\mathrm{d}t}\right|_{\mathrm{o}'}$为相对速度;$\left.\frac{\mathrm{d}\boldsymbol{r}_{\mathrm{o}}}{\mathrm{d}t}\right|_{\mathrm{o}}+\boldsymbol{\Omega}\times\boldsymbol{r}_{\mathrm{m}}$为牵连速度。其中,$\left.\frac{\mathrm{d}\boldsymbol{r}_{\mathrm{o}}}{\mathrm{d}t}\right|_{\mathrm{o}}$表示动坐标系 $O'x'y'z'$ 平动引起的牵连速度;$\boldsymbol{\Omega}\times\boldsymbol{r}_{\mathrm{m}}$ 表示动坐标系 $O'x'y'z'$ 转动引起的牵连速度。

式(5.7)左右两边相对时间再取一次导数,则可得加速度之间的向量合成关系为

$$\left.\frac{\mathrm{d}^2\boldsymbol{r}}{\mathrm{d}t^2}\right|_{\mathrm{o}}=\left.\frac{\mathrm{d}^2\boldsymbol{r}_{\mathrm{o}}}{\mathrm{d}t^2}\right|_{\mathrm{o}}+\left.\frac{\mathrm{d}}{\mathrm{d}t}\left(\left.\frac{\mathrm{d}\boldsymbol{r}_{\mathrm{m}}}{\mathrm{d}t}\right|_{\mathrm{o}'}\right)\right|_{\mathrm{o}}+\left.\frac{\mathrm{d}(\boldsymbol{\Omega}\times\boldsymbol{r}_{\mathrm{m}})}{\mathrm{d}t}\right|_{\mathrm{o}} \tag{5.8}$$

对右边第二、三项分别应用哥氏定理,则

$$\left.\frac{\mathrm{d}}{\mathrm{d}t}\left(\left.\frac{\mathrm{d}\boldsymbol{r}_{\mathrm{m}}}{\mathrm{d}t}\right|_{\mathrm{o}'}\right)\right|_{\mathrm{o}}=\left.\frac{\mathrm{d}^2\boldsymbol{r}_{\mathrm{m}}}{\mathrm{d}t^2}\right|_{\mathrm{o}'}+\boldsymbol{\Omega}\times\left.\frac{\mathrm{d}\boldsymbol{r}_{\mathrm{m}}}{\mathrm{d}t}\right|_{\mathrm{o}'} \tag{5.9}$$

$$\begin{aligned}\left.\frac{\mathrm{d}(\boldsymbol{\Omega}\times\boldsymbol{r}_{\mathrm{m}})}{\mathrm{d}t}\right|_{\mathrm{o}}&=\left.\frac{\mathrm{d}(\boldsymbol{\Omega}\times\boldsymbol{r}_{\mathrm{m}})}{\mathrm{d}t}\right|_{\mathrm{o}'}+\boldsymbol{\Omega}\times(\boldsymbol{\Omega}\times\boldsymbol{r}_{\mathrm{m}})\\&=\left.\frac{\mathrm{d}\boldsymbol{\Omega}}{\mathrm{d}t}\right|_{\mathrm{o}'}\times\boldsymbol{r}_{\mathrm{m}}+\boldsymbol{\Omega}\times\left.\frac{\mathrm{d}\boldsymbol{r}_{\mathrm{m}}}{\mathrm{d}t}\right|_{\mathrm{o}'}+\boldsymbol{\Omega}\times(\boldsymbol{\Omega}\times\boldsymbol{r}_{\mathrm{m}})\end{aligned} \tag{5.10}$$

将式(5.9)与式(5.10)代入式(5.8),得到

$$\left.\frac{\mathrm{d}^2\boldsymbol{r}}{\mathrm{d}t^2}\right|_{\mathrm{o}}=\left.\frac{\mathrm{d}^2\boldsymbol{r}_{\mathrm{o}}}{\mathrm{d}t^2}\right|_{\mathrm{o}}+\left.\frac{\mathrm{d}^2\boldsymbol{r}_{\mathrm{m}}}{\mathrm{d}t^2}\right|_{\mathrm{o}'}+\left.\frac{\mathrm{d}\boldsymbol{\Omega}}{\mathrm{d}t}\right|_{\mathrm{o}'}\times\boldsymbol{r}_{\mathrm{m}}+\boldsymbol{\Omega}\times(\boldsymbol{\Omega}\times\boldsymbol{r}_{\mathrm{m}})+2\boldsymbol{\Omega}\times\left.\frac{\mathrm{d}\boldsymbol{r}_{\mathrm{m}}}{\mathrm{d}t}\right|_{\mathrm{o}'} \tag{5.11}$$

式(5.11)就是加速度向量合成公式,即惯性坐标系中质点的加速度可以表示为相对加速度、牵连加速度和哥氏加速度之和。

$$\boldsymbol{a}=\boldsymbol{a}_{\mathrm{m}}+\boldsymbol{a}_{\mathrm{e}}+\boldsymbol{a}_{\mathrm{c}} \tag{5.12}$$

其中,相对加速度为

$$\boldsymbol{a}_{\mathrm{m}}=\left.\frac{\mathrm{d}^2\boldsymbol{r}_{\mathrm{m}}}{\mathrm{d}t^2}\right|_{\mathrm{o}'} \tag{5.13}$$

牵连加速度为

$$\boldsymbol{a}_{\mathrm{e}}=\left.\frac{\mathrm{d}^2\boldsymbol{r}_{\mathrm{o}}}{\mathrm{d}t^2}\right|_{\mathrm{o}}+\left.\frac{\mathrm{d}\boldsymbol{\Omega}}{\mathrm{d}t}\right|_{\mathrm{o}'}\times\boldsymbol{r}_{\mathrm{m}}+\boldsymbol{\Omega}\times(\boldsymbol{\Omega}\times\boldsymbol{r}_{\mathrm{m}}) \tag{5.14}$$

哥氏加速度为

$$\boldsymbol{a}_{\mathrm{c}}=2\boldsymbol{\Omega}\times\left.\frac{\mathrm{d}\boldsymbol{r}_{\mathrm{m}}}{\mathrm{d}t}\right|_{\mathrm{o}'}=2\boldsymbol{\Omega}\times\boldsymbol{v}_{\mathrm{m}} \tag{5.15}$$

哥氏加速度是一种附加加速度，由相对运动和牵连转动的相互影响形成的，其大小和方向可由矢量叉积定义求得。

为了表达简洁以及后面推导方便，假设惯性坐标系与动坐标系的原点重合，则 $\boldsymbol{r}=\boldsymbol{r}_{\mathrm{m}}, \boldsymbol{r}_{\mathrm{o}}=0$，用 $\mathrm{d}\boldsymbol{r}/\mathrm{d}t$ 表示矢量 $\boldsymbol{r}$ 对惯性坐标系的变化率，用 $\partial\boldsymbol{r}/\partial t$ 表示矢量 $\boldsymbol{r}$ 对动坐标系的变化率。式(5.11)可简化为

$$\boldsymbol{a}=\frac{\partial^2\boldsymbol{r}}{\partial t^2}+2\Omega\times\frac{\partial\boldsymbol{r}}{\partial t}+\frac{\partial\Omega}{\partial t}\times\boldsymbol{r}+\Omega\times(\Omega\times\boldsymbol{r}) \tag{5.16}$$

式中：$\frac{\partial^2\boldsymbol{r}}{\partial t^2}$项为质点 m 相对动坐标系 $O'x'y'z'$ 的加速度，简称相对加速度 $\boldsymbol{a}_{\mathrm{m}}$；$2\Omega\times\frac{\partial\boldsymbol{r}}{\partial t}$项为哥氏加速度，记为 $\boldsymbol{a}_{\mathrm{c}}$；$\frac{\partial\Omega}{\partial t}\times\boldsymbol{r}$ 项为动坐标系 $O'x'y'z'$ 的角加速度引起的切向牵连加速度 $\boldsymbol{a}_{切向}$；$\Omega\times(\Omega\times\boldsymbol{r})$ 项为动坐标系的角速度引起的向心加速度 $\boldsymbol{a}_{向心}$。

把式(5.16)变形，得到

$$\begin{aligned}\boldsymbol{a}&=\boldsymbol{a}_{\mathrm{m}}+\boldsymbol{a}_{\mathrm{c}}+(\boldsymbol{a}_{切向}+\boldsymbol{a}_{向心})\\&=\boldsymbol{a}_{\mathrm{m}}+\boldsymbol{a}_{\mathrm{c}}+\boldsymbol{a}_{牵连}\\ \boldsymbol{a}_{牵连}&=\boldsymbol{a}_{切向}+\boldsymbol{a}_{向心}\end{aligned} \tag{5.17}$$

式(5.17)表示了加速度合成定理，除了相对加速度 $\boldsymbol{a}_{\mathrm{m}}$ 加上牵连加速度 $\boldsymbol{a}_{牵连}$外，还需要包括哥氏加速度 $\boldsymbol{a}_{\mathrm{c}}$。这时，在动坐标系中，质点不再是以速度 $\boldsymbol{v}_{\mathrm{m}}$ 运动，而是产生了垂直于 $\boldsymbol{v}_{\mathrm{m}}$ 和 Ω 的偏移，类似于受到了外力的作用。

为了描述动坐标系的运动，需要在运动方程中引入一个虚拟的力，这个力就是科里奥利力，简称为哥氏力。引入哥氏力后，就可以像处理惯性系中的运动方程一样简单地处理动坐标系中物体的运动方程，大大简化了动坐标系的处理方式。动坐标系中质点受到的哥氏力可以表示为

$$F_{\mathrm{c}}=-2m\Omega\times\boldsymbol{v}_{\mathrm{m}} \tag{5.18}$$

5.2.2 动力学特性

由式(5.17)可见，当牵连运动为转动时，由于牵连运动与相对运动的相互影响，从而使动点除了包含相对加速度和牵连加速度这两个分量外，还要增加一项哥氏加速度分量。哥氏加速度的大小与转动角速度的大小和质点速度成正比，因此通过测量哥氏加速度和运动物体的速度就可以得到系统转动的角速度 Ω。

振动式 MEMS 陀螺的基本原理是基于物理上的哥氏效应，即转动坐标系中的运动物体会受到与转动速度方向垂直的惯性力的作用。陀螺正常工作时分为

驱动和检测两个模态,内部振动元件受周期驱动力作用做受迫振动,称为驱动模态,当在与受迫振动垂直的方向上有角速度输入时,振动元件由于受到哥氏力的作用,产生垂直于受迫振动方向和角速度输入方向的振动,称为检测(敏感)模态。

图 5.3 所示为一种典型的振动式 MEMS 陀螺结构,主要由驱动质量块、检测质量块、驱动电极、检测电极以及驱动和敏感弹性梁组成。该结构可以等效为一个二自由度的弹簧-阻尼-质量块模型,如图 5.4 所示。在图 5.4 所示的等效模型中,以陀螺的固定基底作为一个参考系,在该参考系中,集中质量块受到沿 x 轴方向的驱动力 $\boldsymbol{F}$ 作用,以速度 $\boldsymbol{v}_1$ 沿着 x 轴恒频谐振,激发出陀螺的驱动模态;与此同时,整个陀螺参考系以角速度 Ω 相对于惯性系做旋转运动。此时,在陀螺参考系中,质量块受到哥氏力的作用,在 y 方向也发生运动,从而激发出陀螺的检测模态。

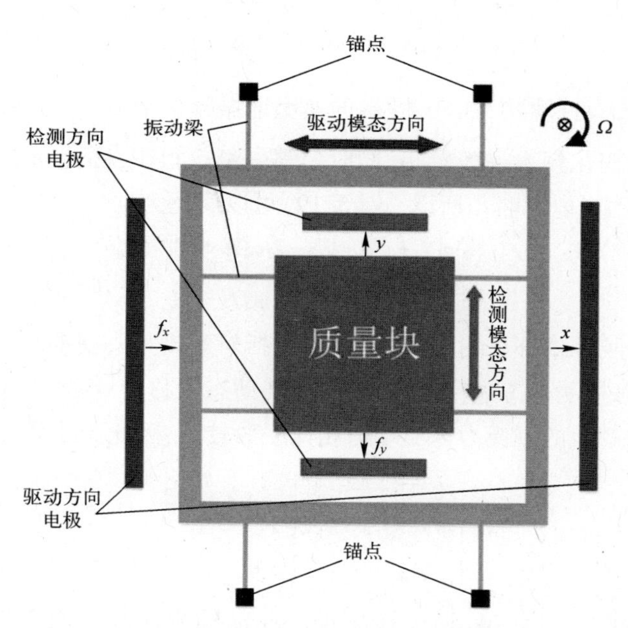

图 5.3　典型的振动式 MEMS 陀螺结构

描述振动式 MEMS 陀螺动力学特性的动力学方程可以表示为

$$\begin{cases} m\ddot{x} = -c_1\dot{x} - k_1x + m\Omega^2x + 2m\Omega\dot{y} + m\dot{\Omega}y + F_x \\ m\ddot{y} = -c_2\dot{y} - k_2y + m\Omega^2y - 2m\Omega\dot{x} - m\dot{\Omega}x + F_y \end{cases} \tag{5.19}$$

式中:Ω 为要检测的角速度;m 为质量块的质量;c_1、c_2 为阻尼系数;k_1、k_2 为刚度系数;F_y 和 F_y 分别为作用于陀螺驱动轴和检测轴的外力;$m\Omega^2x$ 和 $m\Omega^2y$ 分别为质量块转动时产生的 x 轴和 y 轴方向上的离心力；$m\dot{\Omega}y$ 和 $m\dot{\Omega}x$ 分别为质量块转动时 x 轴方向和 y 轴方向的切向力；$2m\Omega\dot{y}$ 为 y 轴运动造成的 x 轴方向上的哥氏力；$-2m\Omega\dot{x}$ 为 x 轴运动造成的 y 轴方向上的哥氏力。

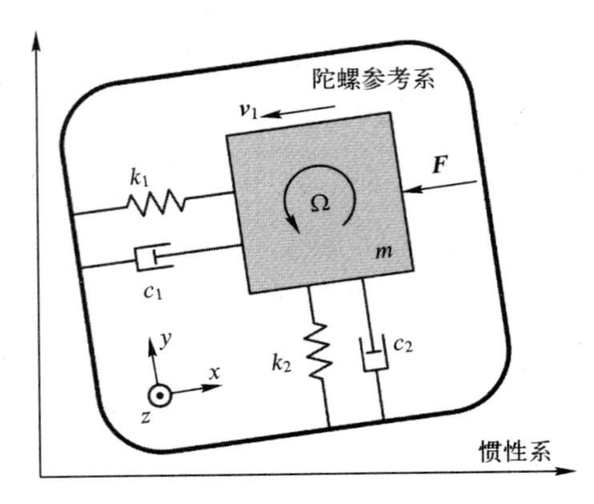

图 5.4　振动式 MEMS 陀螺等效二自由度模型

一般情况下，振动式 MEMS 陀螺的典型谐振频率为 $10^4 \sim 10^5$ Hz，而陀螺的转速和角速度的变化频率一般较小，同时位移 x、y 也很小，因此 $m\dot{\Omega}y$、$m\Omega^2x$、$m\dot{\Omega}x$ 和 $m\Omega^2y$ 这 4 项可以忽略。所以，式(5.19)可以简化为

$$\begin{cases} m\ddot{x}+c_1\dot{x}+k_1x-2m\Omega\dot{y}=F_x \\ m\ddot{y}+c_2\dot{y}+k_2y+2m\Omega\dot{x}=F_y \end{cases} \tag{5.20}$$

在大部分陀螺中都采用了闭环控制，包括对驱动模态进行闭环控制以维持固定的振幅，对检测模态进行闭环控制，使其动态位移为 0。由于检测方向的运动在驱动方向产生的哥氏力与驱动力相比一般较小，因此为简化分析，常用的动力学方程为

$$\begin{cases} m\ddot{x}+c_1\dot{x}+k_1x=F_x \\ m\ddot{y}+c_2\dot{y}+k_2y=F_y-2m\Omega\dot{x} \end{cases} \tag{5.21}$$

从式(5.21)可以看出，通过在陀螺的驱动轴方向施加周期性的静电驱动力，使质量块沿 x 轴做恒幅恒频的简谐振动；当陀螺在 z 轴有角速度输入时，质量块在 y 轴方向受到哥氏力作用，产生 y 轴方向的简谐振动，振动幅值与角速度大小成正比，即输入角速度被调制在检测模态振动信号的幅值里，利用电容检测技术检测敏感模态的振动，转化为电压信号后进行解调即可得到输入角速度 Ω，这就是振动式 MEMS 陀螺敏感角速度的基本原理。

在开环工作状态下，$F_y=0$，定义自然频率 $\omega=\sqrt{k/m}$，品质因数 $Q=\sqrt{km}/c$，将动力学方程式(5.21)两边同时除以 m 得到

$$\begin{cases} \ddot{x}+\dfrac{\omega_1}{Q_1}\dot{x}+\omega_1^2 x=\dfrac{F_x(t)}{m} \\ \ddot{y}+\dfrac{\omega_2}{Q_2}\dot{y}+\omega_2^2 y=-2\Omega\dot{x} \end{cases} \tag{5.22}$$

式中：ω_1 和 ω_2 分别为陀螺驱动模态和检测模态的固有频率；Q_1 和 Q_2 分别为驱动模态和检测模态的品质因数。理想情况下，当陀螺的驱动轴方向受到正弦周期性变化的驱动力 $F_x(t)=F_x\sin\omega_d t$ 作用时，根据式(5.22)的第一式可以得到驱动模态的稳态振动位移为

$$x=A_1\sin(\omega_d t+\varphi_1) \tag{5.23}$$

其中

$$A_1=\frac{F_x}{k_x}\frac{1}{\sqrt{\left[1-\left(\dfrac{\omega_d}{\omega_1}\right)^2\right]^2+\left(\dfrac{\omega_d}{\omega_1 Q_1}\right)^2}},\quad \varphi_1=-\arctan\frac{\dfrac{\omega_d}{\omega_1 Q_1}}{1-\left(\dfrac{\omega}{\omega_1}\right)^2} \tag{5.24}$$

显然，当驱动力频率与模态频率相等，即 $\omega_d=\omega_1$ 时，陀螺的响应幅值最大。此时陀螺处于谐振状态，谐振点处对应的幅值和相位分别为

$$A_{1,\mathrm{res}}=\frac{F_x}{k_x}Q_1,\quad \varphi_{1,\mathrm{res}}=-\frac{\pi}{2} \tag{5.25}$$

当陀螺驱动模态处于谐振状态时，根据式(5.22)和式(5.23)可以得到检测轴方向的哥氏加速度为

$$-2\Omega\dot{x}=-2\Omega A_1\omega_1\cos(\omega_1 t+\varphi_1) \tag{5.26}$$

将式(5.26)代入式(5.22)的第二式，同样地对微分方程进行求解，可以得到检测轴开环状态下的振动位移为

$$y=-A_2\cos(\omega_1 t+\varphi_1+\varphi_2)=A_2\sin(\omega_1 t+\varphi_2+\pi) \tag{5.27}$$

其中

$$A_2=\frac{2\Omega A_1\omega_1}{\omega_2^2}\frac{1}{\sqrt{\left[1-\left(\dfrac{\omega_1}{\omega_2}\right)^2\right]^2+\left(\dfrac{\omega_1}{\omega_2 Q_2}\right)^2}},\quad \varphi_2=-\arctan\frac{\dfrac{\omega_1}{\omega_2 Q_2}}{1-\left(\dfrac{\omega_1}{\omega_2}\right)^2} \tag{5.28}$$

5.2.3　机械灵敏度

对于振动式 MEMS 陀螺而言，机械灵敏度指的是陀螺检测方向的振动位移幅值与输入角速度之比。根据该定义，结合式(5.28)，MEMS 振动陀螺的机械

灵敏度可以表示为

$$S_{\mathrm{mech}}=\frac{A_2}{\Omega}=\frac{2A_1\omega_1}{\omega_2^2}K \tag{5.29}$$

其中

$$K=\frac{1}{\sqrt{\left[1-\left(\frac{\omega_1}{\omega_2}\right)^2\right]^2+\left(\frac{\omega_1}{\omega_2 Q_2}\right)^2}} \tag{5.30}$$

从式(5.30)可以看到,振动式 MEMS 陀螺的机械灵敏度与两个模态间的频率裂解以及检测模态的 Q 值相关。当 ω_1/ω_2 为定值时,机械灵敏度与系数 K 成正比;对于不同的频差关系,系数 K 与 Q_2 之间的变化关系如图 5.5 所示。

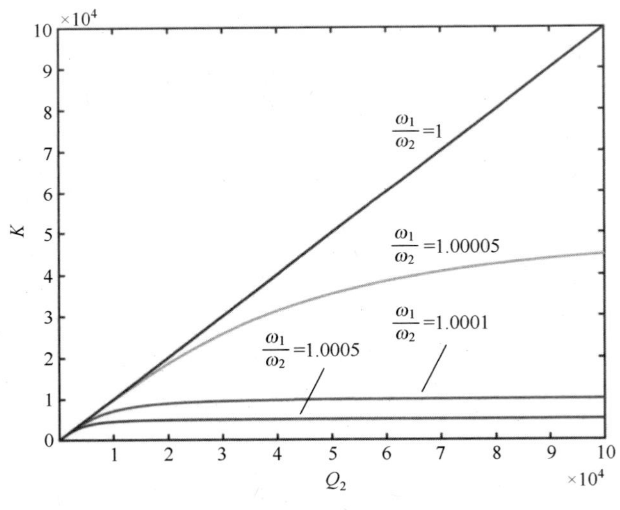

图 5.5　K 与 Q_2 的变化关系曲线

从图 5.5 中可以看出,驱动模态频率和检测模态频率越接近,振动式 MEMS 陀螺的灵敏度越高。对于确定的 ω_1/ω_2,当 Q_2 较小时,微陀螺灵敏度随着 Q_2 的增大而增大;当 Q_2 增大一定程度后,振动式 MEMS 陀螺灵敏度将不再继续增大,而是趋向饱和。

根据式(5.28),从检测轴振动位移的相位 φ_2 的表达式发现,当驱动模态与检测模态的频率完全相等时,驱动频率在谐振点处的轻微变化,都会导致驱动位移与检测位移的相位差剧烈变化。而在陀螺测试中,检测输出是由驱动信号解调出来的,因此相位差的剧烈变化将导致检测输出十分不稳定,所以陀螺在开环工作时一般保持一定的频差。

理想情况下模态完全匹配,即 $\omega_1=\omega_2$ 时,振动式 MEMS 陀螺的机械灵敏度为

$$S_{\text{mech}}=\frac{2A_1Q_2}{\omega_2} \tag{5.31}$$

5.2.4　机械热噪声

绝大多数传感器通常会面临来自不同层面的测量不确定性,按照不确定性的数量级可以粗略地将其分成 3 个层级:第一层级的测量不确定性来自测控电路;第二层级的不确定性来自材料本身的布朗热运动;第三层级的不确定性来自测不准原理给定的标准量子极限。对于振动陀螺而言,高水平振动陀螺(半球谐振陀螺)处于第二层级,即机械热噪声决定了其极限精度,目前尚未有试图突破振动陀螺布朗噪声的研究报道。大多数的振动式 MEMS 陀螺尚处于第一层级,其极限精度受制于测控电路的噪声。

机械热噪声是由谐振器本身的布朗热运动引起的随机运动,它决定了器件的分辨率极限。机械热运动可以等效为在谐振器上施加了一个随机的且均值为零的白噪声力,该力的谱密度由下式给出,即

$$F_{\text{n}}=\sqrt{4k_{\text{B}}Tc_2} \tag{5.32}$$

式中:k_{B} 为玻尔兹曼常数;T 为绝对温度;c_2 为检测模态的阻尼系数。

陀螺的驱动模态和检测模态都会受到此白噪声力的影响,由于驱动轴的位移被稳定控制在恒定值,其热噪声引起的扰动对检测轴输出的影响相比较而言非常小;而检测轴的机械热运动将会引起陀螺的随机误差,这里仅考虑机械热运动对检测轴的影响。带机械热噪声的检测轴等效简化模型为

$$m\ddot{y}+c_2\dot{y}+k_2y=\sqrt{4k_{\text{B}}Tc_2}\sin(\omega_{\text{d}}t)-2m\Omega\dot{x} \tag{5.33}$$

设等效角速度噪声为 Ω_{Brown},则有

$$m\ddot{y}+c_2\dot{y}+k_2y=2m(\Omega_{\text{Brown}}-\Omega)\dot{x} \tag{5.34}$$

在振动式 MEMS 陀螺的闭环力平衡工作模式中,式(5.34)的右侧始终为零,因此等效角速度噪声可以计算为

$$\Omega_{\text{Brown}}=\frac{1}{A_1}\sqrt{\frac{k_{\text{B}}T}{m\omega_2Q_2}}=\frac{1}{A_1}\sqrt{\frac{2k_{\text{B}}T}{k_2\tau_2}} \tag{5.35}$$

式中:τ_2 为检测模态的衰减时间常数。从式(5.35)可以看到,为了降低振动式 MEMS 陀螺的机械热噪声,需要提升检测模态的衰减时间常数 τ_2、增大陀螺谐振子的刚度系数 k_2 及驱动轴的振动位移幅值 A_1。

5.3 振动式 MEMS 陀螺检测电路

振动式 MEMS 陀螺检测电路一般包括驱动端的闭环控制以及检测端的角速度提取和正交误差抑制。下面将对振动式 MEMS 陀螺检测电路总体构成、闭环驱动方法以及检测轴闭环控制技术 3 个方面进行论述。

5.3.1 振动式 MEMS 陀螺检测电路总体构成

振动式 MEMS 陀螺检测电路总体构成如图 5.6 所示。其信号处理流程可以描述为:谐振子的位移信号会引起谐振子与电极组成的电容值发生变化,通过 C/U 转化后可得到与位移成正比的电压信号,随后经过 A/D 进入控制器,分别进行驱动端的闭环驱动与检测端的闭环控制,将得到的控制力经过 D/A 后施加在电极上,使谐振子与电极间形成静电力,实现对谐振子的控制。

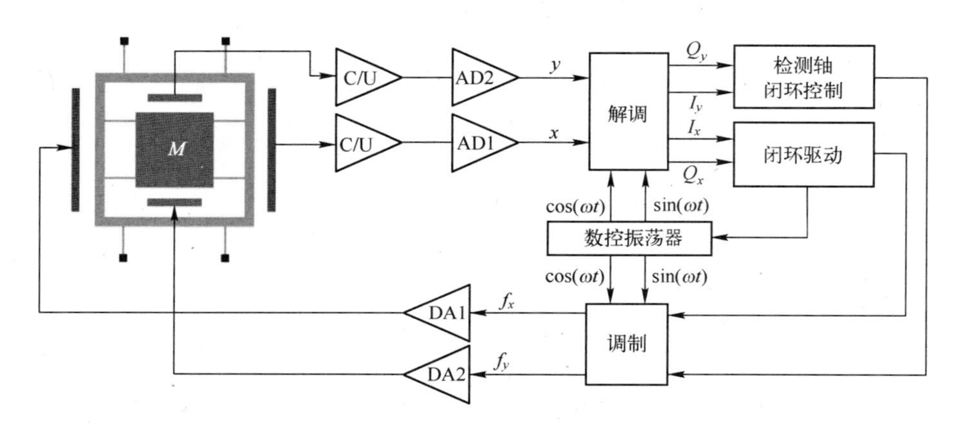

图 5.6 振动式 MEMS 陀螺信号处理流程

以驱动端为例,谐振子的位移检测电路的原理如图 5.7 所示。当在谐振子上施加高频载波信号 $U_c\sin(\omega_c t)$时,其中载波频率 ω_c 满足远高于谐振子位移信号的谐振频率,那么电极上的电容信号经过 C/U 转换电路后得到的电压信号可表示为

$$U_{out}=-\frac{(C_0+\Delta C)}{C_{FB}}U_c\sin(\omega_c t) \tag{5.36}$$

式中:C_{FB}为 C/U 转换电路上反馈电容值;C_0 为谐振子与驱动端电极组成的电容的初始电容值;ΔC 为由于谐振子振动位移引起的电容变化量。当把该电压信号经过载波解调,再经过高通滤波器后,可以滤掉信号中与 C_0 相关的直流成分,

得到最终的电压信号可表示为

$$
\begin{aligned}
\Delta C &= \frac{\varepsilon A}{d_0+x}-\frac{\varepsilon A}{d_0} \approx -\frac{\varepsilon A}{d_0^2}x \\
U_{\text{out1}} &= -\frac{\Delta C}{C_{\text{FB}}}U_{\text{c}} = \frac{U}{C_{\text{FB}}}\frac{\varepsilon A}{d_0^2}x
\end{aligned}
\tag{5.37}
$$

式中:A 和 d_0 分别为谐振子与电极组成的电容面积与初始间隙;ε 为空气中的介电常数。可以看出最终输出的电压信号与驱动端的位移成正比,可将其作为 A/D 模块的输入,即实现了对电容的转化和对位移的检测。

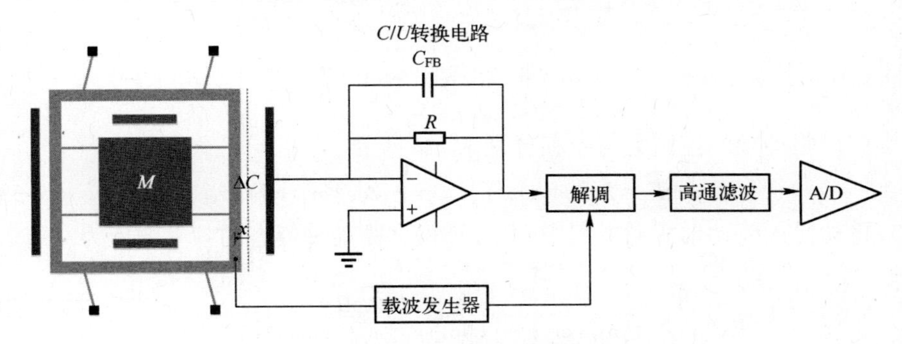

图 5.7　位移检测电路示意图

以驱动端为例,谐振子的力驱动的原理为:当在电极上施加电压 $U=U_{\text{d}}+U_{\text{a}}\sin(\omega t)$,其中 U_{d} 为直流电压,U_{a} 为交流电压的幅值,ω 为交流电压的频率,此时谐振子与电极板之间形成的电容之间产生的静电吸引力可表示为

$$
|F| = -\frac{1}{2}\left|\frac{\partial C}{\partial d}\right|U^2 = -\left(\frac{\varepsilon A}{d_0^2}U_{\text{d}}\right)U_{\text{a}}\sin(\omega t) \tag{5.38}
$$

式中:A 和 d_0 分别为谐振子与电极组成的电容面积与初始间隙;ε 为空气中的介电常数。可以看出,谐振子上所受的静电吸引力与所施加的交流电压信号成正比,因此,可将 D/A 模块输出的交流电压信号与固定直流电压叠加后施加在电极上,即可实现对谐振子的力驱动。

5.3.2　闭环驱动方法

振动式 MEMS 陀螺的闭环驱动方法如图 5.8 所示,包括幅值控制和锁相控制。将谐振子驱动端的位移信号的同相和正交分量通过鉴幅鉴相模块,将得到驱动端的振动位移幅值信息以及检测信号相对于参考信号的相位信息。振动幅值与参考幅值信号作差后输入 PID 控制器中,输出驱动端控制力即可将驱动位移控制在参考值上,实现驱动端的恒幅振动。相位信息与−90°作差后输入 PID

控制器中，输出给数控振荡器用于产生参考信号，即可将相位锁定在-90°，实现驱动端的谐振。

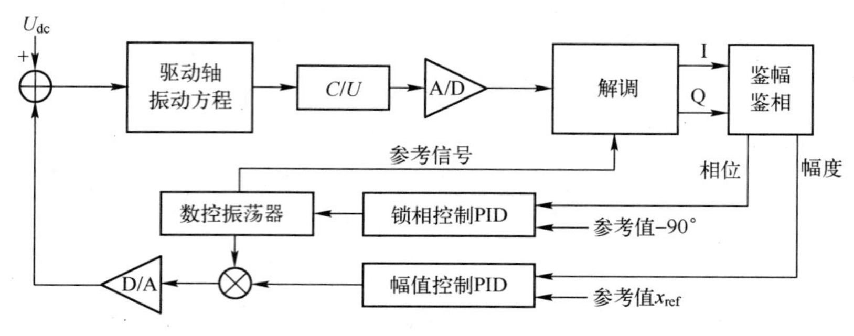

图 5.8　闭环驱动示意图

假设驱动轴的控制力与位移分别为

$$F_x = F_0\cos(\omega_d t),\quad x = x_0\cos(\omega_d t+\beta) \tag{5.39}$$

将其代入驱动轴振动方程中，可计算得到驱动轴模态的频率响应为

$$\frac{x_0}{F_0}=M=\frac{\tau_1}{\sqrt{(\omega_1^2-\omega_d^2)^2\tau_1^2+4\omega_d^2}},\quad \tan\beta=-\frac{2\omega_d}{(\omega_1^2-\omega_d^2)\tau_1} \tag{5.40}$$

式中：τ_1 为陀螺 x 轴向的衰减时间常数，与谐振频率和品质因数有关，可表示为 $\tau_1=2Q_1/\omega_1$。由幅值频率响应可以看出，当驱动信号的频率 ω_d 与驱动轴模态的谐振频率 ω_x 相等时，幅值响应达到最大，即处于谐振状态，此时相位响应为-90°。因此，当锁相环将相位恒定锁在-90°上时，驱动轴达到谐振状态。

数控振荡器产生谐振子谐振频率处的参考信号，既可以用于位移信号的解调，也可以用于驱动力信号的调制。

5.3.3　检测轴闭环控制技术

理想的振动式 MEMS 陀螺在工作中驱动轴保持横幅振动，当角速度输入时在检测轴产生哥氏力进而造成检测轴振动，通过在检测轴施加哥氏力的同相控制信号即可抑制该轴振动实现角速度的检测，该同相控制信号即为力反馈控制信号。但由于加工误差的影响，在实际的陀螺中存在刚度不对称等误差，造成陀螺的检测轴存在与哥氏力正交的振动信号，称为正交误差，为保证检测轴振动位移为零，需要施加力反馈控制信号的正交信号，即正交控制。两者叠加即为检测轴的总控制力，检测轴闭环控制系统如图 5.9 所示。

从力反馈控制器输出的同相控制力中，可以提取到陀螺的角速度信息。当陀螺驱动轴位移通过闭环控制实现谐振频率处的恒幅振动，检测轴位移被抑制

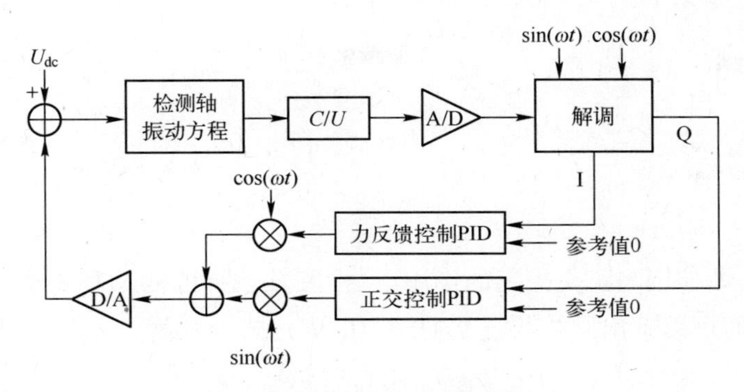

图 5.9　检测轴闭环控制示意图

为 0,可假设其驱动轴振动位移和检测轴的总反馈力分别为

$$x=x_0\sin(\omega_d t),\quad F_y=F_{B\_I}\cos(\omega_d t)+F_{B\_Q}\sin(\omega_d t) \tag{5.41}$$

式中:x_0 和 ω_d 分别为驱动轴振动位移的幅值与谐振频率;F_{B_I} 和 F_{B_Q} 分别表示检测轴的同相控制力与正交控制力,即力反馈控制与正交控制的输出。

在实际检测系统中,考虑误差情况下,检测轴振动方程可写为

$$m\ddot{y}+c_2\dot{y}+c_{21}\dot{x}+k_2y+k_{21}x=F_y-2m\Omega\dot{x} \tag{5.42}$$

式中:c_{21} 为驱动轴到检测轴的阻尼耦合系数;k_{21} 为驱动轴到检测轴的刚度耦合系数。将式(5.41)代入式(5.42)中后,化简得

$$\ddot{y}+\frac{2}{\tau_2}\dot{y}+\omega_2^2y=\frac{1}{m}(F_{B\_Q}-k_{21}x_0)\sin\omega_d t+\left(\frac{F_{B\_I}}{m}-\frac{c_{21}}{m}\omega_d x_0-2\Omega\omega_d x_0\right)\cos\omega_d t \tag{5.43}$$

式中:τ_2 为陀螺 y 轴向的衰减时间常数,与谐振频率和品质因数有关,可表示为 $\tau_2=2Q_2/\omega_2$。该微分方程的稳态解,即检测轴方向的位移为

$$\begin{aligned} y=&\frac{1}{m}(k_{21}x_0-F_{B\_Q})M_2\cos(\omega_d t+\beta_2)\\ &+\left(\frac{F_{B\_I}}{m}-\frac{c_{21}}{m}\omega_d x_0-2\Omega\omega_d x_0\right)M_2\sin(\omega_d t+\beta_2) \end{aligned} \tag{5.44}$$

其中,

$$M_2=\frac{\tau_2}{\sqrt{(\omega_2^2-\omega_d^2)^2\tau_2^2+4\omega_d^2}},\quad \tan\beta_2=\frac{(\omega_2^2-\omega_d^2)\tau_2}{2\omega_d}$$

分别表示检测轴的幅值与相位响应。

此时用参考信号对检测轴的位移信号进行二次解调,得到其同相和正交分量分别为

$$\begin{cases} y'_{\parallel} = y\big|_{\sin(\omega_d t)} = \dfrac{1}{m}(F_{B\_Q}-k_{21}x_0)\dfrac{M_2\sin\beta_2}{2}+\left(\dfrac{F_{B\_I}}{m}-\dfrac{c_{21}}{m}\omega_d x_0-2\Omega\omega_d x_0\right)\dfrac{M_2\cos\beta_2}{2} \\ y'_{\perp} = y\big|_{\cos(\omega_d t)} = \dfrac{1}{m}(F_{B\_Q}-k_{21}x_0)\dfrac{M_2\cos\beta_2}{2}-\left(\dfrac{F_{B\_I}}{m}-\dfrac{c_{21}}{m}\omega_d x_0-2\Omega\omega_d x_0\right)\dfrac{M_2\sin\beta_2}{2} \end{cases} \tag{5.45}$$

在力反馈控制与正交控制的作用下，检测轴位移的同相和正交分量均被抑制为零，从而可以解出同相与正交控制力的表达式分别为

$$\begin{cases} F_{B\_I} = c_{21}\omega_d x_0 + 2m\omega_d x_0\Omega \\ F_{B\_Q} = k_{21}x_0 \end{cases} \tag{5.46}$$

因此，力反馈控制输出的检测轴同相控制力中蕴含了陀螺的角速度信息，可以将其作为陀螺的输出，即

$$\text{Output} = \text{bias} + \text{SF}\times\Omega \tag{5.47}$$

式中：$\text{bias}=c_{21}\omega_d x_0$ 和 $\text{SF}=2m\omega_d x_0$ 分别为陀螺的零偏与标度因数。

5.4 典型振动式 MEMS 陀螺

典型的振动式 MEMS 陀螺主要包含四质量块式 MEMS 陀螺、音叉式 MEMS 陀螺、蝶翼式 MEMS 陀螺和嵌套环式 MEMS 陀螺等。本节将以蝶翼式 MEMS 陀螺和嵌套环式 MEMS 陀螺为案例进行分析。

5.4.1 蝶翼式 MEMS 陀螺

蝶翼式 MEMS 陀螺是一种角速度敏感轴在面内的陀螺。其内部结构类似双端音叉结构，由于其驱动模态为 4 个质量块来回摆动，形似蝴蝶扇动翅膀，因此取名为蝶翼式 MEMS 陀螺。

1. 基本结构

典型的蝶翼式 MEMS 陀螺主要由两部分组成，即硅敏感结构和底板硅电极。硅敏感结构主要包括四质量块（两个质量块相对于锚点对称分布并连接成一个整体）、振动斜梁、应力释放结构和锚点。驱动模态沿陀螺敏感结构平行方向差分同频振动，检测模态沿敏感结构垂直方向差分同频振动，角速度输入敏感轴为平行于陀螺敏感结构平面的方向，通过改变陀螺的放置方向，可以实现多轴向角速度检测。

蝶翼式 MEMS 陀螺每个质量块的下方都分布有驱动电极、检测电极、调轴电极和调频电极，它们的主要作用分别是驱动电极用于提供微陀螺工作所需的驱动信号，检测电极用于检测在哥式力作用下微陀螺的角速度输出信号，调轴电

极用于提供调轴电压以减小陀螺的正交误差，调频电极用于提供调频电压对陀螺的工作模态频率裂解进行调节，增强陀螺工作的稳定性。其敏感结构及电极分布如图 5.10 所示。

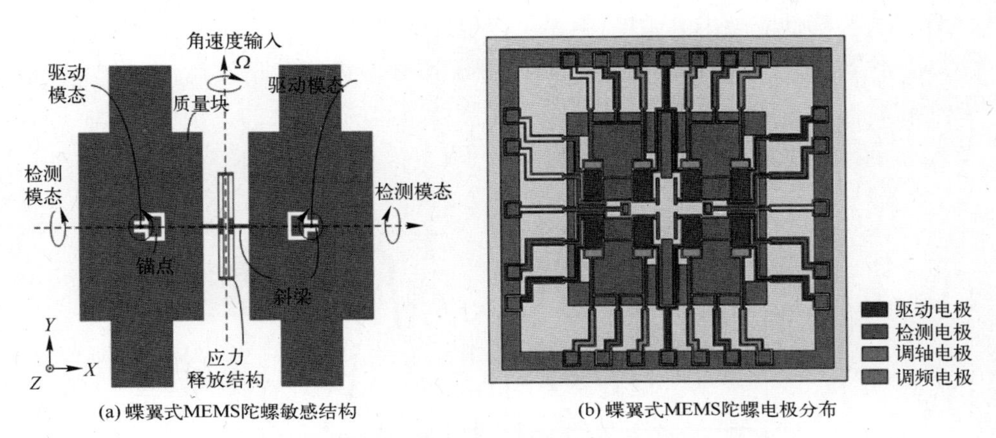

(a) 蝶翼式MEMS陀螺敏感结构　　(b) 蝶翼式MEMS陀螺电极分布

图 5.10　典型的蝶翼式 MEMS 陀螺敏感结构及电极分布

2. 工作原理

在陀螺驱动电极产生的差分驱动静电力作用下，主轴方位角不为 90°的振动斜梁发生弯曲形变，驱动陀螺质量块实现了主要以平行于敏感结构的左右同频振动以及垂直于敏感结构的扭转振动的三维振动模式，该振动状态即为驱动模态。角速度输入后，在检测方向上产生哥氏力，振动斜梁发生扭转形变，该振动状态为检测模态，陀螺通过检测敏感结构的扭转变形量可以解析出外界输入的角速度量，如图 5.11 所示。

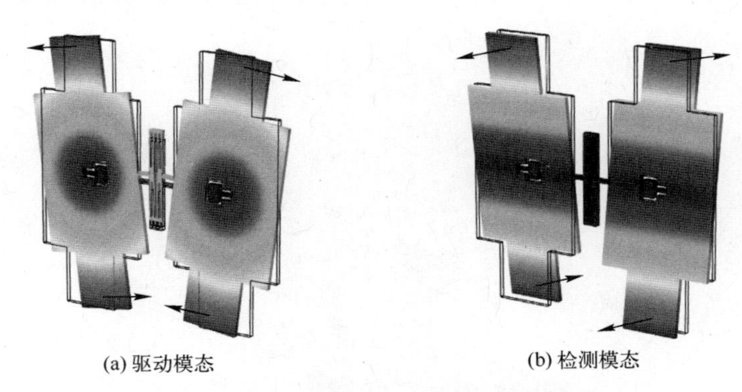

(a) 驱动模态　　(b) 检测模态

图 5.11　蝶翼式 MEMS 陀螺工作模态

蝶翼式 MEMS 陀螺属于工作在频率非匹配模型下的振动微机电陀螺。如图 5.12 所示，陀螺在驱动模态下的振动幅值最大点位于 A 点处，则 A 点对应的频率即为该陀螺的驱动谐振频率；而陀螺在检测模态下的振动幅值最大点位于远离 A 点的位置，其与 A 点之间的频率差值表示为工作频差，检测模态则工作在 B 点位置对应的频率，而非陀螺检测模态的谐振频率，虽然非匹配模型下的工作模式会降低陀螺的灵敏度，但是可以很好地提升陀螺的稳定性。因此，蝶翼式 MEMS 陀螺的优化设计中，需要对陀螺工作频差进行合理设计，在能保证陀螺工作状态稳定的前提下，设计较小工作频差，以获得最大的灵敏度，这对于提升陀螺的性能具有重要意义。

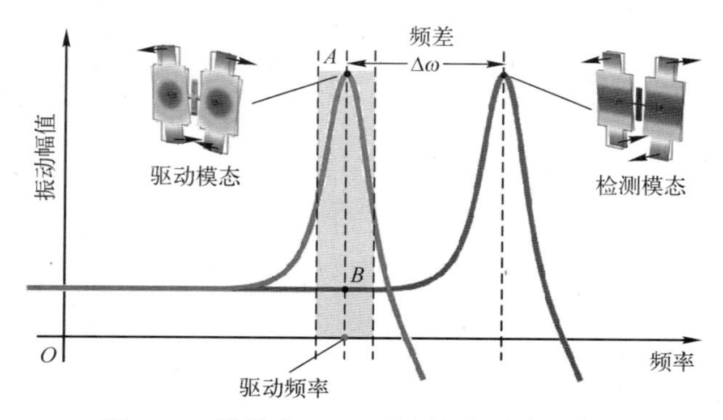

图 5.12 蝶翼式 MEMS 陀螺幅频响应示意图

3. 加工工艺

蝶翼式 MEMS 陀螺样机结构主要包括敏感结构、电极基板和封装盖帽 3 部分，敏感结构层和电极基板基于 SOI 圆片刻蚀技术加工得到并采用“硅-硅”低应力键合技术实现固连，之后通过玻璃浆料键合技术将盖帽和键合结构进行真空密封并最终实现圆片级封装。蝶翼式 MEMS 陀螺样机三维立体分解如图 5.13 所示。

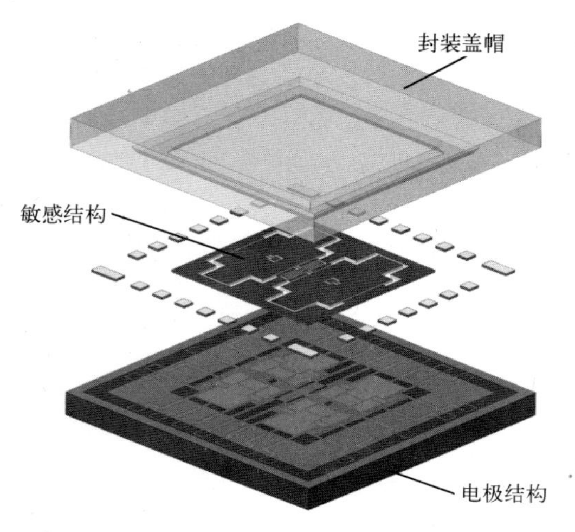

图 5.13 蝶翼式 MEMS 陀螺样机三维立体分解图

蝶翼式 MEMS 陀螺简化加工工艺流程如图 5.14 所示，其加工实物如图 5.15 所示。

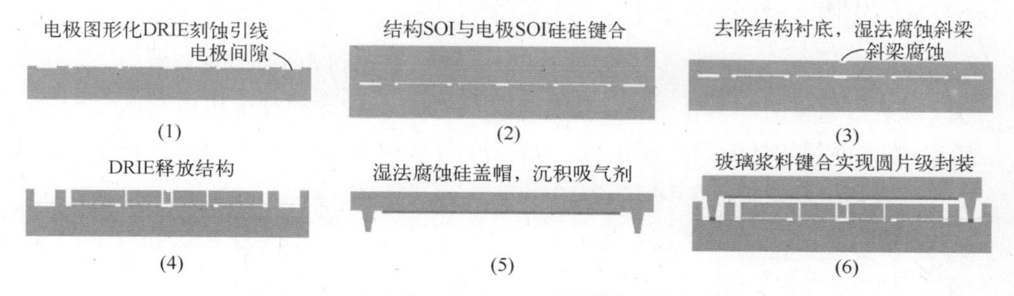

图 5.14 蝶翼式 MEMS 陀螺简化加工工艺步骤

简化的加工工艺流程如下。

(1) 采用 SOI 圆片制作衬底与电极，图形化电极并采用深反应离子刻蚀技术刻蚀引线。

(2) 采用硅硅键合工艺，将结构层 SOI 与衬底 SOI 的电极层键合。

(3) 通过机械化学抛光(CMP)工艺去除结构 SOI 的背面，湿法腐蚀斜梁。

(4) 采用深反应离子刻蚀技术释放结构。

(5) 采用单晶硅湿法腐蚀制作盖帽。

(6) 采用玻璃浆料键合方法将盖板与陀螺结构真空密封，实现圆片级真空封装。

(a) 6英寸加工圆片实物

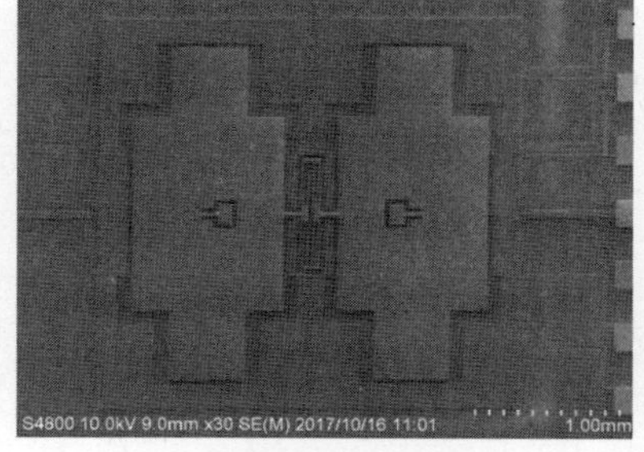

(b) 敏感结构电镜

图 5.15 蝶翼式 MEMS 陀螺加工实物

4. 性能测试

蝶翼式 MEMS 陀螺工作在速率模式下，采用闭环驱动、开环检测的方式。本部分对蝶翼式 MEMS 陀螺测控系统进行介绍，其原理框图如图 5.16 所示，其性能测试结果如图 5.17 和表 5.1 所列。测控系统主要包含驱动闭环控制回路、微弱信号检测和修调回路三部分。驱动回路的主要功能是为了实现陀螺的自激振荡保持在谐振状态下,通过自动增益控制方法,实现陀螺的自激振荡,并且能确保蝶翼式微陀螺的驱动模态的振动幅值保持稳定。为保证蝶翼式微陀螺一直工作在谐振状态下,引进锁相放大器直接进行相位控制和幅值控制,采用数字电路实现输出信号对输入信号的实时相位跟踪控制。检测部分采用微弱信号检测方式,解调得到敏感的角速度信号。修调回路是利用静电负刚度效应对陀螺振型进行修调,抑制加工及环境误差的影响。

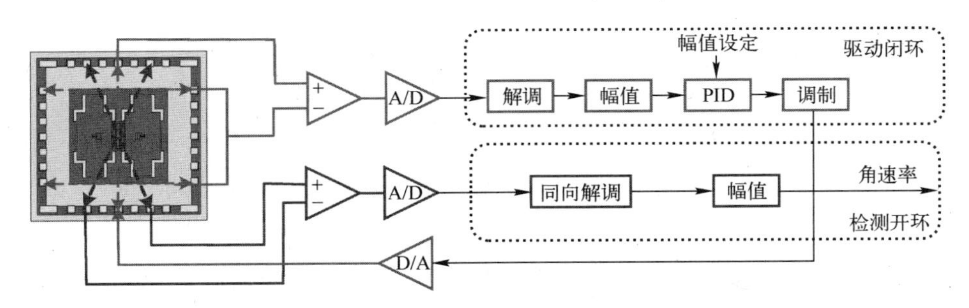

图 5.16 蝶翼式 MEMS 陀螺测控电路

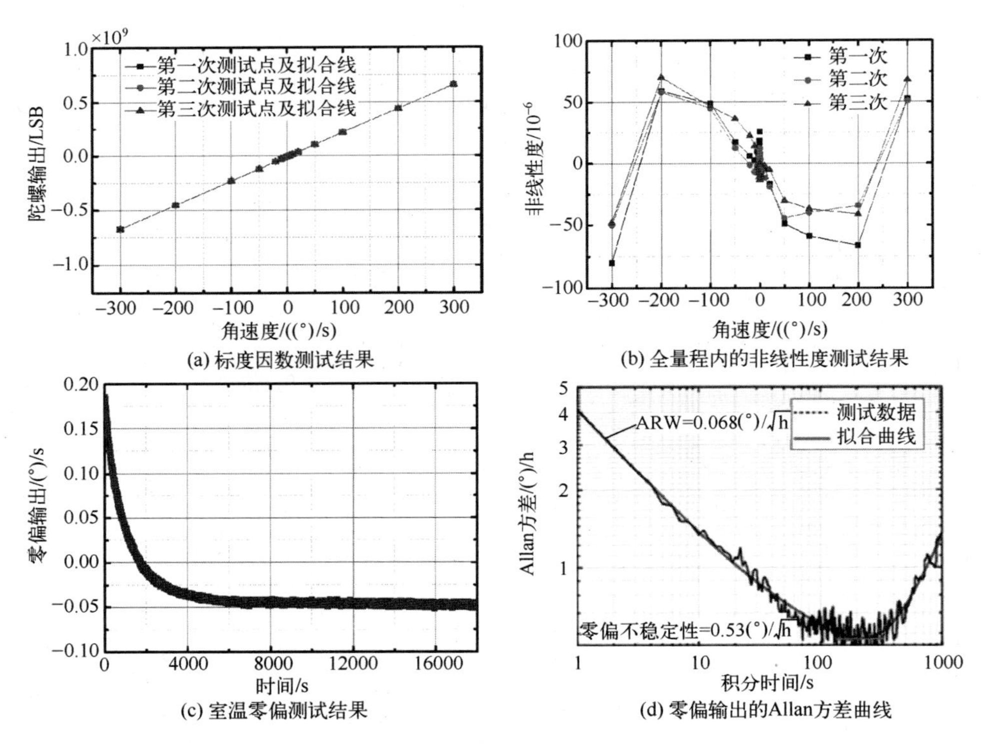

图 5.17 蝶翼式 MEMS 陀螺性能测试结果

表5.1　蝶翼式MEMS陀螺性能汇总(2019年)

序　　号	名　　称	单　　位	结　　果
1	零偏	(°)/s	-0.047
2	零偏稳定性(1σ)	(°)/h	1.05
3	零偏重复性	(°)/h	8.3
4	角度随机游走(Allan)	(°)/$\sqrt{h}$	0.068
5	零偏不稳定性(Allan)	(°)/h	0.53
6	量程	(°)/s	300
7	标度因数	LSB/((°)/s)	2225365
8	标度因数非线性	10^{-6}	80.05
9	标度因子不对称度均值	10^{-6}	39.16
10	标度因子重复性	10^{-6}	94.95

蝶翼式MEMS陀螺是目前最有潜力的面内振动式MEMS陀螺之一。国防科技大学微纳系统研究团队在蝶翼式MEMS陀螺研究方面取得了一系列突破。

5.4.2　嵌套环MEMS陀螺

嵌套环式微陀螺由早期的环式微陀螺发展而来,是振动式MEMS陀螺的典型代表之一。本节将简要介绍嵌套环MEMS陀螺的基本结构、工作原理和发展历程,并概述嵌套环MEMS陀螺的基本特性。

1. 基本结构

嵌套环MEMS陀螺的敏感结构如图5.18(a)所示,其主要由衬底、氧化隔离层、谐振结构及电极几部分组成。硅基衬底用于承载谐振结构与电极,同时与管壳连接减小谐振结构的应力集中,氧化隔离层起绝缘作用,谐振结构是陀螺的核心部件,如图5.18(b)所示,其主要由多个同心薄壁圆环通过交叉分布的辐条相连,并连接到中心键合锚点上,嵌套环MEMS陀螺拥有众多的电极,根据位置的不同可以分为谐振结构外部的外置电极和谐振结构内部的内置电极。电极与谐振结构之间形成竖直间隙构成电容用于结构驱动和信号检测。

2. 工作原理

嵌套环MEMS振动陀螺有多种振动模态,理论上陀螺可以工作在任意模态,由于驱动力的方向位于结构平面内,因此面内模态是陀螺的主要振动模态。根据各模态的波腹数目n可以定义为n阶模态,但由于$n=1$模态的振动不对称,而4阶及以上模态的等效质量减小,振动位移较小,难以实现高性能,因此通常嵌套环MEMS陀螺工作在$n=2$或$n=3$模态。在硅基MEMS陀螺中,由于单

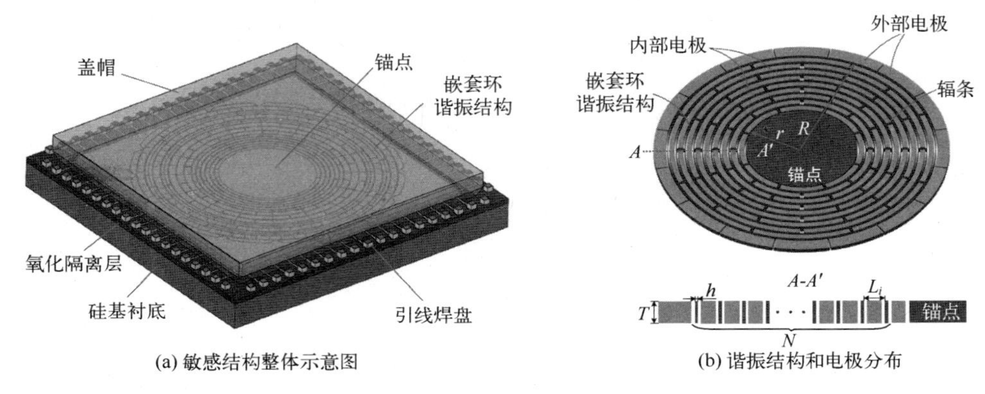

(a) 敏感结构整体示意图　　(b) 谐振结构和电极分布

图 5.18　嵌套环 MEMS 陀螺基本结构示意图

晶硅各向异性的特点，{111}晶面的嵌套环 MEMS 陀螺一般采用 $n=2$ 模态，{100}晶面的嵌套环 MEMS 陀螺一般采用 $n=3$ 模态以保证驱动和检测模态匹配。其部分面内模态仿真如图 5.19 所示。

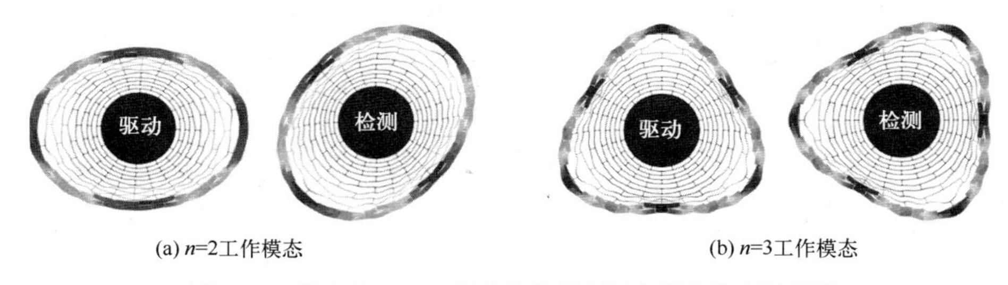

(a) n=2工作模态　　(b) n=3工作模态

图 5.19　嵌套环 MEMS 振动陀螺部分面内模态仿真示意图

与传统振动式微陀螺相同，嵌套环式 MEMS 陀螺利用哥氏力效应实现角速度的检测，谐振结构在椭圆模态保持恒幅振动，当角速度作用于谐振结构轴向时，谐振结构上所有的运动微元均受到哥氏力的作用，其方向可由右手法则确定，大小与振动的速度和输入的角速度成正比，哥氏力的合力沿 45°方向从而激励出了检测模态。检测模态振动的幅值与输入角速度的大小成正比，通过实时解调检测模态振幅，就可以敏感输入角速度的大小，如图 5.20 所示。

3. 加工工艺

为降低成本，提高陀螺可靠性，并方便与集成电路进行系统集成，对陀螺进行了圆片级封装。圆片级封装的嵌套环 MEMS 陀螺敏感结构主要包含谐振结构层、引线层及盖帽层，谐振结构层和引线层采用 SOI 圆片加工实现，两者通过硅硅直接键合实现连接和导通，利用玻璃浆料键合实现敏感结构的真空封装。嵌套环 MEMS 陀螺样机三维立体分解如图 5.21 所示。

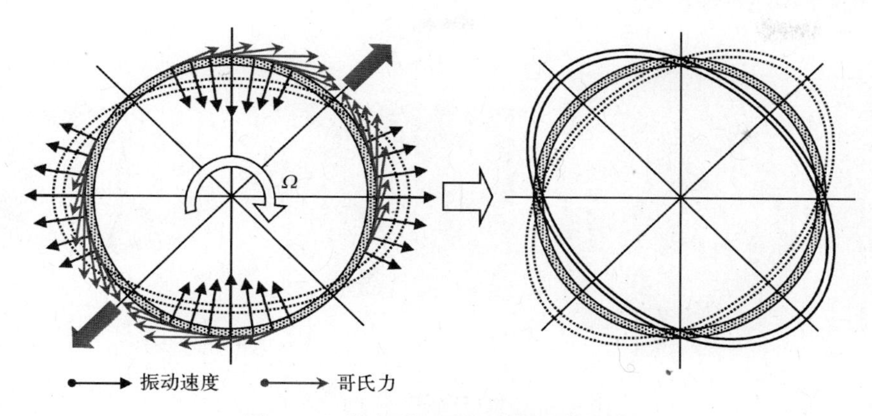

图5.20 嵌套环MEMS陀螺工作原理

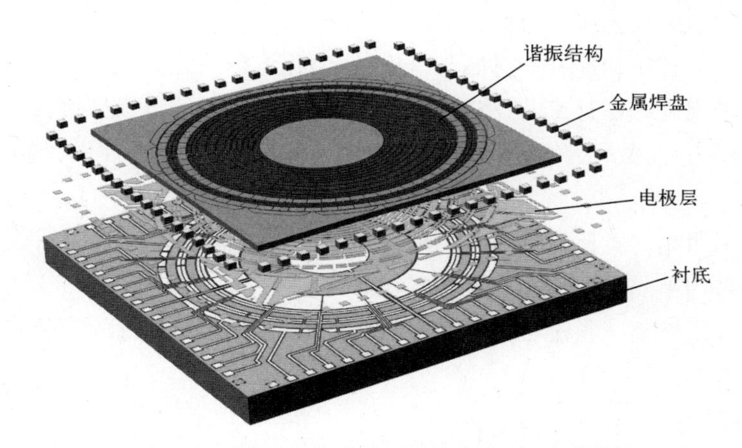

图5.21 嵌套环MEMS陀螺样机三维立体分解图

嵌套环MEMS陀螺的简化加工工艺流程如图5.22所示,其实物如图5.23所示。

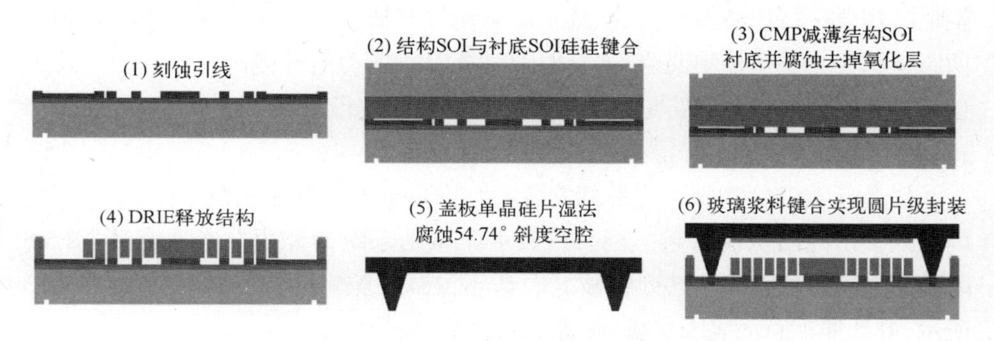

图5.22 嵌套环MEMS陀螺简化加工工艺流程示意图

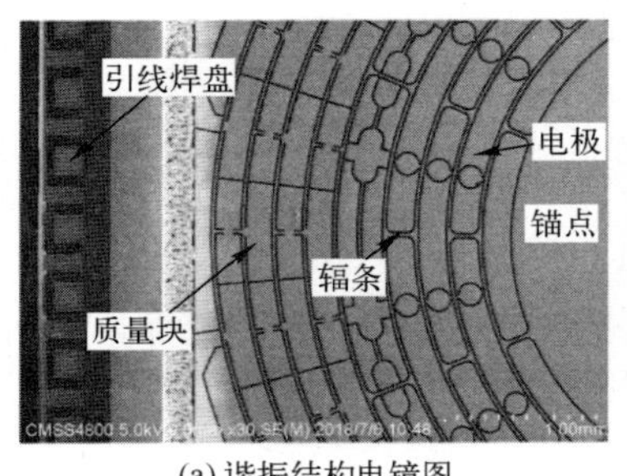

(a) 谐振结构电镜图

(b) 敏感结构芯片实物图

图 5. 23 嵌套环 MEMS 陀螺实物

简化的加工工艺流程介绍如下。

(1) 采用 SOI 圆片制作衬底与电极,图形化电极引线。

(2) 采用硅硅键合工艺,将结构层 SOI 与衬底 SOI 的电极层键合。

(3) 通过机械化学抛光(CMP)工艺去除结构 SOI 的背面,腐蚀去除氧化层。

(4) 采用高深宽比深反应离子刻蚀技术释放结构与电极。

(5) 采用单晶硅湿法腐蚀制作盖帽。

(6) 采用玻璃浆料键合方法将盖板与陀螺结构真空密封,实现圆片级真空封装。

4. 性能测试

嵌套环 MEMS 陀螺可以工作在速率模式(力平衡模式)和速率积分模式(全角模式),本部分以速率模式为样例进行嵌套环 MEMS 陀螺测控系统进行介绍,其原理框图如图 5. 24 所示。传统的力平衡工作模式,包括驱动闭环控制回路、检测闭环控制回路和修调回路 3 部分。驱动闭环控制回路是对微陀螺驱动振动幅值与相位进行严格控制,保证微陀螺驱动模态振动的稳定性。检测闭环控制回路也称为力平衡控制回路,主要用于将哥氏力振动信号抑制为零并对角速度信号进行输出。修调回路是利用频率和振型修调进行陀螺的频率匹配和振型修正,利用温度补偿进一步提高系统的输出稳定性。

嵌套环 MEMS 陀螺作为最具发展潜力的振动式 MEMS 陀螺之一,吸引了国内外众多研究团队的兴趣。国防科技大学微纳系统研究团队在嵌套环 MEMS 陀螺研究方面取得了一系列突破。嵌套环 MEMS 陀螺性能测试结果如图 5. 25 所示,其性能汇总如表 5. 2 所列。

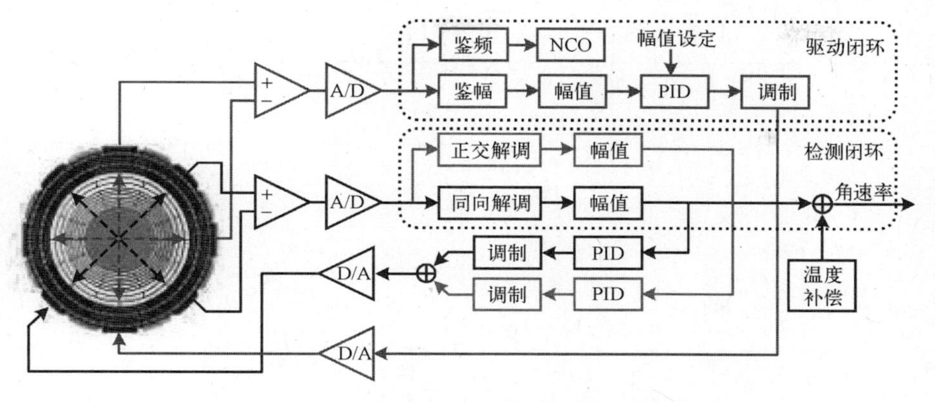

图5.24 嵌套环MEMS陀螺测控系统原理框图

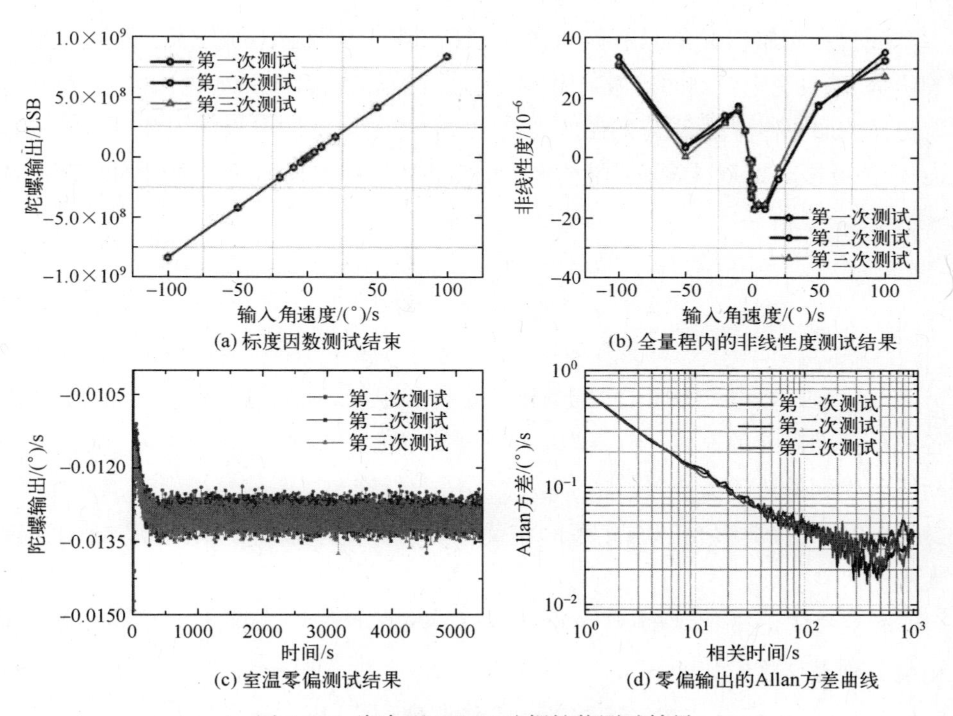

(a) 标度因数测试结束 (b) 全量程内的非线性度测试结果

(c) 室温零偏测试结果 (d) 零偏输出的Allan方差曲线

图5.25 嵌套环MEMS陀螺性能测试结果

表5.2 嵌套环式MEMS陀螺性能汇总(2021年)

序号	名称	结果	单位
1	品质因数	650936	—
2	衰减时间常数	50.4	s
3	室温零偏	−0.01298	(°)/s
4	室温零偏稳定性(1σ)	0.144	(°)/h

(续)

序　　号	名　　称	结　　果	单　　位
5	室温角度随机游走(Allan)	0.00684	$(°)/\sqrt{h}$
6	室温零偏不稳定性(Allan)	0.018	(°)/h
7	量程	±100	(°)/s
8	室温标度因数	8380270	LSB/((°)/s)
9	室温标度因数非线性	33.27	10^{-6}
10	室温标度因数不对称度性	157.82	10^{-6}
11	全温区定温零偏稳定性	<0.2(闭环调频)	(°)/h
12	标度因数温度系数	81.25(补偿后)	10^{-6}/℃

嵌套环 MEMS 陀螺具有微机电陀螺所共有的体积小、成本低、可批量生产等优势,还具有全对称的谐振结构、中心固定的锚点以及大量的内部孔洞,使其具有更强的加工鲁棒性、更好的温度稳定性以及更为灵活的电极配置和更大的电容面积,因此该陀螺是目前最具性能潜力的微机电陀螺方案,应用前景十分广阔。

思　考　题

5.1　画出环形 MEMS 陀螺的振动结构和电极,在静电驱动力作用下,画出各部分振动微元的速度;当陀螺以角速度 Ω 逆时针方向匀速旋转时,画出各振动微元受到的哥氏力。

5.2　查找典型 MEMS 陀螺的相关参数,计算其机械热噪声的等效角速度大小。

5.3　MEMS 陀螺检测电路的控制包括哪些方面?目的是什么?其输入和输出分别是什么?

5.4　简述蝶翼式 MEMS 陀螺的工作原理,并分析其技术优势。

5.5　什么是嵌套环陀螺?简述其工作原理并分析其技术优势。

参 考 文 献

[1] Greiff P, Boxenhorn B, King T, et al. Silicon Monolithic Micromechanical Gyroscope[C]. Solid-State Sensors and Actuators, 1991. Digest of Technical Papers, TRANSDUCERS'91. International Conference

on. 1991.

[2] Marek J. MEMS Technology- from Automotive to Consumer[C]. IEEE International Conference on Micro Electro Mechanical Systems. IEEE,2007.

[3] 李青松. 嵌套环 MEMS 陀螺零偏稳定性提升关键技术研究[D]. 长沙:国防科技大学,2019.

[4] 胡倩. 嵌套环式微陀螺机械灵敏度与抗冲击性能分析与综合优化[D]. 长沙:国防科技大学,2018.

[5] 周鑫. 嵌套环式 MEMS 振动陀螺的结构分析与优化[D]. 长沙:国防科技大学,2018.

[6] Andersson G, Hedenstierna N, Svensson P. A Novel Silicon Bulk Gyroscope [C]. Proceedings of International Conference on Transducers, Sendai, 1999:902-905.

[7] Hedenstierna N, Habibi S, Nilsen S. Bulk Micromachined Angular Rate Sensor Based on the 'Butterfly' Gyro Structure[C]. IEEE International Conference on Micro Mechanical Systems. IEEE, 2001.

[8] 肖定邦. 新型蝶翼式微机械陀螺关键技术研究[D]. 长沙:国防科学技术大学,2009.

[9] 侯占强. 蝶翼式微陀螺零偏稳定性提升关键技术研究[D]. 长沙:国防科学技术大学,2012.

[10] 欧芬兰. 圆片级真空封装蝶翼式微陀螺优化设计[D]. 长沙:国防科技大学,2019.

[11] 徐强. 蝶翼式微陀螺结构优化与温度补偿关键技术研究[D]. 长沙:国防科技大学,2020.

[12] Li Q, Xiao D, Zhou X, et al. 0.04 Degree-per-hour MEMS Disk Resonator Gyroscope with High-quality Factor(510K) and Long Decaying Time Constant(74.9s) [J]. 微系统与纳米工程(英文), 2018, 4(1):32.

[13] Zhou X, Wu Y, Xiao D, et al. An Investigation on the Ring Thickness Distribution of Disk Resonator Gyroscope with High Mechanical Sensitivity[J]. International Journal of Mechanical Sciences, 2016, 117: 174-181.

[14] Zhou X, Xiao D, Wu X, et al. Stiffness-mass Decoupled Silicon Disk Resonator for High Resolution Gyroscopic Application with Long Decay Time Constant (8.695s)[J]. Applied Physics Letters, 2016, 109:263501.

第6章　光学陀螺

光学陀螺(optical gyroscope)是利用激光干涉技术测量物体相对惯性空间的角运动增量或者角速度的传感器,其原理包括Sagnac效应、光学信号检测等方面。本章主要介绍激光陀螺与光纤陀螺。

6.1　光学陀螺的基本原理

6.1.1　Sagnac效应

环形光学干涉仪可以敏感相对惯性空间的旋转,法国学者萨格奈克(G. Sagnac)于1913年首次演示了这一物理现象,成为光学陀螺的基础。Sagnac效应发生于环形光路中,可以简单地从圆形光路进行理解,如图6.1所示。

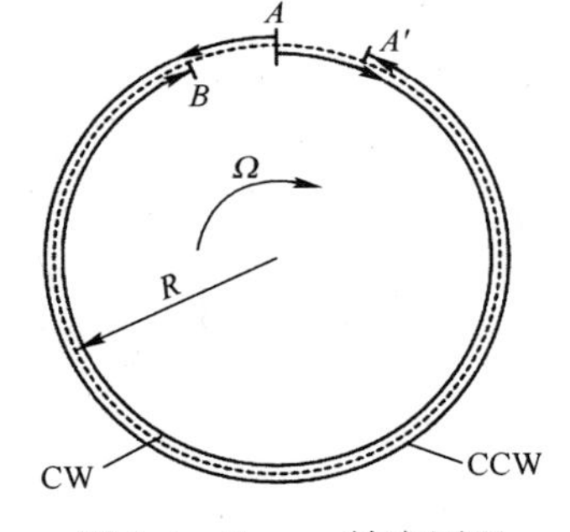

图6.1　Sagnac效应原理

为简化分析,先不考虑光路中介质折射率的影响,简化为等效的真空环形光路,真空中的光速为c。在物理半径为R、周长为$L=2\pi R$的圆形闭合光路中,沿顺、逆时针方向的两束光波CW和CCW以相同速度c在某一确定时刻同时从A点出发、独立传播。

当光路绝对静止时,两束光同时返回出发点A。而当光路以转速Ω顺时针方向运动时,两束光则不会同时返回出发点A:经过时间t,光束CCW运行一周后回到出发点,而此时出发点A点已经运动到A'点,因此光束CCW实际的行进距离小于一个圆周长度;而在相同的时间内,光束CW只能运行到B点。

假设在光路中的干涉装置在A点,并随光路旋转至A'点,则两束光波从A点运动到A'点所需要的时间分别为

$$
\begin{cases}
t_{cw}=(2\pi+\Omega t_{cw})\dfrac{R}{c}\\
t_{ccw}=(2\pi-\Omega t_{ccw})\dfrac{R}{c}
\end{cases}
\Rightarrow
\begin{cases}
t_{cw}c=2\pi R+\Omega Rt_{cw}\\
t_{ccw}c=2\pi R-\Omega Rt_{ccw}
\end{cases}
\Rightarrow
\begin{cases}
ct_{cw}-\Omega Rt_{cw}=2\pi R\\
ct_{ccw}+\Omega Rt_{ccw}=2\pi R
\end{cases}
\tag{6.1}
$$

进一步推导,可得

$$
\begin{cases}
t_{cw}=\dfrac{2\pi R}{c-R\Omega}\\
t_{ccw}=\dfrac{2\pi R}{c+R\Omega}
\end{cases}
\tag{6.2}
$$

得时间差为

$$
\begin{aligned}
\Delta t=t_{cw}-t_{ccw}&=\frac{2\pi R}{c-R\Omega}-\frac{2\pi R}{c+R\Omega}\\
&=\frac{2\pi R(c+R\Omega)}{(c-R\Omega)(c+R\Omega)}-\frac{2\pi R(c-R\Omega)}{(c+R\Omega)(c-R\Omega)}=\frac{4\pi R^2\Omega}{c^2-R^2\Omega^2}
\end{aligned}
\tag{6.3}
$$

考虑宏观物理世界中 R 和 Ω 的取值范围,由于 $c^2\gg R^2\Omega^2$,因此近似有

$$
\Delta t=\frac{4\pi R^2\Omega}{c^2-R^2\Omega^2}\approx\frac{4\pi R^2\Omega}{c^2}
\tag{6.4}
$$

进而可得光程差为

$$
\Delta L=c\cdot\Delta t=\frac{4A\Omega}{c}
\tag{6.5}
$$

式中:A 为环形光路面积,$A=\pi R^2$。

设光波在真空中的波长为 λ,一个波长 λ 对应的相角为 2π,式(6.5)的光程差所对应的光的相位差为

$$
\Delta\phi=\frac{2\pi\Delta L}{\lambda}=\frac{8\pi A}{c\lambda}\Omega
\tag{6.6}
$$

式(6.5)和式(6.6)就是 Sagnac 效应的基本公式,它描述了光程差、相位差与角速度之间的关系,即在光路面积恒定时,角速度与光程差为线性关系。

这样,相对惯性空间角速度 Ω 的测量问题,就转化为环形光路中光程差 ΔL 或对应的相位差 $\Delta\phi$ 的测量问题。

上述推导过程中,需要注意一个问题,式(6.1)是建立在光速不变、光程由于旋转发生变化的基础上推导的,有人跳过式(6.1),直接将式(6.2)理解为经典物理学中的伽利略速度合成公式,光程不变,合成的相对光速发生了变化,光束 CCW 合成的相对速度为 $c+\Omega R$,光束 CW 合成的相对速度为 $c-\Omega R$,而出现了相对速度大于光速的假象,并以此质疑相对论与 Sagnac 效应之间存在矛盾,这种基于经典物

理学中的伽利略速度合成公式的理解虽然也能直接得到式(6.5)的结论,但其推导过程是不严谨的,建议基于式(6.1)光速不变的前提进行推导和理解。

Sagnac 效应是光波在旋转坐标系中传播所产生的物理现象,更严格的推导基于相对论的洛伦兹-爱因斯坦速度变换公式。同时考虑光路中介质折射率为 $n(n\geqslant1)$,$n=1$ 时介质与真空环境等效。同样,假设在图 6.1 中,光路中的干涉装置在 A 点,并随光路旋转至 A' 点,光波在光路介质中的速度为 $\left(\dfrac{c}{n}\right)$,光路旋转过程中光路相对于惯性系的运动速度为 $R\Omega$,则由洛伦兹-爱因斯坦速度变换公式可得顺、逆时针方向传播的光速相对于惯性系中静止的观测者分别为

$$\begin{cases} c_{\mathrm{cw}}=\dfrac{\left(\dfrac{c}{n}\right)+(R\Omega)}{1+\dfrac{\left(\dfrac{c}{n}\right)(R\Omega)}{c^2}}=\dfrac{c+R\Omega n}{n+\dfrac{1}{c}R\Omega}\leqslant c \\ c_{\mathrm{ccw}}=\dfrac{\left(\dfrac{c}{n}\right)-(R\Omega)}{1-\dfrac{\left(\dfrac{c}{n}\right)(R\Omega)}{c^2}}=\dfrac{c-R\Omega n}{n-\dfrac{1}{c}R\Omega}\leqslant c \end{cases} \tag{6.7}$$

c_{cw}、c_{ccw} 均不大于光速,则两束光波相对于环形光路运动一周所需要的时间分别为

$$\begin{cases} t_{\mathrm{cw}}=(2\pi+\Omega t_{\mathrm{cw}})\dfrac{R}{c_{\mathrm{cw}}} \\ t_{\mathrm{ccw}}=(2\pi-\Omega t_{\mathrm{ccw}})\dfrac{R}{c_{\mathrm{ccw}}} \end{cases}\Rightarrow\begin{cases} t_{\mathrm{cw}}=\dfrac{2\pi R}{c_{\mathrm{cw}}-\Omega R} \\ t_{\mathrm{ccw}}=\dfrac{2\pi R}{c_{\mathrm{ccw}}+\Omega R} \end{cases} \tag{6.8}$$

应注意式(6.8)与式(6.1)、式(6.2)的差异。将式(6.7)代入式(6.8)中,得

$$\begin{cases} t_{\mathrm{cw}}=\dfrac{2\pi R}{c_{\mathrm{cw}}-R\Omega}=\dfrac{2\pi R}{\dfrac{c+R\Omega n}{n+\dfrac{1}{c}R\Omega}-R\Omega}=\dfrac{2\pi R\left(n+\dfrac{1}{c}R\Omega\right)}{c-\dfrac{1}{c}(R\Omega)^2}=\dfrac{2\pi R(cn+R\Omega)}{c^2-(R\Omega)^2} \\ t_{\mathrm{ccw}}=\dfrac{2\pi R}{c_{\mathrm{ccw}}+R\Omega}=\dfrac{2\pi R}{\dfrac{c-R\Omega n}{n-\dfrac{1}{c}R\Omega}+R\Omega}=\dfrac{2\pi R\left(n-\dfrac{1}{c}R\Omega\right)}{c-\dfrac{1}{c}(R\Omega)^2}=\dfrac{2\pi R(cn-R\Omega)}{c^2-(R\Omega)^2} \end{cases} \tag{6.9}$$

得时间差为

$$\Delta t = t_{\text{cw}} - t_{\text{ccw}} = \frac{2\pi R(cn+R\Omega)}{c^2-(R\Omega)^2} - \frac{2\pi R(cn-R\Omega)}{c^2-(R\Omega)^2} = \frac{4\pi R^2\Omega}{c^2-R^2\Omega^2} \tag{6.10}$$

考虑宏观物理世界中 R、Ω 的取值范围，由于 $c^2 \gg R^2\Omega^2$，因此近似有

$$\Delta t = \frac{4\pi R^2\Omega}{c^2-R^2\Omega^2} \approx \frac{4\pi R^2\Omega}{c^2} \tag{6.11}$$

由于介质中的光速为 $\frac{c}{n}$，进而可得光程差为

$$\Delta L = \frac{c}{n} \cdot \Delta t = \frac{4\pi R^2\Omega}{nc} = \frac{4A\Omega}{nc} \tag{6.12}$$

光波在真空和介质中传播频率不变，设光波在真空中的波长为 λ，则光波在介质中的波长为 $\frac{\lambda}{n}$，式(6.12)的光程差对应的光的相位差为

$$\Delta\phi = \frac{2\pi\Delta L}{\frac{\lambda}{n}} = \frac{8\pi A}{c\lambda}\Omega \tag{6.13}$$

注意到式(6.11)与式(6.4)的时间差表达式完全一样，式(6.13)与式(6.6)的光的相位差表达式完全一样，说明 Sagnac 效应具有以下性质。

(1) 旋转光路中，传播方向相反的两束光的到达时间差与介质折射率无关。

(2) 旋转光路中，传播方向相反的两束光的光程差所对应的相位差不受介质的折射率影响。

尽管式(6.11)至式(6.13)使用圆形光路推导得到，但实际上对光路的几何形状没有特殊限制，理论上可以严格证明：对于三角形、矩形、多边形甚至是任意空间几何光路，同样符合式(6.11)至式(6.13)，即 Sagnac 相移仅与垂直于旋转轴的闭合光路的面积成正比，与光路的形状无关。

6.1.2　光程差检测原理

1925 年，迈克尔逊和盖勒构建了一个面积为 600m×300m 的矩形闭合光路，用于测量地球自转角速度。采用的光源在真空中波长为 $\lambda=0.75\mu\text{m}$，设介质的折射率 $n\approx1$，根据式(6.12)，地球自转角速度所对应的光程差为

$$\Delta L = \frac{4A\Omega}{nc} = \frac{4\times600\times300\times7.292115\times10^{-5}}{1\times2.99792458\times10^{8}} = 0.175\times10^{-6}(\text{m}) = 0.175(\mu\text{m}) \tag{6.14}$$

导航级的陀螺要求达到 1‰地球自转角速度的测量精度水平，1‰地球自转

角速度对应的光程差为 0.175nm。

可见,虽然相对惯性空间角速度 Ω 的测量问题,可以转换为环形光路中光程差 ΔL 的测量问题,但对应的光程差量值很小,如果闭合光路的面积不是 600m×300m,而是小到可以装入一个惯导系统的陀螺中,如闭合光路的面积是 8cm×8cm,则对应的光程差量值就会更小,光程差的高精度测量成为光学陀螺的核心关键技术之一。

另外,根据式(6.13),只有单一波长 λ 的两束光才能产生单一的对应旋转角速度的相位差,才能通过光学干涉技术得到精确检测。光的相干性(coherence)指两束光波长(频率)的一致性和相位差的稳定性,只有相干性好的两束光才能产生稳定的干涉(inteference),包括相长干涉(对应亮的干涉条纹)和相消干涉(对应暗的干涉条纹)。

由于需要非常稳定的相干光源,直到 20 世纪 60 年代,激光器的发明才使 Sagnac 效应在角运动测量中得到实际应用。激光是一种频率、相位稳定的相干波(也称为"行波"),利用一对激光行波可以测量光程差,从而达到角速度测量的目的。

尽管都是利用激光干涉条纹测量光程差,但由于使用的光源不同,不同类型的光学陀螺对光程差的检测方式也有所不同,大体上可分为两类:一类是频率检测方式,即激光器作为环形光路的一部分,利用光的频率随光程变化来检测光程差,如环形激光陀螺;另一类是相位检测方式,即激光器作为激光光源在环形光路外,直接使用相干光干涉的相位变化来检测光程差,如干涉型光纤陀螺。

1. 频率检测方式

以环形激光陀螺为例,环形激光器的光路同时也是激光谐振腔,谐振腔中,并不是任意波长(频率)的光都能形成激光振荡,而是需要满足谐振条件,即光波在谐振腔内传播反射一个来回的相位变化量是 2π 的整数倍,使光波因干涉得到加强。此时,激光光程是激光波长的整数倍。

环形激光陀螺使用气体激光器产生两束相向激光行波,两束相向激光行波的频率 ν_{cw} 和 ν_{ccw} 分别取决于顺时针、逆时针的光程长度。为简化分析,不考虑激光介质的折射率,由于光程差异,两束行波的波长、频率不完全相同,即

$$L_{cw}=q\lambda_{cw}=q\frac{c}{\nu_{cw}},\quad L_{ccw}=q\lambda_{ccw}=q\frac{c}{\nu_{ccw}},\quad L=q\lambda=q\frac{c}{\nu} \tag{6.15}$$

即

$$\nu_{cw}=q\frac{c}{L_{cw}},\quad \nu_{ccw}=q\frac{c}{L_{ccw}},\ \nu=q\frac{c}{L},\quad \nu=\frac{c}{\lambda} \tag{6.16}$$

式中：q 为与光路长度相关的整数系数；下标 cw 和 ccw 分别代表顺时针和逆时针；λ 为真空中的中心波长；ν 为中心频率；L 为光路的物理长度；$L_{cw}=L+\Delta L/2$；$L_{ccw}=L-\Delta L/2$；$\Delta L=L_{cw}-L_{ccw}$。

令频率差 $\Delta\nu=\nu_{ccw}-\nu_{cw}$，则

$$\begin{aligned}\Delta\nu&=qc\left(\frac{1}{L_{ccw}}-\frac{1}{L_{cw}}\right)=qc\left(\frac{1}{L-\Delta L/2}-\frac{1}{L+\Delta L/2}\right)\\&=q\frac{c\Delta L}{L^2-\Delta L^2/4}\overset{\Delta L<<L}{\approx}q\frac{c\Delta L}{L^2}=\nu\frac{\Delta L}{L}\end{aligned}\tag{6.17}$$

将式(6.16)激光中心频率 ν 的表达式以及式(6.12)光程差 ΔL 的表达式代入式(6.17)，则有

$$\Delta\nu=\nu\frac{\Delta L}{L}=\frac{c}{\lambda}\cdot\frac{\Delta L}{L}=\frac{c}{\lambda}\cdot\frac{4A\Omega}{cL}=\frac{4A}{L\lambda}\Omega\triangleq K\Omega\tag{6.18}$$

由式(6.18)，激光陀螺将惯性空间角速率 Ω 的测量问题转化为光程差 ΔL 的测量问题，进而转化为激光陀螺内顺时针、逆时针方向传播的两束光波频差 $\Delta\nu$（常称为“拍频”）的测量问题。

存在频率差的两束光波将产生移动的干涉条纹，干涉条纹的移动方向与陀螺转动方向相关，干涉条纹的移动频率对应两束光波频差 $\Delta\nu$，而干涉条纹的移动个数对应两束光波频差 $\Delta\nu$ 的时间积分。

将式(6.18)两边对时间积分，可得

$$\Delta N_P=\int_t^{t+\Delta t}\Delta\nu\,\mathrm{d}t=K\int_t^{t+\Delta t}\Omega\,\mathrm{d}t=K\cdot\Delta\theta\tag{6.19}$$

式中：K 为标度因数；$\Delta\theta$ 为时间 Δt 内陀螺绕敏感轴相对惯性空间转过的角度。式(6.19)就是激光陀螺作为惯性空间中转动角增量传感器的原理公式。ΔN_P 为激光陀螺内顺时针、逆时针方向传播的两束光波频差 $\Delta\nu$ 在 Δt 时间内积分对应的脉冲数增量，即干涉条纹移动个数。

设激光陀螺为正三角形光路，光程长度为 $L=30\mathrm{cm}$，环形光路面积为 $A=\frac{1}{2}\left(\frac{L}{3}\right)^2\sin\frac{\pi}{3}=\frac{1}{2}\left(\frac{0.3}{3}\right)^2\sin\frac{\pi}{3}=\frac{\sqrt{3}}{400}(\mathrm{m}^2)$，氦氖激光器激光波长为 $0.6238\mu\mathrm{m}$。则根据式(6.18)，标度因数为

$$K\triangleq\frac{4A}{L\lambda}=\frac{4\times\sqrt{3}}{400\times0.3\times0.6238\times10^{-6}}=92553.746263(\mathrm{pulse/rad})\tag{6.20}$$

$$\frac{1}{K}\triangleq\frac{L\lambda}{4A}=\frac{1}{92553.746263}(\mathrm{rad/pulse})\approx2.23((")/\mathrm{pulse})\tag{6.21}$$

即移动一个干涉条纹,产生一个脉冲输出,对应激光陀螺相对惯性空间 2.23″的转动角增量。

由此可见,激光陀螺的频率检测方式具有很高的测量分辨率和优良的线性度及标度因数稳定性。

2. 相位检测方式

光纤陀螺的激光光源位于光路外,使用分光元件将激光光源产生的一束激光分解为两束相向激光行波,两束激光的频率相同、相位差稳定。

根据式(6.6)、式(6.13)可得到激光干涉相位差 $\Delta\phi$ 与相对惯性空间的转动角速度 Ω 的关系,与光学介质折射率无关。为提高测量灵敏度,可采用多圈光纤绕制光纤环,以增大光程的长度。

当采用半径为 R、绕制了 N 圈的圆形光纤环光路时,根据式(6.6)、式(6.13)有

$$\Delta\phi=\frac{2\pi\Delta L}{\frac{\lambda}{n}}=\frac{8N\pi A}{c\lambda}\Omega=\frac{8N\pi^2R^2}{c\lambda}\Omega=\frac{4\pi RL}{c\lambda}\Omega \tag{6.22}$$

式中:L 为多圈光纤环的总长度,$L=2\pi RN$。

光干涉条纹的强度(亮度)是 $\Delta\phi$ 的三角函数,可以表示为

$$P=P_0+P_0\cos(\Delta\phi)=P_0[1+\cos(\Delta\phi)] \tag{6.23}$$

式中:P_0为背景亮度。经光电转换器后的电流输出为

$$i_{\mathrm{D}}(t)=K_{\mathrm{D}}P_0[1+\cos(\Delta\phi(t))]\triangleq I_0[1+\cos(\Delta\phi(t))] \tag{6.24}$$

式中:K_{D}为光电转换器的响应度;$i_{\mathrm{D}}(t)$为光电流。

如图 6.2 所示,输出信号 $i_{\mathrm{D}}(t)$和相位差信号 $\Delta\phi(t)$为非线性关系,实际应用时需要通过信号处理方式或光学闭环方式获得线性输出。

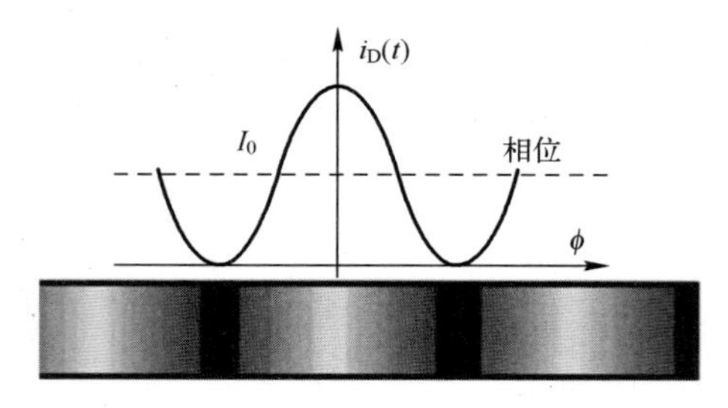

图 6.2 光纤陀螺输出光强与干涉相位差的关系

注意到,输出信号 $i_{\mathrm{D}}(t)$对相位差信号 $\Delta\phi(t)$求偏导数,即

$$\frac{\partial i_{\mathrm{D}}(t)}{\partial \Delta\phi(t)}=-I_0\sin(\Delta\phi(t)) \tag{6.25}$$

当相对惯性空间的转动角速度 Ω 很小时，$\Delta\phi(t)$ 很小，$\sin(\Delta\phi(t))$ 接近零，转动角速度 Ω 的微小变化所引起的输出信号 $i_D(t)$ 变化非常小，灵敏度过低。

如图 6.3 所示，典型解决方式是采用光学相位调制器，在 $\Delta\phi(t)$ 上叠加 $\pi/2$ 的相位偏置，即

$$i_D(t)=I_0\left[1+\cos\left(\Delta\phi(t)+\frac{\pi}{2}\right)\right]=I_0[1-\sin(\Delta\phi(t))] \tag{6.26}$$

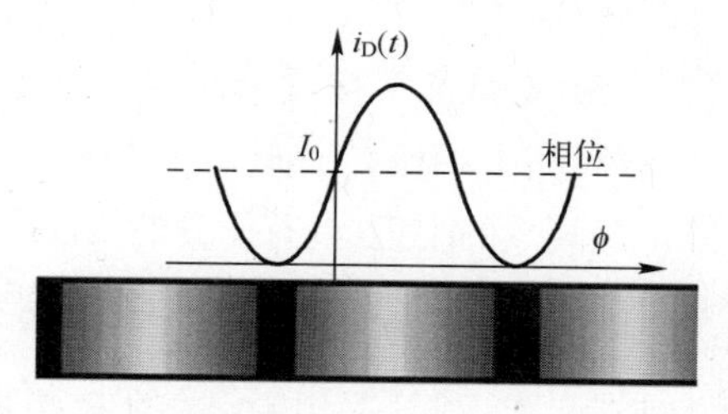

图 6.3　相位偏置调制后输出光强与干涉相位差的关系

此时有

$$\frac{\partial\, i_D(t)}{\partial\, \Delta\phi(t)}=-I_0\cos(\Delta\phi(t)) \tag{6.27}$$

当相对惯性空间的转动角速度 Ω 很小时，$\Delta\phi(t)$ 很小，$\cos(\Delta\phi(t))$ 接近 1，从而解决了灵敏度过低的问题。

假设光纤长度为 $L=100\text{m}$，线圈半径为 $R=40\text{mm}$，采用的激光光源在真空中波长为 $\lambda=0.85\mu\text{m}$，根据式(6.22)，高精度光纤陀螺敏感 0.002(°)/h 转动角速率所对应的相位差为

$$\begin{aligned}\Delta\phi&=\frac{4\pi RL}{c\lambda}\Omega=\frac{4\pi\times40\times10^{-3}\times100}{2.99792458\times10^{8}\times0.75\times10^{-6}}\times0.002\times\frac{\pi}{180\times3600}\\&=2.16726\times10^{-9}(\text{rad})\approx1.242\times10^{-7}(°)\end{aligned} \tag{6.28}$$

该相位差的数值很小。而当载体以 400(°)/s 的角速度高速旋转时，所对应的相位差为

$$\begin{aligned}\Delta\phi&=\frac{4\pi RL}{c\lambda}\Omega=\frac{4\pi\times40\times10^{-3}\times100}{2.99792458\times10^{8}\times0.75\times10^{-6}}\times400\times\frac{\pi}{180}\\&\approx1.560721(\text{rad})\approx89.423(°)\end{aligned} \tag{6.29}$$

上述计算结果结合式(6.25)、式(6.27)，由于输出信号 $i_D(t)$ 和相位差信号 $\Delta\phi(t)$ 为非线性关系，采用光学相位调制器，在 $\Delta\phi(t)$ 上叠加固定的相位偏置，不能同时兼顾小角速率和大角速率情况下的陀螺信号测量灵敏度。

在大变化范围实现高精度的相位差测量，是相位检测方式所面临的挑战，解

决方式是采用闭环测量模式。在式(6.26)增加$\frac{\pi}{2}$相位偏置的基础上,再增加一个反馈相位调制器,产生$\Delta\phi_n(t)=-\Delta\phi(t)$的相位调制反馈信号,则有

$$i_D(t)=I_0\left[1+\cos\left(\Delta\phi(t)+\Delta\phi_n(t)+\frac{\pi}{2}\right)\right]=I_0[1-\sin(\Delta\phi(t)+\Delta\phi_n(t))] \quad (6.30)$$

$$\frac{\partial i_D(t)}{\partial \Delta\phi(t)}=-I_0\cos(\Delta\phi(t)+\Delta\phi_n(t)) \quad (6.31)$$

即总的相位差被实时控制调整在0或非常接近于0的数值,$(\Delta\phi(t)+\Delta\phi_n(t))\to 0$,所施加的反馈值$-\Delta\phi_n(t)$即对应了相位差$\Delta\phi(t)$,$-\Delta\phi_n(t)\to\Delta\phi(t)$,系统在整个测量范围内都工作在灵敏度最高点的附近,具有优良的线性度和标度因数稳定性。

目前,闭环光纤陀螺一般基于集成光学相位调制器,采用数字式相位斜波方案。与式(6.30)中$\frac{\pi}{2}$的相位偏置不同,采用$\pm\Delta\phi_0$的偏置调制,即光纤陀螺交替工作在$\pm\Delta\phi_0$的偏置调制状态下,两种调制状态之差为

$$\begin{aligned} i_D(t)&=I_0[1+\cos(\Delta\phi(t)+\Delta\phi_n(t)-\Delta\phi_0)]-I_0[1+\cos(\Delta\phi(t)+\Delta\phi_n(t)+\Delta\phi_0)] \\ &=2I_0\sin(\Delta\phi_0)\sin(\Delta\phi(t)+\Delta\phi_n(t)) \end{aligned} \quad (6.32)$$

$$\frac{\partial i_D(t)}{\partial \Delta\phi(t)}=-I_0\sin(\Delta\phi_0)\cos(\Delta\phi(t)+\Delta\phi_n(t)) \quad (6.33)$$

当$\sin(\Delta\phi_0)=1$时有最大灵敏度,此时$\Delta\phi_0=\frac{\pi}{2}$,即对应$\frac{\pi}{2}$相位偏置。

6.2 环形激光陀螺

环形激光陀螺(ring laser gyroscope,RLG),简称激光陀螺(laser gyroscope),是利用在一个密闭的真空环形腔内正、反旋转的两束激光的谐振频率之差(拍频)来测量环形腔相对惯性空间转动角速度的一种光学陀螺。经过半个世纪的发展,激光陀螺技术已趋于成熟,总体趋势主要向高精度、高可靠和小型化、低成本两大方向发展。

1963年2月,美国Sperry公司研制出世界上第一台激光陀螺实验室样机,其后经过整整20多年的艰苦攻关,1984年Honeywell公司的激光陀螺才开始在飞机上大量使用。主要的技术难点在于激光陀螺具有频率闭锁效应(frequency lock-out effect)——当角速度小于一定阈值时,激光陀螺无输出,产生测量死区。

为克服激光陀螺的频率闭锁效应,必须使陀螺避开小角速度输入的状态,即

采用将其零点移开的偏频技术。不同的偏频方案就成为激光陀螺的分类方式。常用的方案有两种:一种是交变对称偏频方案,包括二频机械抖动偏频激光陀螺、二频速率偏频激光陀螺、二频塞曼陀螺、二频磁镜偏频激光陀螺等;另一种是双陀螺反对称偏置偏频方案,即四频差动激光陀螺。其中,以单轴二频机械抖动偏频激光陀螺最为成熟,应用也最为广泛。

6.2.1 组成与结构

1. 二频激光陀螺

二频激光陀螺(two-frequency RLG)采用交变偏频方案,如机械抖动偏频、速率偏频、塞曼偏频、磁镜交变偏频等。设计方案保证交变偏频过程中,正、负偏频对称或解调周期远大于偏频周期,这样可以实现理论上偏频解调。交变偏频技术方案虽然解决了偏频长期稳定性问题,但其每个偏频周期里必然有来回两次经过锁区的问题。频繁经过锁区会产生拍频信号相位损失,它与锁区大小成正比。因此,解决拍频信号相位损失和减小锁区,成为这类偏频技术方案中重要的技术问题。另外,陀螺特性曲线不对称及偏频结构本身不对称,也将直接造成交变偏频信号正、负半周期拍频输出的不对称,使偏频存在解调误差,从而产生激光陀螺零偏重复性及稳定性误差。

1) 抖动式激光陀螺

抖动式激光陀螺(dither RLG,DRLG)是以机械抖动结构实现激光陀螺偏频的最简单技术方案。抖动式激光陀螺由谐振腔、抖动机构、氦氖气体和电极以及配套电路等构成,其基本结构如图6.4所示。

抖动机构简称抖轮(dither wheel),又称为“振子”,也是谐振腔的支承机构,它带动激光陀螺绕其输入轴做角振动,实现激光陀螺的偏频。抖轮采用电磁或压电元件驱动,目前使用最广泛的是压电驱动式抖轮。

谐振腔(resonant cavity)是由零膨胀玻璃和反射镜组成的环形密闭结构,其中充以低压氦氖气体,并装有电极。氦氖气体、电极和反射镜构成了气体激光器,由一个阴极、两个阳极或一个阳极、两个阴极实现对称放电。

谐振腔的结构类型主要分为单轴式和三轴一体式,目前广泛采用的是单轴式结构。

单轴激光陀螺(single axis RLG)有一个测量轴,其环形谐振腔在一个垂直于测量轴的平面内。常见的环形谐振腔有三角形和四边形(图6.5)两种,分别由三面和四面反射镜构成三边形和四边形光路。

三角形谐振腔由3个反射镜组成环形谐振腔,一个阴极、两个阳极或者一个

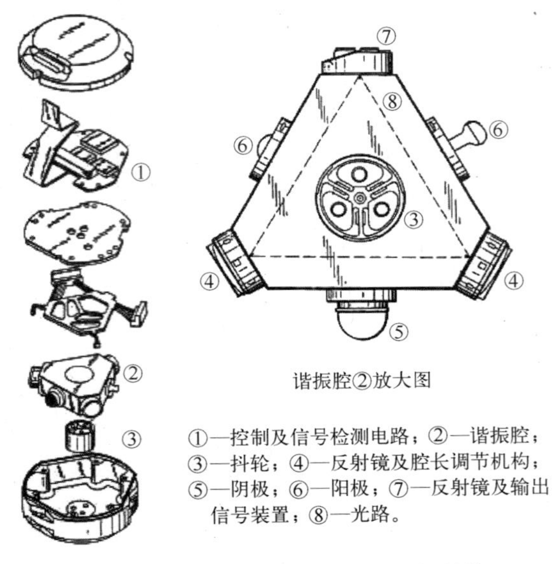

图 6.4 Honeywell 公司的激光陀螺结构

阳极、两个阴极,实现谐振腔放电激励的对称放电。一个输出反射镜实现陀螺光信号的输出,对于输出的正反行波合光,实现对陀螺拍频信号的探测。至少有一个反射镜在压电元件的作用下可以发生变形,利用从输出反射镜得到的光强误差信号,经过探测和处理实现对于谐振腔腔长的稳定。谐振腔总体安装在抖动机构上,抖动机构驱动谐振腔相对壳体做抖动运动,实现抖动偏频。

四边形谐振腔由四面反射镜组成,形状一般是正四边形。其他结构和布局与三角形谐振腔相同。

三角形谐振腔不存在非共面误差问题,比四边形谐振腔少一个反射镜和气体泄漏点。但在相同的结构空间尺寸下,四边形谐振腔比三角形的灵敏度要高一些。

三轴激光陀螺(three-axis RLG)采用一个壳体,用 6 个反射镜构成 3 个正交的四边形光路,实现三轴测量。其结构紧凑、简单可靠,但对加工工艺要求高。三轴一体激光陀螺基本结构如图 6.6 所示。

在单轴抖动偏频激光陀螺中,还有一类特殊的激光陀螺,与大多数激光陀螺采用多层介质反射膜片不同,该种陀螺采用在布氏角全透射和全反射的棱镜实现激光高反射,称为全棱镜式激光陀螺,如图 6.7 所示。这类陀螺静态环境下精度可以做到较高,但由于受棱镜磁偏转特性、气体加热稳频、全反射激光耦合输出的影响,动态环境下精度往往不高,难以实现工程化、小型化和高精度。

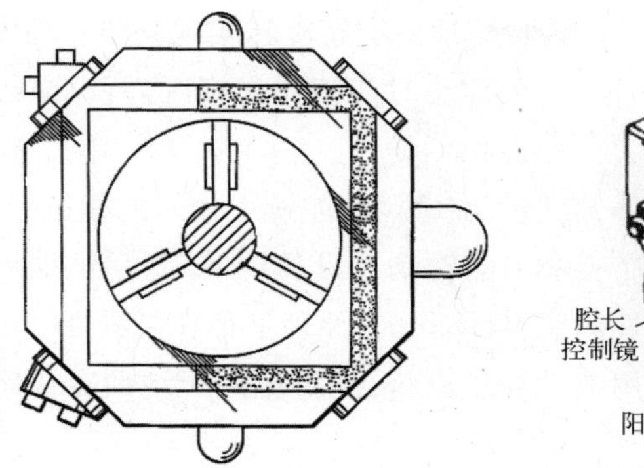

图 6.5　四边形谐振腔激光陀螺典型结构

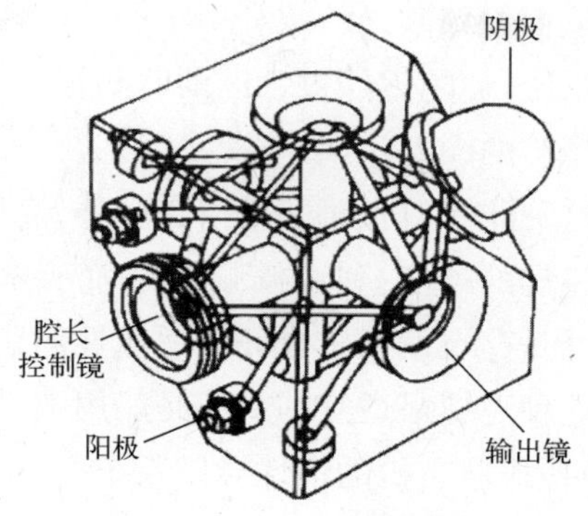

图 6.6　三轴一体激光陀螺基本结构示意图

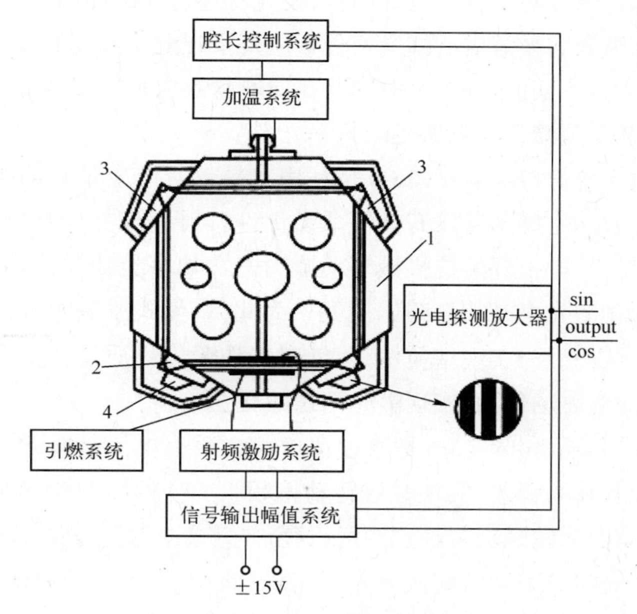

图 6.7　全棱镜式激光陀螺

1—微晶玻璃;2—毛细激光管;3—全反射棱镜;4—合光棱镜。

2）速率偏频激光陀螺

速率偏频激光陀螺(rate biasing RLG)的基本结构类型有两种:一种是由一个偏频转台和 3 个单轴激光陀螺谐振腔组成三轴激光陀螺,在这个结构中,一般是将陀螺所需要的电子系统也集成在速率转台上,仅向陀螺组合提供电源,陀螺信号通过光学导电环输出;另一种结构则利用一体式三轴谐振腔组件再加上速率偏频转台实现。

速率偏频激光陀螺利用小型速率转台正反向交替旋转实现偏频。利用快速换向系统,使陀螺经过锁区的时间很短,大部分时间工作在锁区外,以减小经过锁区产生的误差。

这种陀螺较长时间处于锁区外,克服了在锁区中陀螺工作时的相位损失,提高了陀螺的精度;利用偏频转台大于 360°的转动,可以减小陀螺常值误差。不足之处是存在偏频转台环境适应性问题,且体积大,原理上存在可靠性问题。

这种陀螺最适宜的系统是船用惯性导航系统,还可应用于地面定位定向系统、大型战略飞机的惯性导航系统等。

3) 塞曼激光陀螺

塞曼效应(Zeeman effect)是指发光介质处于外磁场作用下,其发光谱线发生分裂的物理现象。对于发光物质而言,发光特性与外磁场的方向有关,分为横向塞曼效应和纵向塞曼效应。横向塞曼效应是指观测光谱线的方向与磁场方向垂直,这时观测到线偏振光的频率分裂;纵向塞曼效应是指观测谱线的方向与磁场方向平行,这时观测到圆偏振光的频率分裂。

塞曼式激光陀螺(Zeeman RLG)是利用塞曼效应产生磁致偏频的一种交变偏频的全固态激光陀螺。它没有任何活动部件,谐振腔内也不存在任何光学元件,从原理上讲,具有很好的抗机械环境能力。实现塞曼变频偏频,要求激光陀螺谐振腔中振荡的光束必须是圆偏振光。为此,塞曼式激光陀螺谐振腔采用了非共面谐振腔结构。为实现塞曼偏频,针对工作激光物质设计了合适的偏频组件,通过外加交变磁场作用,实现激光陀螺的交变偏频。

塞曼偏频(Zeeman biasing)是通过在增益介质上施加纵向磁场,使顺光束、逆光束产生非互易光程差,实现等效转动偏频。交变的纵向磁场类似于抖动陀螺中的抖动驱动,使陀螺交替经过锁区,这就是塞曼二频陀螺的基本工作原理。

塞曼式激光陀螺采用圆偏振激光振荡,因此,对于外界的磁场非常敏感,陀螺外部的磁屏蔽设计和装配非常重要。

4) 磁镜交变偏频激光陀螺

磁镜交变偏频激光陀螺采用交变磁场对反射片特殊膜层的克尔效应实现偏频。它可以实现交变方波,减小过锁区的时间,从而减小过锁误差。工作于饱和状态的磁镜,对励磁电流的稳定性要求不高,容易实现。没有活动部件,结构简单,耐冲击能力强,如图 6.8 所示。

磁镜交变偏频激光陀螺实现低损耗光学谐振腔,对磁镜制备要求很高。腔内元件增加了谐振腔的损耗,光强衰减,并带来相应的零漂。偏频量不易做大,难以实现高精度。

图6.8　磁镜交变偏频激光陀螺

2. 四频差动激光陀螺

四频激光陀螺(four-frequency RLG)利用非互易磁光效应在同一环形谐振腔中构建两个独立正交偏振态的二频陀螺,并分别采用正、负对称的常值偏频方案,用两个陀螺信号相减即可以消除偏频的影响,故又称为“四频差动激光陀螺”(differential four-frequency RLG)。这类激光陀螺技术方案必须保证在一个环形腔内两个正交偏振态的陀螺独立工作,可采取左、右旋圆偏振光,这正好适应磁光非互易效应对左、右旋圆偏振光具有的反对称特性。这种陀螺的主要问题是如何实现在同一谐振腔中左、右旋圆偏振光同时振荡及保证两个陀螺特性的反对称性,以及解决谐振腔总损耗减小、损耗和色散不随温度变化等问题。

实现差动激光陀螺必须保证谐振腔中存在两个旋向相反的圆偏振激光陀螺,并且两个陀螺能够独立工作。按结构可以分成两类。

(1) 平面谐振腔四频差动激光陀螺,一般采用四边形平面谐振腔,利用旋光水晶片实现两个独立圆偏振光振荡,采用法拉第偏频。

(2) 非共面谐振腔四频差动激光陀螺,采用4面反射镜组成非共面谐振腔,实现两个独立圆偏振光振荡,也是采用法拉第偏频。

在这两种结构的基础上,也有采用塞曼偏频技术的方案,但由于塞曼偏频四频激光陀螺精度低,误差模式更复杂,基本上都是研究型的,尚没有形成产品。

采用法拉第偏频的四频差动陀螺为全固态,耐冲击振动能力强(图6.9)。由于工作于锁区以外,从原理上消除了锁区带来的影响,有利于实现高精度,短时间离散噪声相对较小,某些应用场合有利。但工作于圆偏振光状态,对磁场变化敏感。谐振腔内存在磁光元件,工艺难度加大,器件损耗也比较大。旋光晶体的光轴失配将导致残余椭圆度,使谐振腔变得不稳定。

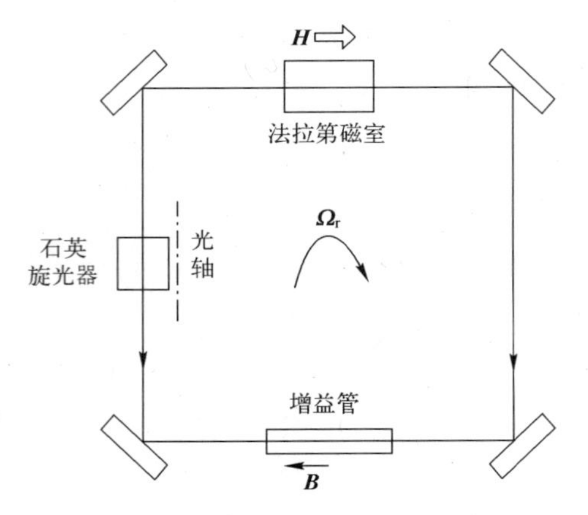

图 6.9　法拉第四频陀螺结构示意图

6.2.2　信号检测与处理

单轴二频机械抖动激光陀螺(DRLG)是目前最为成熟且应用最为广泛的激光陀螺,因此以此为例介绍激光陀螺信号的检测与处理。

1. 信号特征

图 6.10 是使用激光陀螺自洽方程仿真计算得到的 DRLG 的典型输出信号特征图。正常工作时,DRLG 随抖轮(图 6.4 中的③)作正弦抖动运动,因此,DRLG 输出信号中存在明显的正弦调制现象。

1）抖动幅度

抖动幅度信号是反映 DRLG 抖动运动偏转角度的信号,是使用抖动传感器测量得到的模拟电压信号,主要用于抖幅控制。

为克服 RLG 闭锁效应的影响,DRLG 引入了正弦抖动运动,并对抖动幅度进行随机调整。正常工作时,DRLG 的抖动幅度通常为 3′~6′,图 6.10 即反映了最小和最大抖幅时的输出信号状态。

2）光强

光强信号是反映激光强度(亮度)的信号,是使用光敏二极管测量得到的模拟电压信号,主要用于光频稳定控制。

光强信号的直流成分较大,反映激光光强的平均值;交流成分较小,反映 RLG 的“闪烁效应”。闪烁效应是 RLG 闭锁特性的体现,在抖动换向点(抖幅极值位置)附近时,角速度接近 0(即处于锁区附近),出现交流分量的最大波动幅度,且该波动幅度基本不随抖动幅度变化,闭锁阈值越大,闪烁效应越明显。

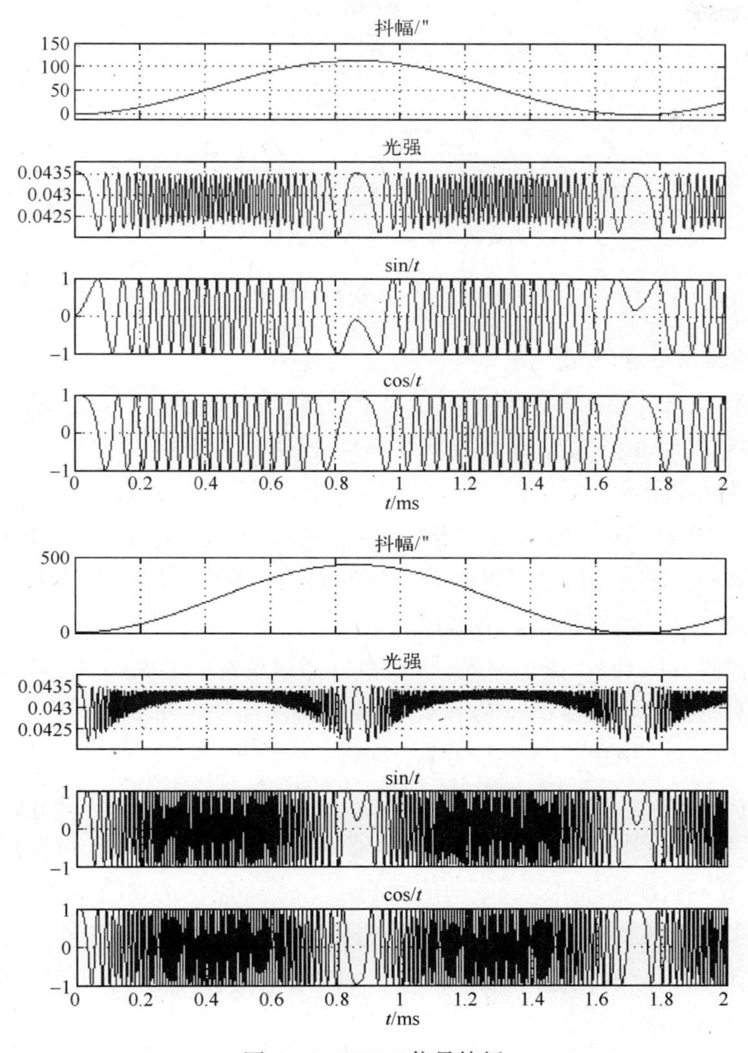

图 6.10　DRLG 信号特征

3）拍频

拍频信号是 RLG 的角度测量输出信号，是两路正交电压信号（sin$t$ 和 cos$t$），采用安装位置相差 $K+\frac{1}{4}$ 波长的两只光敏二极管测量得到（原理见图 6.11），通常作为数字脉冲信号使用。

在静止放置时，对 DRLG 输出的 1 路拍频信号计数即可得到抖幅，因此，在工程上进行 DRLG 静态和低动态测试时，通常对 sin$t$ 与 cos$t$ 两路拍频输出计数求和得到抖幅的平均值。

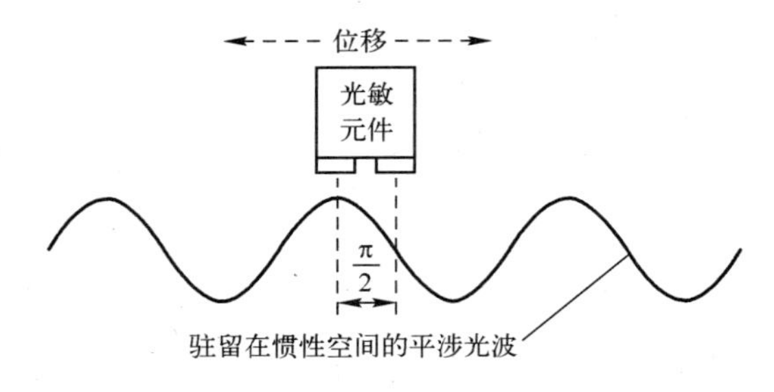

图 6.11 RLG 拍频检出原理

2. 控制与处理电路

DRLG 要求其控制系统至少包含 3 个控制回路,即抖动控制回路、稳流控制回路和稳频控制回路,这 3 个回路顺序起动,然后同步工作。

1) 抖动控制

抖动控制回路是 DRLG 有别于其他类型 RLG 的特有控制回路,其功能是维持 RLG 按一定规律进行稳定地抖动。该回路的实现技术在 DRLG 的工程应用中是一项核心技术,直接影响 DRLG 的精度。

典型的抖动控制回路由抖轮、抖动传感器以及控制电路构成,如图 6.12 所示。其中,抖动控制电路由驱动单元、反馈放大单元和控制单元构成。

抖动控制回路的基本控制流程为:①控制单元按一定频率在抖轮上施加交变电压,使 DRLG 开始抖动;②控制单元检测抖动传感器敏感的抖动角位置或角速度,通过调整驱动频率使抖动角或抖动角速度的幅度最大,即处于谐振状态;③控制单元按照一定规律随机微调驱动信号的强度,使 DRLG 的抖动幅度产生微弱波动,控制 RLG"出锁";④控制单元按照一定控制规律跟踪振子谐振频率的变化。

抖动控制回路的被控对象是振子,控制量是振子上的电压,观测量为抖动频率、角位置或角速度。

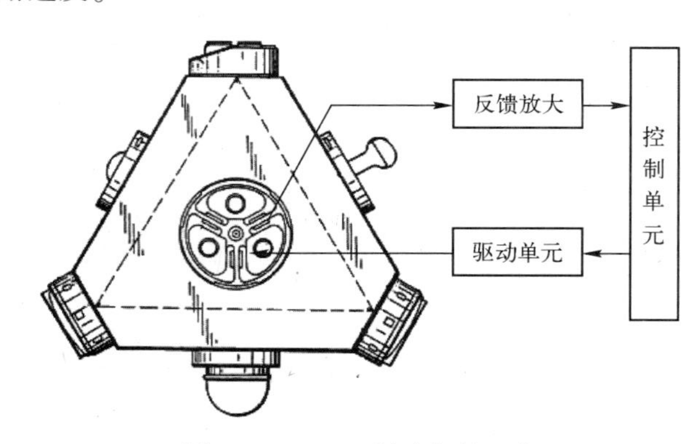

图 6.12 DRLG 抖动控制回路

DRLG 中使用的抖动反馈传感器主要包括电感式、压电式、电容式及光电式等，其中前两种因结构工艺性较好、线性度较高、易于装配而在大多数应用中被采用。几种传感器的基本结构如图 6.13 所示，表 6.1 是性能对比。

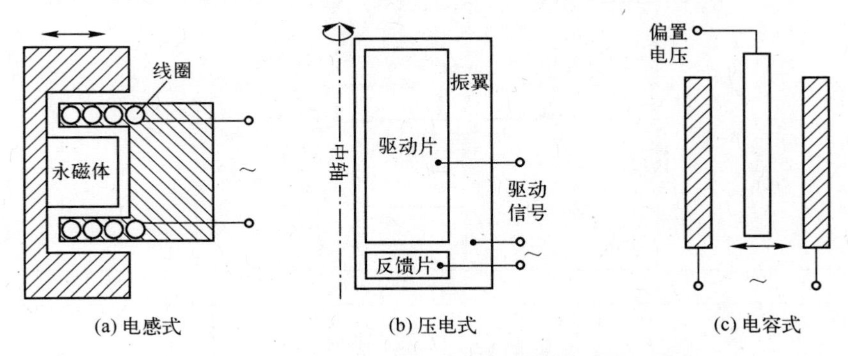

图 6.13　DRLG 的几种典型抖动反馈传感器结构

表 6.1　几种典型抖动反馈传感器的性能对比

性能指标	类型		
	电感式	压电式	电容式
敏感运动状态	角速度	角位移	角位移
输出信号	感应电压	感应电荷	感应电荷
输出阻抗	低	高	高
输出信号强度	弱	强	弱
线性度	高	中	低
抗干扰能力	强	中	弱(空间电场)
体积	大	小	小

2）稳流控制

稳流控制回路完成 RLG 启辉及气体放电稳定两个控制流程，是维持 RLG 气体放电能量稳定的基本控制回路，为 RLG 工作状态稳定提供前提条件。

典型的稳流控制回路由驱动单元、数模转换器（D/A）、数字控制逻辑以及高压电源构成，如图 6.14 所示。其中驱动单元是由运算放大器、功率管和电阻网络构成的恒流源。

稳流控制回路的基本控制流程：①数/模转换器设定 RLG 工作电流；②恒流驱动单元通过控制 RLG 放电管两端的电压，维持稳定的气体放电电流，通过回路中的精密电阻提取放电管工作电流，形成恒流源反馈控制信号；③数字控制逻辑完成启辉控制、工作电流设定与补偿。

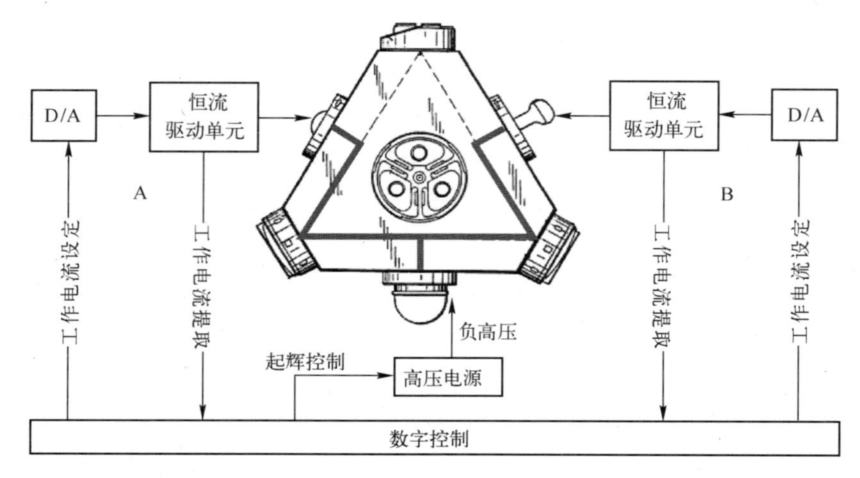

图 6.14 DRLG 稳流控制回路

稳流控制回路的被控对象是 RLG 的气体放电管,控制量是气体放电管端电压,观测量为放电电流。

RLG 的两臂稳流控制由两路独立的控制回路完成。由于两个回路相互独立,因此两者的对称性和稳定性是关系 RLG 两臂电流一致性和稳定性的关键,是控制回路的重要特性。

3) 稳频控制

稳频控制回路的基本功能是完成光程稳定控制,确定 RLG 的中心光频。典型的稳频控制回路由腔长调节机构、压电陶瓷(PZT)驱动单元、光强放大单元、数/模转换器、模/数转换器以及数字逻辑构成。

稳频控制回路的基本控制流程:①驱动单元将控制电压放大,驱动齿冠上的压电陶瓷调节 RLG 谐振腔腔长;②RLG 输出的直流光强随腔长变化,在特定腔长光强最大;③数字控制逻辑改变控制电压,维持 RLG 的输出光强处于最大状态。

稳频控制回路的被控对象是 RLG 谐振腔的腔长,控制量是齿冠电压,观测量为直流光强。

根据直流光强检出的方式不同,稳频回路可分为直流稳频(图 6.15(a))和小扰动稳频(图 6.15(b))两种基本实现方式。直流稳频回路直接读取光强信号的直流电压,通过软件算法跟踪光强峰值点,电路硬件实现较为简单;小扰动稳频回路采用锁相放大器原理,向直流控制信号中注入一定频率的正弦扰动信号,根据输入输出相位变化,鉴相识别光强峰值点,再通过软件或硬件跟踪。

在这两种实现方式中,小扰动稳频回路电路硬件实现较复杂,但具有信噪比高、跟踪速度快、控制精度高、可靠性高等优点，因此为多数工程实现采用。

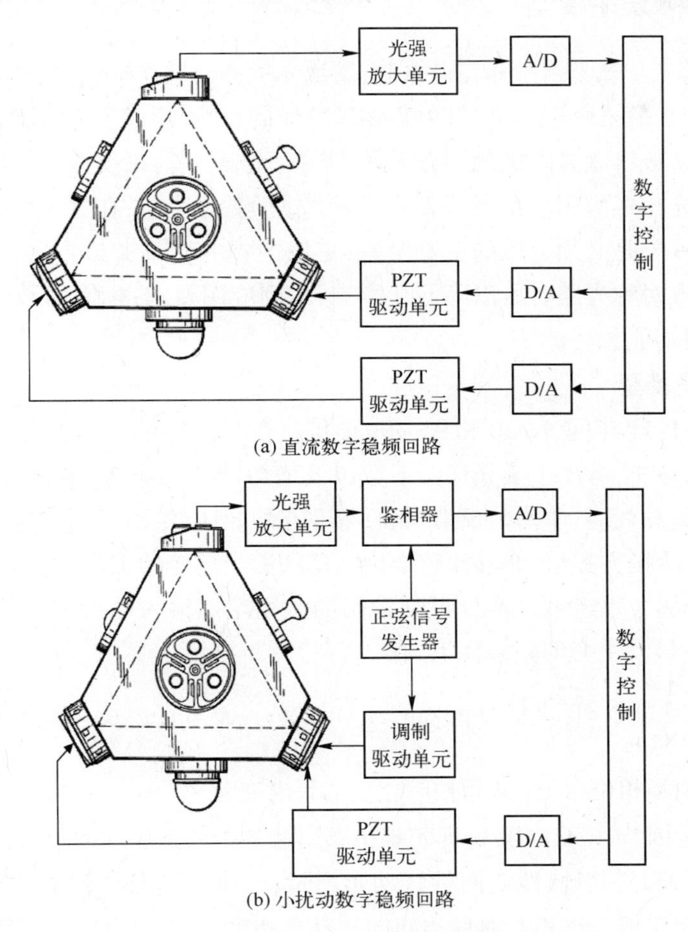

图 6.15　DRLG 稳频控制回路

3. 输出信号处理

常见的 DRLG 输出信号处理方式见图 6.16，对 DRLG 的两路输出脉冲方波进行正交计数，并使用数字滤波器滤除计数结果中的抖动成分。

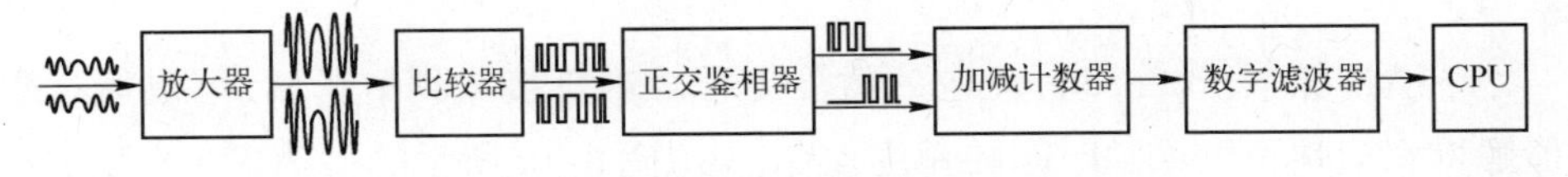

图 6.16　DRLG 输出处理单元典型结构

这种方式的电路硬件结构简单，但将模拟拍频信号转换为脉冲信号的离散化过程会造成拍频相位信息丢失，形成随机误差，并且数字滤波器的使用也会带来一定的时间延迟和信号相位畸变。

6.2.3 误差模型

由于激光陀螺光路中存在谐振腔,受激光气体介质非均匀性的影响,两束相向激光间存在模式牵引、后向散射等物理效应的影响,形成了两路激光之间的差异及耦合,造成了激光陀螺的固有误差:零偏、闭锁误差、标度因数非线性和量子极限,在激光陀螺应用中主要关心前三者。试验数据显示,在这3个激光陀螺误差中,闭锁误差是必须克服的主要误差;零偏主要由朗缪尔流导致,虽然量级较大,但在采取对称光路时可以降低其影响,达到应用要求;标度因数非线性在高精度应用时不能忽视。

1. 数学模型

1964—1975年间,Lamb和Aronowitz等对激光陀螺的环形有源激光自洽场进行了理论分析,考虑了激光增益系数以及增益饱和效应、频率牵引效应、频率自饱和/互饱和效应、非均匀反射/吸收等非互易效应,给出了描述环形激光单模对行为的自洽场方程组,能够比较准确地反映激光陀螺的工作状态和误差特性。

由自洽场方程组可以推导得到常用的激光陀螺输入输出方程,也称为"闭锁方程",在抖动交变偏频条件下,有

$$\dot{\psi}=\left(\frac{2\pi}{S_k}\right)[\Omega+\Omega_{\mathrm{d}}\sin(\omega_{\mathrm{d}}t)+\varepsilon_{\mathrm{d}}(t)-\Omega_L\sin(\psi+\beta)] \tag{6.34}$$

式中:ψ 为拍频相位(rad);$\dot{\psi}$为拍频相位的瞬时变化率(rad/s),用拍频角频率描述;S_k为标度因数(rad/pulse),即陀螺拍频引起的干涉条纹移动所对应的每个脉冲输出所代表的相对惯性空间的转动角增量;一个干涉条纹对应 2π 的拍频相位变化;Ω 为陀螺壳体相对惯性空间的转动角速度(rad/s);Ω_L为闭锁阈值($\Omega_L>0$)(rad/s);Ω_{d}为陀螺最大抖动角速率(rad/s);ω_{d}为抖动角频率($2\pi f_{\mathrm{d}}$)(rad/s),通常情况下,有 $\Omega_{\mathrm{d}}\gg\Omega_L$, $\omega_{\mathrm{d}}\gg\Omega_L$;$\varepsilon_{\mathrm{d}}(t)$为施加的抖动随机噪声,可减小动态锁区误差影响(见6.2.3小节中的3.);β 为常值,移动坐标原点可使 $\beta=0$ 或 $\beta=\pm\frac{\pi}{2}$。

一般情况下,式(6.34)对应的微分方程较难直接得到解析解,可以通过数值解得到拍频相位 ψ 随时间的变化,绘出类似图6.10所示的抖动式激光陀螺信号特征曲线。

基于式(6.34)激光陀螺的输入输出方程讨论以下两种特殊情况。

(1) 闭锁情况:$\Omega_{\mathrm{d}}\sin(\omega_{\mathrm{d}}t)=0$ $\varepsilon_{\mathrm{d}}(t)=0$,$|\Omega|\leqslant\Omega_L$,设相对惯性空间的旋转角速度 Ω 是常值,稳态时有

$$\dot{\psi}=\left(\frac{2\pi}{S_k}\right)\left[\Omega-\Omega_L\sin(\psi+\beta)\right]=0,\sin(\psi+\beta)=\frac{\Omega}{\Omega_L} \tag{6.35}$$

式中：ψ 为常值，没有对应 Ω 的干涉条纹移动，即 $|\Omega|<\Omega_L$ 时，陀螺输出信号为零，处于闭锁状态。

（2）大速率匀速旋转情况：$\Omega_{\mathrm{d}}\sin(\omega_{\mathrm{d}}t)=0 \quad \varepsilon_{\mathrm{d}}(t)=0,|\Omega|>\Omega_L$，有

$$\dot{\psi}=\left(\frac{2\pi}{S_k}\right)\left[\Omega-\Omega_L\sin(\psi+\beta)\right] \tag{6.36}$$

$$\frac{\mathrm{d}(\psi+\beta)}{\left[1-\frac{\Omega_L}{\Omega}\sin(\psi+\beta)\right]}=\Omega\left(\frac{2\pi}{S_k}\right)\mathrm{d}t \tag{6.37}$$

可进一步求解，结合式(6.35)得

$$\dot{\psi}\approx\begin{cases}0 & |\Omega|\leqslant\Omega_L\\ \dfrac{\left(1-\left(\frac{\Omega_L}{\Omega}\right)^2\right)}{\left(1+\left(\frac{\Omega_L}{\Omega}\right)^2\right)}\left(\frac{2\pi}{S_k}\right)\Omega & |\Omega|>\Omega_L\end{cases} \tag{6.38}$$

基于式(6.38)，可得到图 6.17 所示的环形激光陀螺的角速率输入输出曲线，也称为静态锁区示意图。

式(6.38)是假设锁区为常值时理想情况下的环形激光陀螺的角速率输入输出曲线，实际上，陀螺的锁区并不是常值，当转速很低接近锁区时，锁区会变大，使实际的锁区非线性特性更加复杂。

2. 零偏

激光陀螺中的零偏主要由激光陀螺光学腔体中朗缪尔流导致，工程上主要采取对称光路、放电电流控制补偿等手段予以克服。

零偏是激光陀螺的主要应用性能指标之一，量纲为(°)/h，通常包括零偏稳定性和零偏重复性两部分，前者衡量一次开机工作过程中的零位漂移程度，后者主要衡量逐次开机工作的零位一致性，详见 8.1.4 节。

3. 闭锁误差

激光陀螺中的非均匀反射/吸收损耗特别是反射镜的损耗导致闭锁效应，表现为闭锁阈值，即式(6.35)中的 Ω_L，通常称为"静态锁区"，如图 6.17 所示。闭锁阈值影响激光陀螺标度因数的线性度和稳定度，是激光陀螺的主要误差源。闭锁阈值通常作为激光陀螺镀膜工艺水平的一个综合评定指标。

抖动式激光陀螺引入抖动调制，使激光陀螺周期性地通过 0 角速度点（俗称为"过锁区"），从而将"静态锁区"压缩并等间距地分散到抖动角频率的倍频

频点，即分布到 $0, \pm\omega_d, \pm 2\omega_d, \pm 3\omega_d \cdots$，如图 6.18 所示。通过施加抖动随机噪声，可减小动态锁区误差影响。

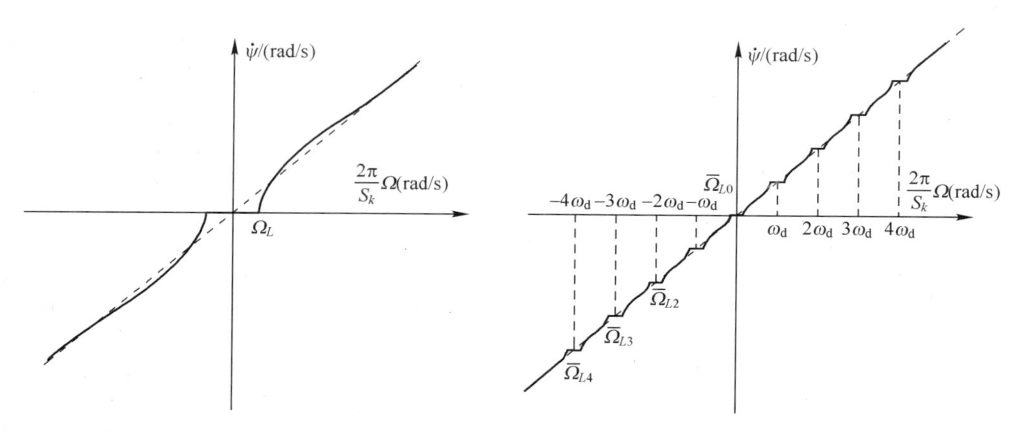

图 6.17 激光陀螺的静态锁区　　图 6.18 抖动式激光陀螺的动态锁区

4. 标度因数非线性

激光陀螺的标度因数非线性主要由谐振腔内存在的背向散射、差分模牵引、差分模互斥、差分互饱和、光强差等因素导致。

标度因数非线性是激光陀螺的主要应用性能指标之一，量纲为 ppm(part per million, 10^{-6})，主要取决于激光陀螺的制造水平。目前的技术水平已经能够将激光陀螺的标度因数非线性性能做到较高精度。

5. 随机游走

抖动式激光陀螺重复过锁区导致拍频相位丢失，这些丢失的相位累积后形成抖动式激光陀螺输出的主要随机游走误差，其频谱密度可以表示为

$$\mathrm{BW} = \Omega_L \sqrt{\frac{S_k}{2\pi\Omega_d}} \tag{6.39}$$

随机游走是抖动式激光陀螺的主要应用性能指标之一，量纲为$(°)/\mathrm{Hz}^{1/2}$。

6. 量子极限

激光的量子噪声对激光陀螺拍频形成随机干扰，表现为一部分随机游走误差。如果没有量子噪声，激光陀螺拍频信号的相位变化是平滑的连续曲线；量子噪声使拍频叠加了随机噪声。量子噪声的存在限制了激光陀螺可以测量的角度变化极限。

6.3 光纤陀螺

光纤陀螺(fibcr optic gyroscope, FOG)是以光纤绕制的线圈作为环形光

路,加上相应的光源分束器、探测器及耦合器等光学器件构成的一种光学陀螺。

6.3.1 组成与结构

按照工作原理划分,光纤陀螺可以分为干涉型光纤陀螺(interferometric fiber optic gyroscope,I-FOG)、谐振腔型光纤陀螺(resonantai fiber optic gyroscope,R-FOG)和布里渊型光纤陀螺(stimulated brillouin scattering fiber optic gyroscope,B-FOG)。

1. 干涉型光纤陀螺

干涉型光纤陀螺研究开发最早,技术最为成熟,属于第一代光纤陀螺。它利用上千米长的光纤绕制成光纤环来代替简单的环形腔,对 Sagnac 效应进行放大,从而达到提高测量灵敏度和精度的目的。

根据光路采用不同的光纤或者对光纤的偏振模式的不同要求,干涉型光纤陀螺可分为消偏型和保偏型两大类。

光纤陀螺主要由宽带光源、隔离器、保偏耦合器、Y 波导、保偏光纤环圈、探测器、调制解调电路板构成,如图 6.19 所示。

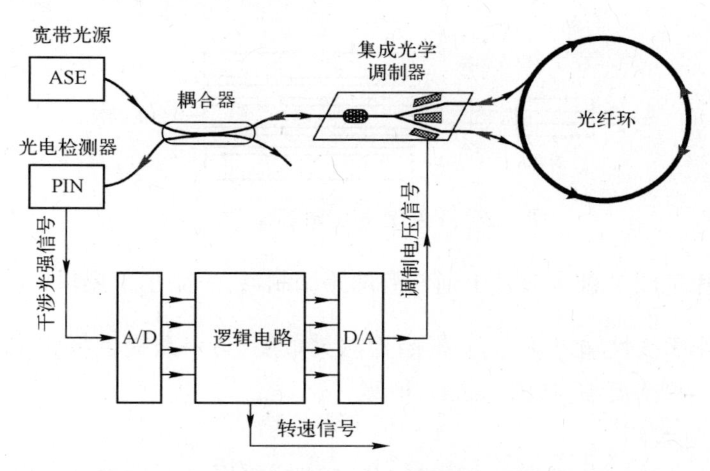

图 6.19 数字闭环干涉型光纤陀螺基本结构

1) 宽带光源

目前,低精度光纤陀螺多采用集成化的半导体发光二极管固态光源,而中高精度干涉型光纤陀螺广泛采用的是一种基于稀土掺杂光纤的自发辐射(ASE)宽光谱光源,其结构如图 6.20 所示。ASE 光源能够为干涉型光纤陀螺提供平均波长和功率稳定的宽带光源,以满足高精度测量要求。

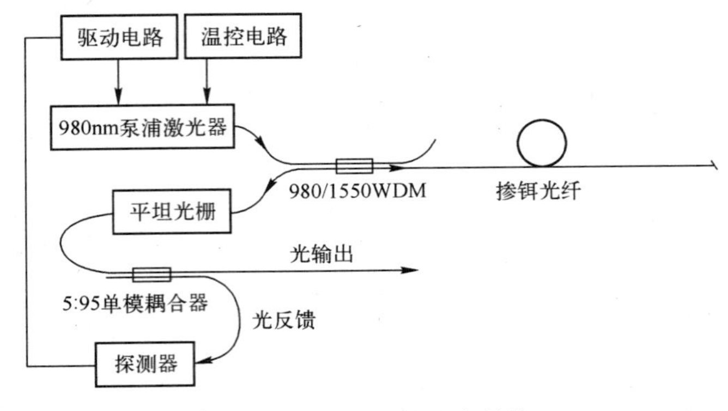

图 6.20 ASE 光源基本结构

2）保偏耦合器

耦合器在光纤陀螺光路中起分束与合束的作用，为了更好地保持输入到探测器的光信号偏振态的稳定，必须使用保偏耦合器。

3）集成光学调制器

集成宽带光学相位调制器是干涉型光纤陀螺的关键器件，其将分束器、起偏器和电光调制器集成在一块铌酸锂波导芯片上（图 6.21），从而简化了光路结构。

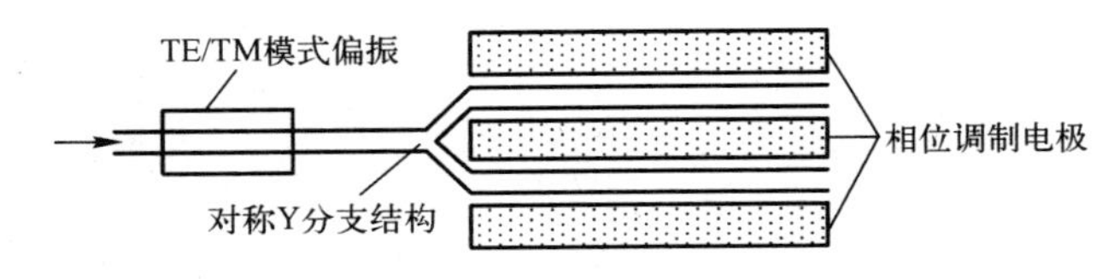

图 6.21 铌酸锂相位调制器基本结构

在一片集成 Y 波导芯片上通常有两路调制器：一路用于提供$\pm\frac{\pi}{2}$偏置相位，使陀螺工作于线性输出状态，并提高检测灵敏度；另一路提供零相位补偿输入，用以形成再平衡反馈，抵消 Sagnac 相移。

4）光纤线圈

光纤敏感线圈是光纤陀螺中对角速率进行敏感的关键器件，其性能的好坏将直接影响到光纤陀螺的测量精度。由于形状效应或寄生应力，标准单模光纤（即普通单模通信光纤）具有残余双折射现象，当光波在此光纤中传播时，这种双折射改变了光波的偏振态，使输出偏振态在长时间周期上变得不稳定。对于光纤陀螺的干涉式应用，要求两束波的偏振态相同，因而需要采用保偏光纤，以获得高的对比度。对于干涉型高精度光纤陀螺来说，其光纤敏感环圈通常采用波长为 1550nm 的单模保偏光纤来制作。

5）光电检测器

光电检测器多采用 PIN-FET 光电探测器。PIN-FET 组件是由 PIN 光电二极管和 FET 场效应晶体管前置放大器组合而成的单片集成组件，具有高增益、低噪声、灵敏度高、响应速度快和较好的温度特性等特点。

6）逻辑电路

逻辑电路用于实现光纤陀螺闭环工作和角速度信号检出。逻辑电路在光纤环中注入大小相等、方向相反的非互易补偿相移，以抵消由于光纤环转动产生的 Sagnac 相移，使光纤陀螺始终工作在灵敏度最高的零相位差附近。在引入补偿相位的同时，即可获得陀螺的输入转速信息。

2. 谐振腔型光纤陀螺和布里渊型光纤陀螺

谐振腔型光纤陀螺和布里渊型光纤陀螺的基本原理与环形激光陀螺相同，都是通过检测旋转非互易性造成的顺、逆时针方向两行波的频率差来测量角速度。它们与激光陀螺的区别在于用光纤环形谐振腔代替反射镜构成的环形谐振腔，从而既可充分发挥激光陀螺频率检测方式的优越性，又可克服激光陀螺闭锁和偏频的缺陷，同时可避免技术上已趋成熟的干涉型光纤陀螺的问题，如要求长光纤多圈绕制、较难小型化、对温度敏感、标度因数较难进一步提高等问题。

谐振腔型光纤陀螺属于第二代光纤陀螺，其利用循环的谐振腔来增强 Sagnac 效应，可以采用很短的光纤来构成环形谐振腔，因此，重量、性价比优于干涉型光纤陀螺。但由于谐振腔型光纤陀螺使用窄谱光源，技术上还存在困难，而且还需要降低各种寄生效应，面临许多技术难题，因此其性能和工程化水平还没有达到可应用的程度，目前处于实验室研究阶段。

布里渊型光纤陀螺属于第三代光纤陀螺，其利用光纤环形腔中的受激布里渊散射的方向性增益效应来检测谐振频率。这种陀螺的优点是结构相对简单，使用的光纤器件相对较少，并且理论精度，特别是标度因数线性度是几种陀螺中最优的。其缺点是需要高稳定性（波长、输出功率都要稳定）、窄线宽、大功率、连续波的光源作为泵浦，并且背向散射会引起零位闭锁。目前，布里渊型光纤陀螺还处于原理性研究阶段。

6.3.2　信号检测与处理

干涉型光纤陀螺是目前最为成熟且应用最为广泛的光纤陀螺，因此以此为例介绍光纤陀螺信号的检测与处理。

1. 偏置调制

干涉型光纤陀螺直接通过测量 Sagnac 干涉条纹亮度（或光电流 i）达到测量

相位 $\Delta\phi$(对应角速度)的目的,而 i 与 $\Delta\phi$ 是余弦函数关系,处于不敏感的非线性区域,因此需要对 Sagnac 干涉波的相位进行平移,以使输入输出线性化,并提高检测灵敏度。

所采取的手段是通过光学相位调制器对干涉波相位进行调制,叠加 $\pm\frac{\pi}{2}$ 相位,使输出光电流与 Sagnac 相位变化量之间成为正弦关系,并在小范围内使其线性化。

2. 闭环控制

根据式(6.32),光电流 i 与 Sagnac 干涉相位为三角函数关系,仅在小范围内线性相关,难以满足大速度角度运动测量要求。因此,需要引入相位闭环反馈,抵消光电检测端的 Sagnac 相位变化,将检测端相位限制在较小的范围内。

通过闭环控制跟踪 Sagnac 相位变化,并使用光学相位调制器调整两路相向光束注入大小相等、方向相反的非互易补偿相移,使其产生的 Sagnac 相位始终处于 0 附近。此时,注入的补偿相位即为陀螺的角速度输出。

6.3.3 误差模型

在实际的干涉型光纤陀螺中,除了需要利用的 Sagnac 非互易相移外,还存在偏振效应、背向反射/散射、与光强有关的非线性折射率变化、温度梯度、外部磁场、电路漂移、光源波长变化、光纤线圈直径、光纤长度等非互易性因素,成为干涉型光纤陀螺的误差源,需要从补偿机理、材料、光学器件、机械结构、电路等多方面综合进行系统设计,降低这些误差源的影响,才能充分发挥干涉型光纤陀螺的精度。

1. 理论信噪比

光纤陀螺的最佳性能来自于其信噪比,光纤陀螺的理论信噪比可描述为

$$2\sqrt{I_0}\sin\left(\frac{\Delta\phi_0}{2}\right) \tag{6.40}$$

式中:$\Delta\phi_0$ 为偏置调制的相位;I_0为平均光强,反映光源功率。

2. 非互易光学效应的影响

1) 背向反射与背向散射

背向反射又称为“菲涅耳反射”,是在光学介质临界面上由折射率突变引起的一种光学反射现象。在光纤陀螺中,背向反射容易发生在 Y 波导与光纤耦合面上,会在 Sagnac 干涉仪上附加一个寄生的迈克尔干涉仪,这种寄生干涉对环境变化极为敏感,从而导致 Sagnac 相位测量误差。为降低其影响,通常采用适当倾角抛光光纤和 Y 波导端面,从而有效抑制背向反射。另外,通过适当调整 Y

波导两臂长度,可以调节寄生干涉仪的光强对比度,使其接近常值光强,从而削弱其对 Sagnac 干涉光强变化的影响。

光纤陀螺中所关心的背向散射主要是光线在光纤中传输时发生的背向瑞利散射,尽管比菲涅耳反射强度低约 3 个数量级,但是瑞利散射是引起光纤损耗的主要原因。同时瑞利散射呈随机分布特性,也会导致随机相位误差。光纤陀螺抑制瑞利散射的主要手段是采用相干长度短的宽带光源并对 Sagnac 主波施加本征偏置调制。宽带光源——如超辐射发光二极管(SLD)和超荧光掺铒光纤泵浦光源——可以使光纤内只有位于一个相干长度之内的背向散射光才能与 Sagnac 主波产生干涉,而本征偏置调制则能够抵消背向散射在相干长度内引起的主波干涉相位误差。

2）偏振和双折射效应

光在光纤中传输时,由于光纤边界的限制,其电磁场方程的解是非连续的,每一种解称为一种模式,也即偏振态。光纤陀螺常用的单模光纤中存在两个正交的偏振光,其特性有所不同,表现为双折射效应。双折射效应与光纤截面形状、各向应力异性、温度等有关,会在 Sagnac 干涉仪中引起偏振相位误差。尽管局部双折射绝对值较小,但随着光纤长度增加,双折射误差将沿光纤累积,严重影响光纤陀螺的精度。

光纤陀螺中控制双折射效应的手段主要有两种,即使用保偏光纤或者采取消偏器。

保偏光纤陀螺采用保偏光纤配以宽带光源,能够很好地抑制双折射效应的影响。保偏光纤采取特殊结构使其具有完全确定的高双折射率,远远大于其他外部扰动引起的双折射率,当一束线偏振光沿一个双折射主轴入射到光线内后,能够在光纤内保持这种偏振状态。

消偏光纤陀螺使用单模光纤和 Lyot 光纤消偏器,也能较好地抑制双折射效应的影响,且较保偏方案更具光纤成本优势。

3）克尔效应

克尔效应表现为材料折射率有一个与光强相关的扰动。在单模光纤中,这意味着导波的传递常数是光功率的函数。如果 Sagnac 干涉仪中两束相向光波的传递常数不同,则光功率就不同,由此将产生 Sagnac 相位误差。

光纤陀螺中控制克尔效应的手段是采取宽带光源,并对其光功率进行调制。

4）法拉第效应

当一束偏振光通过磁场时,偏振面会发生旋转,这就是法拉第磁光效应。该效应在光纤陀螺中导致法拉第相位误差,而光纤结构扭转是主要诱因。

由于光纤陀螺线圈按整圈绕制，其中的光传播方向存在周期性，地磁场引起的法拉第相位误差通常很小。但当光纤线圈中存在周期恰好等于线圈周长的扭转分量时，则会导致非常大的法拉第相位漂移。

由于保偏光纤结构对扭转有很好地抑制能力，因此采用保偏光纤可以大大抑制这种误差。另外，采用双消偏器结构的消偏光纤陀螺也能大大降低法拉第效应。

3. 温漂与线圈绕制

在光纤陀螺中，光纤线圈的温度场均匀性将引入 Shupe 误差，是影响光纤陀螺温度稳定性的重要因素。采取特殊的线圈绕制方法，能够较好地改善由温度不均匀引起的 Shupe 误差。目前，光纤陀螺广泛采用的是四极对称绕法。

4. 随机游走与测量极限

光纤陀螺实际应用中表现出的光学随机游走系数主要由相位检测过程中的信噪比决定，取决于光电探测器噪声、前置放大电路的热噪声以及光源的相对强度噪声等。其中，光纤陀螺的理论测量极限受限于光电探测器件的光子散粒噪声，即光子噪声。

思 考 题

6.1 简述光学干涉仪工作原理。

6.2 什么是 Sagnac 效应？

6.3 简述光程差检测原理。

6.4 什么是环形激光陀螺？简述其工作原理。

6.5 什么是激光陀螺的频率闭锁效应？解决闭锁问题有几种基本方式？

6.6 什么是光纤陀螺？简述其工作原理。

参 考 文 献

[1] Post E J. Sagnac Effection[J]. Review of Moden Physics. 1967,39(2).

[2] Derry K W, Callaghan T J, Killpatrick J E, et al. Housing and Support Assembly for Ring Laser Gyroscope [P], 1992.

[3] Tazartes D A, Mark J G, Ebner R E. Ring Laser Gyroscope Dither Drive System and Method[P], 1991.

[4]　高伯龙,李树棠. 激光陀螺[M]. 长沙:国防科技大学出版社,1984.
[5]　姜亚南. 环形激光陀螺[M]. 北京:清华大学出版社,1985.
[6]　张维叙. 光纤陀螺及其应用[M]. 北京:国防工业出版社,2008.
[7]　张桂才. 光纤陀螺原理与技术[M]. 北京:国防工业出版社,2008.
[8]　杨立溪. 惯性技术手册[M]. 北京:中国宇航出版社,2013.

第7章　新型惯性传感器技术

近年来,基于一些新的物理现象以及加工工艺,又有很多新型惯性传感器崭露头角。在振动陀螺领域,基于体声波和声表面波的新型MEMS陀螺陆续被报道,为振动陀螺的发展注入了新的活力。而基于微纳加工工艺的微半球MEMS陀螺则在保证了半球谐振陀螺高性能的前提下,大幅缩小了陀螺的体积,逐渐成为国内外的研究热点。在光学陀螺领域,研究者们同样引入了MEMS工艺,将陀螺光路设计在芯片上,实现了激光陀螺和光纤陀螺的微小型化,该类型陀螺被称为微光机电(micro optical electro-mechanical system,MOEMS)陀螺。基于光悬浮技术,惯性敏感质量块可与环境很好地隔绝,从而实现高精度的加速度测量。所悬浮的质量块还可被光驱动至吉赫兹转速,在陀螺领域具有一定发展潜力。在原子陀螺领域,分别基于冷原子干涉、核磁共振以及无自旋交换弛豫效应的3种原子惯性传感器因其极高的理论精度,所以从一开始研究便被寄予厚望。本章简要介绍几种典型的基于新原理或新工艺的惯性传感器。

7.1　新型振动陀螺

振动式陀螺通常应用哥氏效应来检测物体的角运动。相较于技术成熟的机械转子陀螺和光学陀螺,振动式陀螺在制造成本、使用寿命、可靠性等方面具有综合优势。由于没有磨损元件,振动式陀螺具有较长的使用寿命。此外,振动式陀螺还具有工作温度范围大、起动时间短、对冲击过载不敏感等重要优势。振动式陀螺中最具代表性的半球谐振陀螺是当前世界上精度最高的陀螺之一,已应用于宇宙空间探索等任务中。

20世纪80年代起,结合微机电技术的各类MEMS振动式陀螺快速发展。制造成本低、产品体积小、使用功耗低、应用场景广等多方面优势,使MEMS振动式陀螺成为了振动式陀螺中的热点。这里介绍几类特点鲜明、值得关注的新型MEMS振动式陀螺。

7.1.1 体声波 MEMS 陀螺

2006 年,佐治亚理工学院的 Houri Johari 等首次报道了硅基体声波(bulk acoustic wave,BAW)陀螺,如图 7.1 所示。这种体声波 MEMS 陀螺工作于 $n=3$ 谐振模态,如图 7.2 所示,其工作原理与嵌套环形 MEMS 陀螺、蝶翼式 MEMS 陀螺等几种常见的 MEMS 陀螺相似,而其最显著的特点是工作频率为 MHz 级,相比其他几种陀螺高出 2~3 个数量级,因而受到环境中振动和冲击(频率通常低于 100kHz)的影响很小,能够适应复杂的工作环境;且受空气阻尼的影响很小,能够在低真空下工作,降低了器件封装成本。另外,这种体声波陀螺的体积要小于其他几种低频陀螺,其谐振结构直径仅数百微米,更容易集成到电路中。

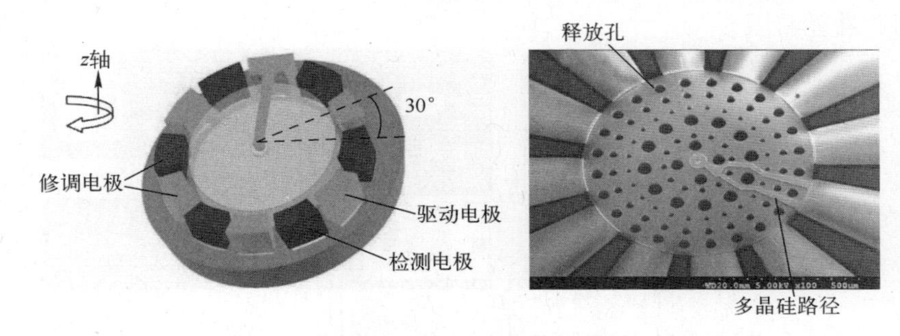

图 7.1 体声波 MEMS 陀螺结构示意图与电镜图

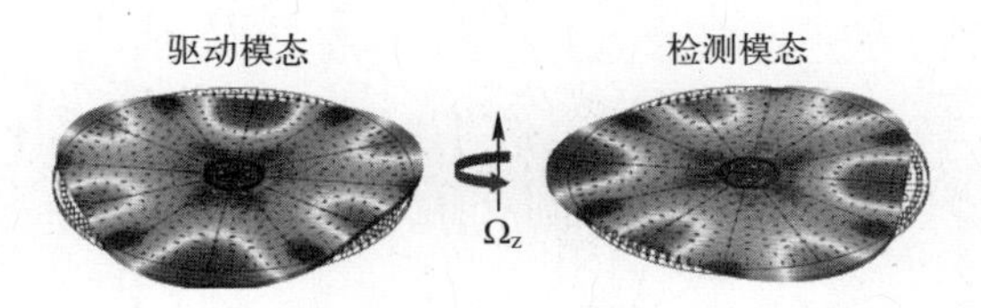

图 7.2 体声波 MEMS 陀螺的工作模态

通过结构优化设计,到 2020 年,佐治亚理工学院的体声波 MEMS 陀螺 ALLAN 方差零偏不稳定性达到 0.85(°)/h,角度随机游走为 0.06(°)/$\sqrt{\text{h}}$,陀螺的整体尺寸仅 2.8mm×2.8mm×0.45mm。

7.1.2 声表面波 MEMS 陀螺

声表面波(surface acoustic wave,SAW)理论是由英国物理学家瑞利(Lord Rayleigh)于 1885 年提出的,他指出在弹性体表面存在沿着表面传播且能量集中于表面的声波。从 20 世纪 60 年代开始,经过多年发展,各类声表面波器件如今被广泛运用于雷达、广播、遥控等领域。声表面波 MEMS 陀螺则是利用器件旋转时声表面波传播过程中的哥氏效应来进行角运动测量的一种声表面波器件。

声表面波 MEMS 陀螺没有盘形 MEMS 陀螺等微振动陀螺中常见的锚点支撑谐振结构,而是整体全固态设计,因此拥有极强的抗冲击能力,在炮弹等武器装备领域具有广阔的应用前景。

典型的声表面波 MEMS 陀螺有驻波型和行波型两种模式。驻波型声表面波 MEMS 陀螺是日本学者 Kurosawa 等于 1997 年率先提出的,其结构示意图如图 7.3 所示。其原理为一对叉指换能器与反射栅形成驻波,在存在 x 轴的旋转时,驻波波腹位置的金属点在哥氏力的作用下沿着哥氏力方向振动,成为新的振动源,激发出二次声表面波,如图 7.4 所示。另一叉指换能器接收二次声表面波形成电信号实现对角速率的检测。由于这种陀螺信号微弱且无法实现温度补偿,因此性能有限。

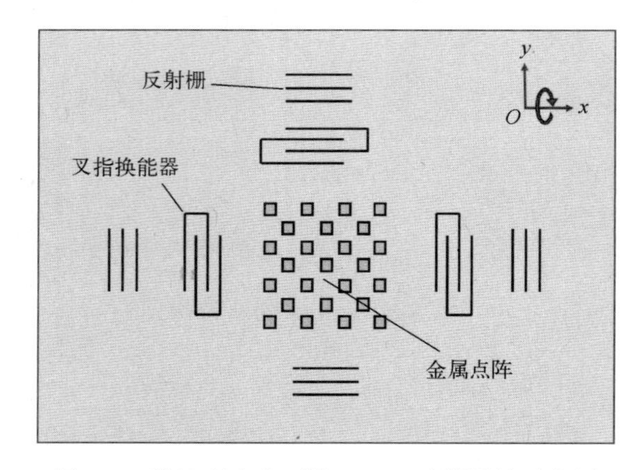

图 7.3 驻波型声表面波 MEMS 陀螺结构示意图

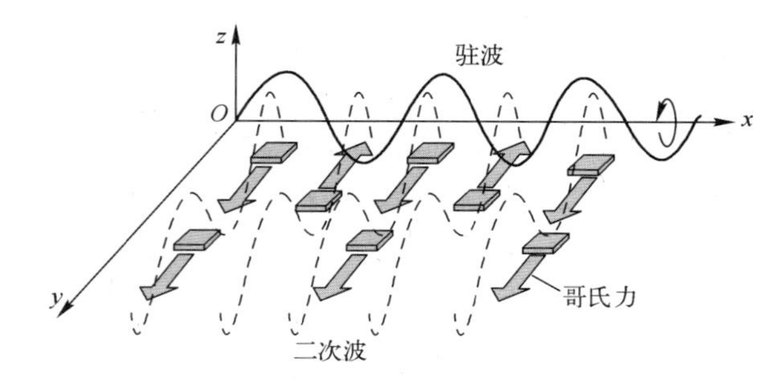

图 7.4 驻波型声表面波 MEMS 陀螺原理图

行波型体声波 MEMS 陀螺最早是由韩国的 Sang Woo Lee 等学者研制出的,其结构如图 7.5 所示。两束声表面波在基片上沿 x 轴相向传播,当存在 y 轴方向的旋转时,振动质点受到哥氏力方向平行于 x 轴,引起两束声表面波出现大小相等、方向相反的频偏。差分振荡结构输出信号为两路振荡频率之差,实现对角速度的检测。这样的差分设计可有效降低温度等扰动影响,但由于其哥氏力作用微弱,检测灵敏度仅 0.431 Hz/((°)/s)。

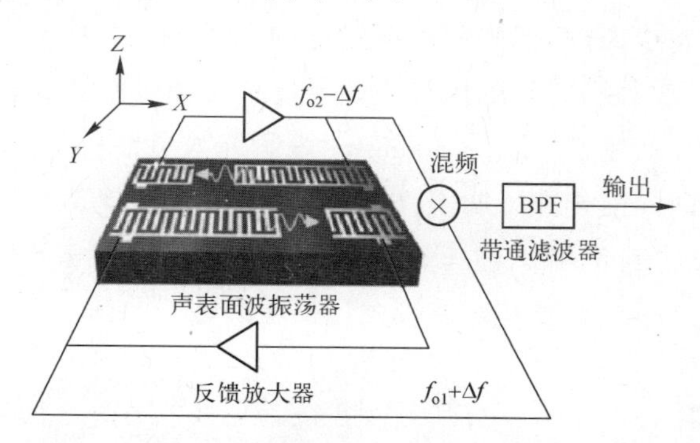

图 7.5　行波型声表面波 MEMS 陀螺结构示意图

声表面波 MEMS 陀螺受限于本身机理,还没有实现能够满足实际应用的性能。为此,研究人员试图通过一些优化设计提升声表面波 MEMS 陀螺的性能。2018 年,卡耐基-梅隆大学的 Mahmoud 等研究人员在驻波模式方案的基础上,基于声光效应提出声光陀螺(acousto-optic gyroscope,AOG)方案。在这种方案中,二次声表面波不再采用声学检测,而是检测二次波导致的折射率变化。这种设计实现了声驱动与光检测模式的解耦,结合声驱动与光检测的优势,使声光陀螺表现出比典型声表面波 MEMS 陀螺更好的稳定性。这种声光陀螺的 ALLAN 方差零偏不稳定性低于 1(°)/s,角度随机游走为 60 $(°)/\sqrt{h}$。目前其性能与其他高性能 MEMS 陀螺还有较大差距,但较强的抗冲击性仍使其在军事应用领域具有良好的发展前景,值得进一步关注和研究。

7.1.3　微半球 MEMS 陀螺

传统半球振动陀螺是目前世界上最高性能的陀螺之一,美国 Northrop Grumman 公司研制的半球振动陀螺零偏稳定性达到 10^{-5}(°)/h 量级。但半球振动陀螺的制造需要经过多项复杂工艺,成本极高;且其体积、功耗难以满足微小型惯性导航系统的需求。受半球振动陀螺原理与设计的启发,研究人员提出结合 MEMS 工艺制备微型的半球 MEMS 陀螺以继承传统半球振动陀螺的高精度,同时结合 MEMS 陀螺的低成本、低功耗等优势。

微半球 MEMS 陀螺的工作原理与半球振动陀螺、盘形 MEMS 陀螺基本相同,采用 $n=2$ 模态作为工作模态。对于微半球 MEMS 陀螺,最重要的是制备出具有高对称性、高品质因数的谐振结构。目前国际上制备微半球谐振结构主要的工艺路线有两种:一种是基于薄膜沉积等 MEMS 工艺的微模具法,其结构材料通常为单晶硅、多晶金刚石等;另一种是基于玻璃在高温下软化变形的玻璃吹制法,其结构材料通常为 Pyrex 玻璃、熔融石英等。

微模具法的基本原理,首先利用硅的各向同性刻蚀技术加工出带有半球形凹坑的硅模具;其次利用薄膜沉积和牺牲层技术实现谐振结构的加工。

2012 年,佐治亚理工学院的 Sorenson 等研究人员使用 PECVD 沉积氧化物作为掩膜,SF_6各向同性刻蚀出凹模,以热氧化和多晶硅形成牺牲层和结构层,再使用 HF 释放,成功制备出一种三维半球壳体结构,如图 7.6 所示。其厚度为 660nm,直径约 1.2mm,但径向误差较大且品质因数仅 8000。

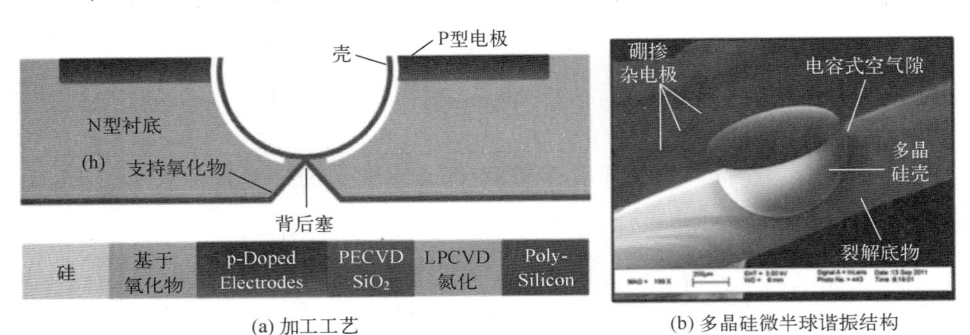

(a) 加工工艺　　(b) 多晶硅微半球谐振结构

图 7.6　佐治亚理工大学的三维半球壳体结构

康奈尔大学、科罗拉多大学、Draper 实验室以及加州大学等单位的研究人员也都使用微模具法制备出微壳体结构或类似结构。但受薄膜沉积工艺限制,微模具法制备的微壳体结构表面粗糙度较大,且受多晶硅等材料热弹性阻尼限制,难以进一步提升结构的品质因数。

玻璃吹制法的基本原理是利用玻璃在高温状态下(软化温度点以上)为黏性流体的特性,借助空气压力和材料表面张力实现谐振结构的软化成形加工。2011 年,加州大学欧文分校的 Prikhodko 等研究人员第一次提出了圆片级的高温炉吹制工艺,基于高温条件下 Pyrex 玻璃在表面张力和空气压力作用下的塑性变形,首次采用 Pyrex 实现了微半球谐振结构的制作。但是受 Pyrex 玻璃材料特性的限制,难以实现高品质因数的微半球谐振结构的加工。

2013 年,密歇根大学的 Cho 等研究人员首次提出高温喷灯吹制工艺,采用氧气和燃气混合气体燃烧产生 2200°C 左右的高温,对熔融石英薄片直接加热,利用石墨作为模具,在空气压力的作用下实现了基于熔融石英谐振结构材料的 Birdbath 谐振结构的批量加工,研究了谐振结构表面粗糙度对品质因数的影响,并得到高品质因数微半球振动陀螺结构,如图 7.7 所示,品质因数达到 294450。2020 年密歇根大学报道了 ALLAN 方差零偏不稳定性为 0.0014(°)/h 的熔融石英微半球谐振陀螺,已经达到导航级性能指标,验证了微半球 MEMS 陀螺的性能潜力。

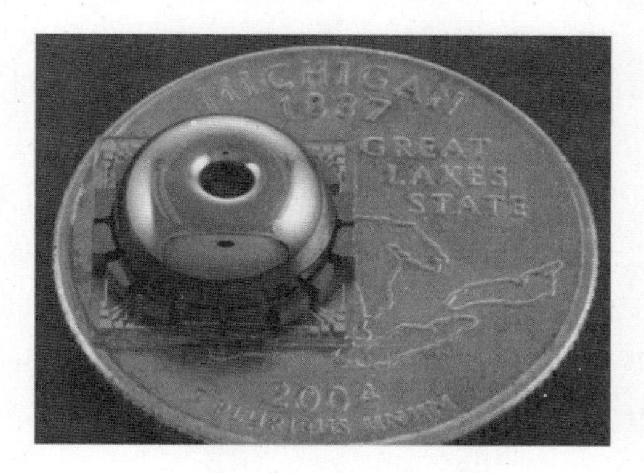

图 7.7　密歇根大学微半球 MEMS 陀螺

如图 7.8 所示,国防科技大学从 2013 年开始熔融石英微半球 MEMS 陀螺的相关研究工作,前期已对熔融石英微半球 MEMS 陀螺的结构设计与优化、加工工艺、电路设计及性能测试等方面进行了初步研究。至今,在高温吹制工艺的基础上提出了旋转平台吹制方案,进行了质量-刚度解耦的结构设计,开展了基于飞秒激光释放和陀螺修调的理论和工艺等创新性工作。

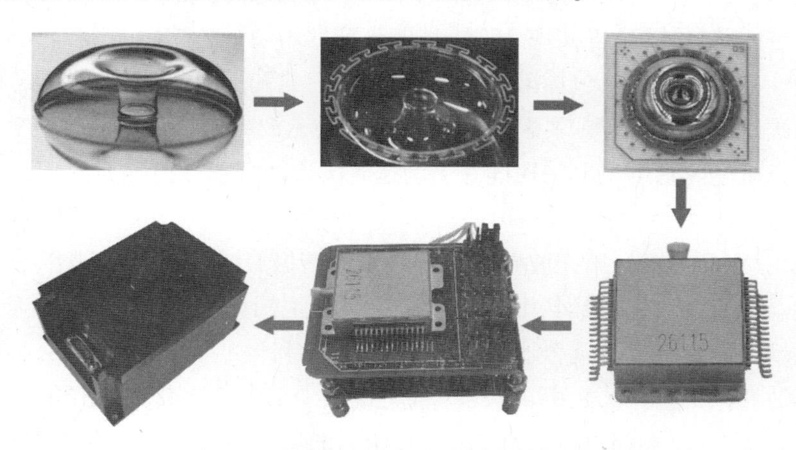

图 7.8　国防科技大学微半球 MEMS 陀螺样机

7.2　基于微光机电系统的惯性传感器

微光机电系统(micro optical electro-mechanical system,MOEMS)是在微机电系统的基础上加入了光学技术,光在该系统中可以作为驱动、检测或者敏感元件来使用。微光机电惯性传感器在保持微机电系统小体积优势的前提下,引入了光学高精度传感的特点,所以近年来在这方面开展了很多研究。

本节将分别介绍 Sagnac 效应微光机电陀螺和悬浮微光机电系统惯性传感器。其中基于 Sagnac 效应的微光机电陀螺就是微光机电惯性传感器的典型代表,它利用 MEMS 工艺将激光陀螺和光纤陀螺的光路做到硅片上,为该类陀螺的小型化提供了思路。激光成为该微型陀螺中的敏感部件,免去了振动质量块以提高抗冲击能力。此外,基于光的力学效应的悬浮微光机电系统则利用激光将微球悬浮实现与环境的隔离,再利用激光检测悬浮微球对加速度和角速度的敏感输出,从而实现惯性传感。该悬浮系统同样可以利用 MEMS 工艺集成到片上,实现小体积的优势。

7.2.1 Sagnac 效应微光机电陀螺

基于 Sagnac 效应的激光陀螺表现出了极高的精度,但其体积与微机电陀螺相比不占优势。而微机电陀螺中的主要材料硅虽然对可见光不可透,但是对于特殊的波段(如常用的 1550nm)具有较好的透光率。所以,基于微纳加工工艺的光学陀螺被提出,它与激光陀螺和光纤陀螺一样,仍利用 Sagnac 效应去敏感角速度,但其敏感元件和检测装置则采用微机电陀螺的加工方法,保证激光能够沿着指定的路径传输,以实现光学陀螺的高精度和微机电陀螺的小体积相融合。微型光学机电陀螺主要包括谐振式、布里渊散射式和干涉式 3 种,谐振式和布里渊散射式微光机电陀螺主要采用在硅片上制造光波导谐振环的技术来实现,干涉式微光机电陀螺则主要采用硅片上制造光波导线圈或微镜阵列等技术替代光纤线圈。

采用微加工技术,用光波导集成光路作为谐振腔,构成一种新型陀螺,称为谐振式微光机电陀螺。其基本工作原理与激光陀螺类似,如图 7.9(a)所示,激光经过耦合器 1 分束及耦合器 2 后分别沿着顺时针(L_1)和逆时针(L_2)的方向在环形波导内传输。L_2光束再次经过耦合器 2 和耦合器 4,进入光电探测器 2 中,经过处理电路和伺服控制回路,把激光器的频率锁定在环腔逆时针(L_2)方向的谐振频率处,此时 L_1 的光信号就携带角运动信息,由探测器 1 端可得到陀螺输出。图 7.9(b)所示为中北大学研制的谐振式微光机电陀螺,目前其研制的谐振式光学微环 Q 值超过千万,陀螺零偏稳定性可达几度每小时。它体积小、质量轻、耐振动、抗电磁干扰能力强,是光学陀螺向微型化发展的一个方向。

利用同样的微纳加工工艺,也可以将布里渊散射式光学陀螺集成到芯片上。其基本原理如图 7.10(a)所示,激光经耦合器 1 分为功率相等的两束光 L_1 和

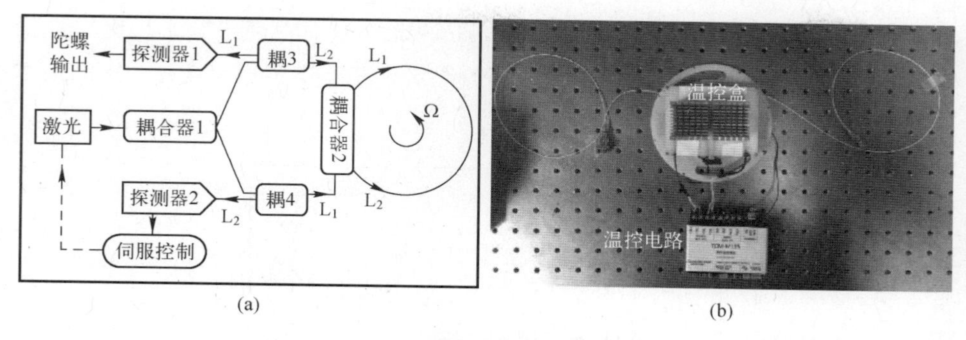

(a) (b)

图7.9 谐振式微型光学陀螺

L_2,两光束在耦合器2处大部分功率则耦合进环形腔中分别以顺时针和逆时针方向在腔内传播。当入射的两束光功率满足布里渊散射阈值时,将会产生背向的布里渊散射光 S_1 和 S_2。背向散射光由耦合器2输出后,在耦合器1处基于Sagnac效应进行拍频,经过光学滤波器即可测得陀螺输出。图7.10(b)所示为美国加州理工学院研制的基于硅片集成式的布里渊散射式微光机电陀螺,该陀螺可以达到0.001(°)/s的分辨率,零偏稳定性达到3.6(°)/h。

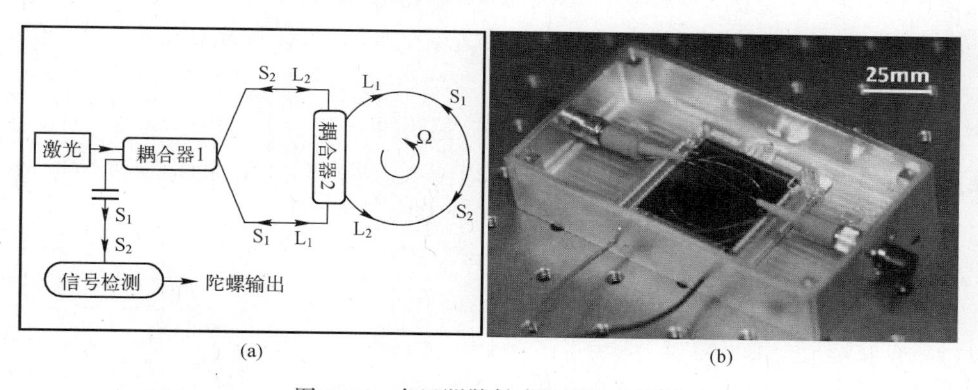

(a) (b)

图7.10 布里渊散射式微光机电陀螺

干涉式微光机电陀螺与光纤陀螺的工作原理类似,如图7.11所示。激光器发出的光经耦合器后进入Y型波导调制器(多功能集成光学调制器,multifunctional integrated optical modulator,MIOM),激光被分成两束,并且经过调制后以相反的方向进入波导线圈。光信号经过波导和耦合器后输出至光电探测器,由探测器的输出信号即可解调得到陀螺输出。干涉式微光机电陀螺利用微纳加工工艺刻蚀出环形波导代替光纤线圈,通过检测两束光的相位差实现角速度的测量。该方案可以省去光纤线圈,从而降低干涉式光学陀螺的体积。但是由于硅基波导的光学损耗较大,这就限制了波导环的总长度。而Sagnac效应与波导长度直接相关,所以也限制了这种类型陀螺的性能。目前干涉式微光机电陀螺仍处于研制阶段,且耦合器、偏振控制器等器件集成在硅光芯片上具有一定的技术难度,所以较少有性能报道。

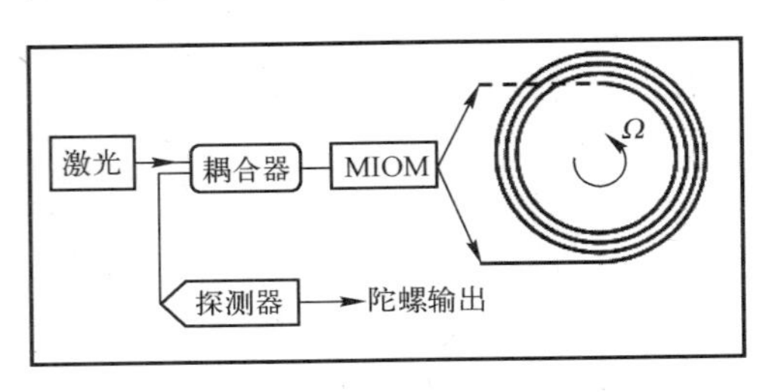

图 7.11 干涉式微光机电陀螺

7.2.2 悬浮微光机电系统惯性传感器

光悬浮技术是微观领域中具有极高检测灵敏度的新技术,它利用光力将微粒子悬浮进而可以利用粒子进行传感。光既具有能量,也携带动量,当光与物质相互作用时,会伴随着动量的传递,根据动量定理,表现为光对物体产生一个力的作用,这称为光的力学效应。基于光的力学效应,可以采用高度汇聚的激光产生非均匀光场,在焦点处形成一个光的力学势阱,称为光阱,可以把透明的微纳粒子稳定地限制在焦点附近的光阱中。利用该捕获的粒子,目前可以实现 $10^{-21}\mathrm{NHz}^{1/2}$ 级别的微力测量、$10^{-27}\mathrm{NmHz}^{1/2}$ 量级的扭矩测量以及 $95\mathrm{ngHz}^{1/2}$ 的加速度测量精度,均达到了相应传感领域的最高水平。

如图 7.12 所示,当光垂直照射在镜子上时,光线会沿着原路径返回,把光当作粒子(光子)则可以理解其动量发生改变,因此会对镜子产生作用力。假设入射光的功率为 P,则每秒有 $N=P/u$ 个光子撞击在镜子上,其中 $u=hc/\lambda_0$ 为单个光子携带的能量,h 是普朗克常数,c 是真空中的光速,λ_0 为光的波长。单个光子所具有的动量为 $\boldsymbol{p}=(h/\lambda_0)\hat{\boldsymbol{u}}$,其中$\hat{\boldsymbol{u}}$为光束传播方向的单位矢量。在图 7.12 中,单位时间内单个光子的动量改变为$-2\boldsymbol{p}$,光束的动量改变为$-2N\boldsymbol{p}=-2(P/c)\hat{\boldsymbol{u}}$。而单位时间内动量改变量即为所受的力,因此镜子所受到的反作用力为

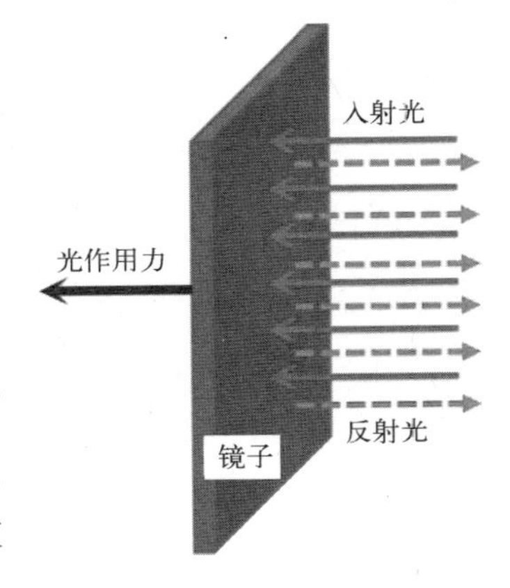

图 7.12 光的力学效应

$$\boldsymbol{F}=\frac{2P}{c}\hat{\boldsymbol{u}} \tag{7.1}$$

当激光高度汇聚后，在焦点处形成一个可以三维稳定捕获粒子的势阱。当球形粒子的半径 R 远大于激光波长 λ 时（$R>10\lambda$），可以采用几何线性光学计算和理解光力。如图 7.13 所示，用几何光学方法分析了微球的受力及光力的计算原理。在图 7.13(a) 中，平行光束 a 和 b 经过聚焦物镜后分别以一定角度入射到微球表面。当微球的折射率大于环境折射率时（通常二氧化硅的折射率为 1.5，空气的折射率为 1），光束 a 和 b 发生折射，使得光束的聚焦点由 f 点向右移动。也就是说，光子的运动状态发生了改变，即光子的动量发生了变化，等效为光子受到向右的力。由作用力与反作用力可知，微球会受到大小相等、方向相反的作用力，也就是向左的力（光力）。不难发现，微球的中心 o 在聚焦点的右侧，所以向左的光力使得微球向着聚焦点移动。在右图中微球的中心 o 位于聚焦点上方，同理可得微球受到的光力向下，其作用效果也是将微球拉向聚焦点处。所以，不管微球怎么偏移聚焦点，所产生的光力都会将其拉回焦点处，从而形成了光阱。

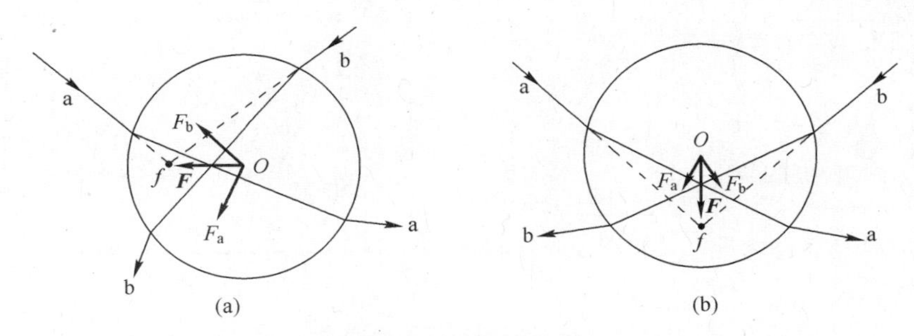

图 7.13　光阱示意图

当粒子被光捕获后，也就是存在光阱势能 $U(r)=1/2kr^2(t)$，其中 k 为光阱刚度，$r(t)$ 为粒子的位移。此时粒子受到了一个光阱回复力，即

$$F(r)=-\frac{\mathrm{d}}{\mathrm{d}r}U(r)=kr(t) \tag{7.2}$$

因为光阱刚度 k 为常数，且粒子在 3 个维度上均受到光阱力。所以，粒子就像被弹性连接在载体上，如图 7.14 所示。

基于上述悬浮微粒子系统，2020 年耶鲁大学报道了设计的光悬浮微粒加速度测量的结果，他们通过控制捕获激光的散点噪声，实现了 $95\mathrm{ng}/\sqrt{\mathrm{Hz}}$ 的加速度测量精度。对应的光路如图 7.15(a) 所示，由 1064nm 的单束激光通过向上传播的方式实现 10μm 二氧化硅微粒的捕获。当粒子稳定捕获时，其在平衡位置受

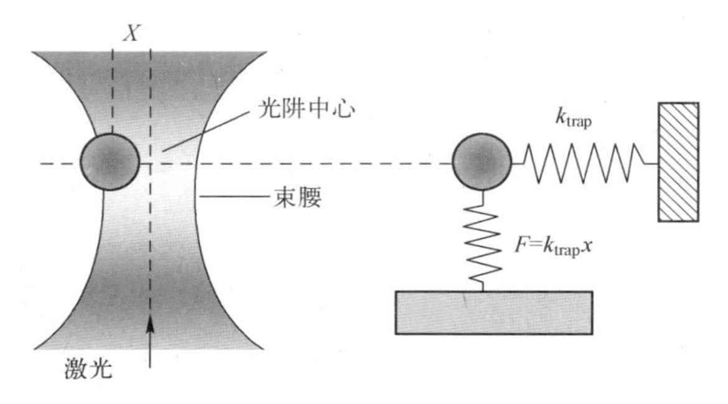

图 7.14　光悬浮微粒谐振子

到的光力与位移量成正比。所以,如图 7.15(b)所示,通过标定获得光阱刚度 k,并计算得到微球质量 m,通过位置探测装置实时监测微球的位置即可测得其所受到的加速度大小。

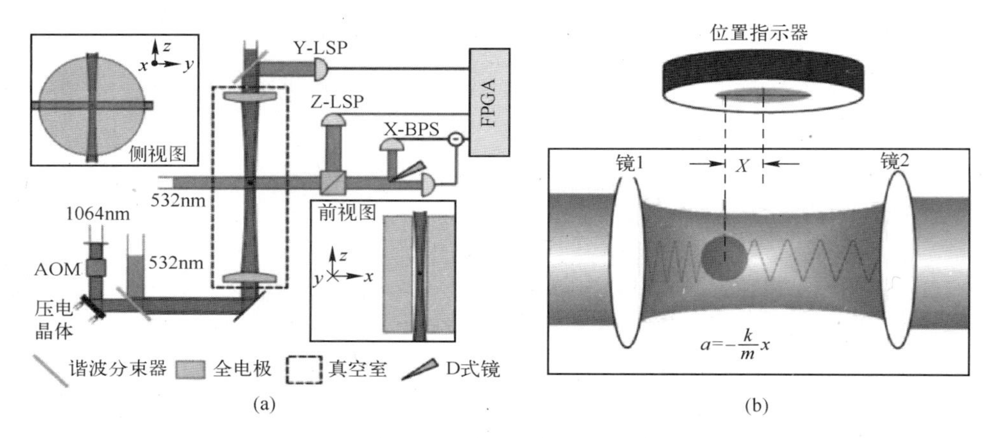

图 7.15　光悬浮技术测量加速度光路及原理

光不仅有线动量,还具有角动量。在具有角动量的圆偏振光作用下,微粒子会因为角动量的传递而受到力矩,从而实现旋转。在真空环境下,由于悬浮微粒子极低的运动阻尼,圆偏振激光可以驱动粒子超高速旋转。如图 7.16 所示,2020 年,美国普渡大学驱动哑铃状的二氧化硅微球实现了高达 5GHz 的超高速旋转,并且可以保持长时间的稳定悬浮。而英国南安普顿大学则在试验中检测到微粒除了自转外,还具有进动特性。这些试验结果在不断地为光悬浮微粒子的陀螺效应的可行性提供依据。

悬浮微光机电系统同样可以借助微纳加工工艺,将其整体结构集成至芯片上,实现小体积的目标。与基于 Sagnac 效应的集成式微光机电陀螺一样,通常也在硅片上加工出波导以实现悬浮微光机电系统,如图 7.17 所示。可以看出两

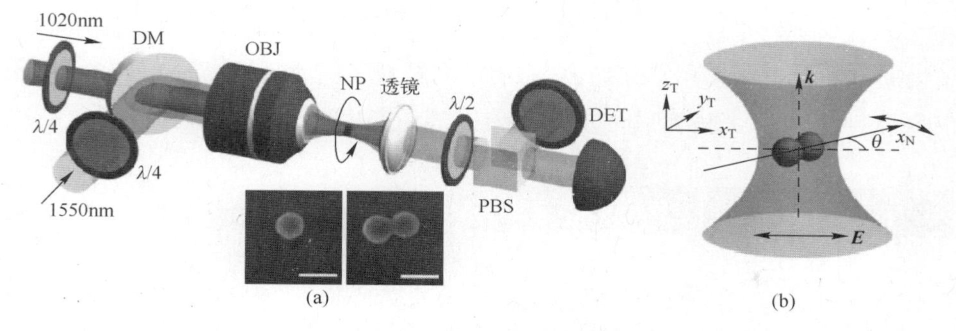

图7.16 光致悬浮粒子高速旋转

段脊形波导相对布置,所输出激光对射时产生了汇聚的光场,即产生了光强梯度,当有粒子在焦点附近时,就会被梯度力束缚住从而实现捕获。

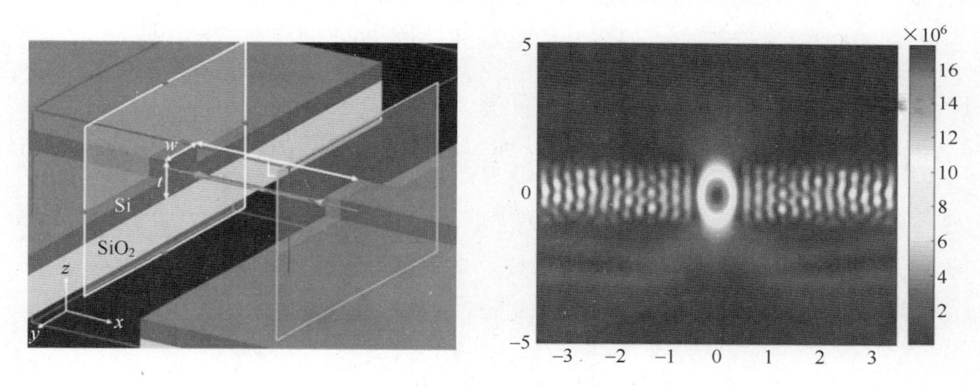

图7.17 片上对射式光悬浮系统

除了上述对射方式实现光场聚焦以实现粒子捕获的效果外,还可以通过设计特殊的微纳结构对光场进行调控,使光场具有梯度。如图7.18(a)所示,当激

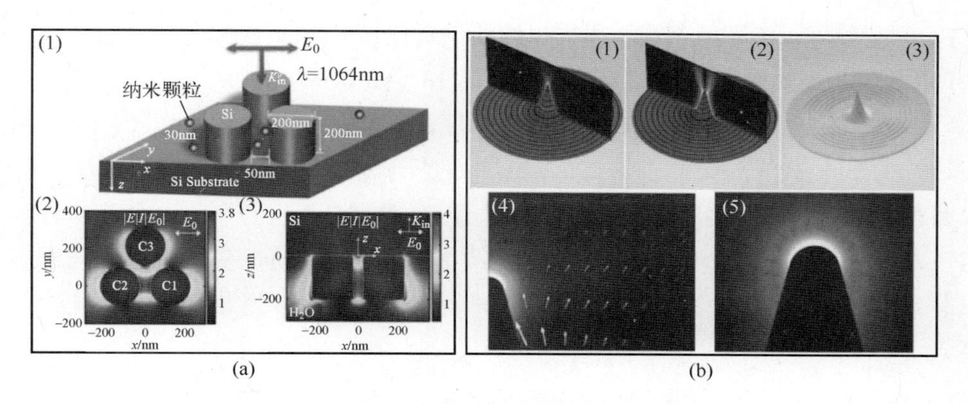

图7.18 片上微纳结构式光悬浮系统

光垂直入射到纳米柱上时,会在柱子之间产生聚焦光场。对于圆偏振态的激光,会在柱子之间产生多焦点光场,从而实现多颗粒子同时悬浮。图 7.18(b)所示为纳米针尖,当有激光入射时,同样会在其表面产生光学势阱从而捕获粒子。

7.3 原子惯性传感器

近年来,前沿量子技术与传统惯性技术的交叉融合,使原子惯性传感器的概念被提出、验证并逐步得到应用。从原理上分,原子惯性传感器可以分为冷原子干涉惯性传感器、核磁共振惯性传感器、基于 SERF 效应的原子惯性传感器 3 类。其中冷原子惯性传感器利用基于原子物质波的 Sagnac 效应实现角速度检测,具有最高的理论精度;核磁共振和 SERF 惯性传感器均利用原子自旋代替机械转子,理论精度低于冷原子惯性传感器,但是能够兼顾高精度和小体积。

7.3.1 冷原子干涉惯性传感器

1924 年,德国科学家德布罗意提出了物质波的概念,认为物质粒子与光子一样具有波动特性,也可以像光一样发生干涉。原子干涉陀螺就是以原子作为敏感介质,利用原子的能级性质、波动性质对原子波包操作实现干涉的典型干涉仪,与光学陀螺一样,采用了 Sagnac 效应。由量子力学可知,物质波的德布罗意波长为

$$\lambda = \frac{2\pi\hbar}{M\nu} \tag{7.3}$$

式中:$\hbar$ 为约化普朗克常数,$\hbar = 1.0545726\times10^{-34}\,\mathrm{J\cdot s}$;$\nu$ 为原子的速度;M 为原子的质量。原子干涉陀螺中常用的^{87}Rb 原子的质量为 1.443160×10^{-25}kg,室温下的速度大约是 300m/s,那么它的德布罗意波长 $\lambda = 1.53\times10^{-11}$m,远小于光的波长,因此原子干涉陀螺相当于用更短的波长来获得更高的陀螺灵敏度,理论计算可得原子干涉陀螺比光学陀螺灵敏度高出 10 个数量级。

图 7.19 所示为常用的基于三脉冲的原子干涉陀螺的原理示意图。原子系统有内部的能级结构、能量本征值和对应的量子态。以 Λ 型三能级系统为例,即存在基态 $|1\rangle$ 和 $|3\rangle$ 及激发态 $|2\rangle$ 3 个能级,如图 7.19(a)所示。通过对外界拉曼激光脉冲频率、相位、作用时长等参数的精确控制,可以实现对原子能级态转移的精确控制。如图 7.19(b)所示,原子束依次通过 3 对拉曼脉冲激光。第一束光$\left(\frac{\pi}{2}\text{光}\right)$实现一半原子的态转移,达到类似光学分束器的效果;在第二束光(π 光)作用下,两个态的原子交换原子态,从而实现了类似光学反射镜的效

果;在第三束光$\left(\frac{\pi}{2}\text{光}\right)$作用下,两束原子合束并产生干涉。外界载体的旋转将引起两束原子间的相对相位移动,干涉信号可通过探测合束之后的原子态获取,经过信号处理后得到外界转速。

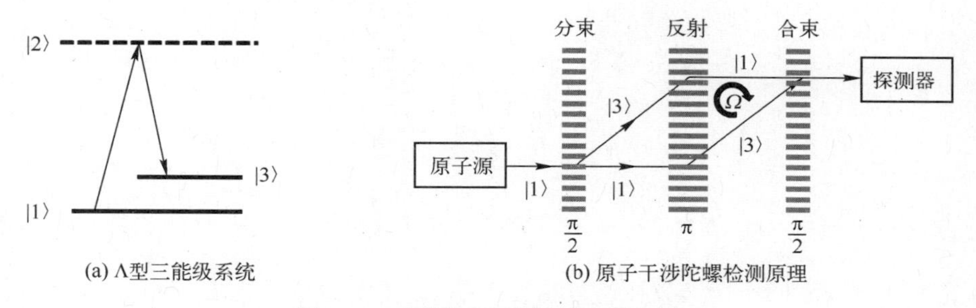

图 7.19　原子干涉陀螺原理示意图

室温下原子的德布罗意波波长太短,波动不明显,因此需要对原子进行冷却,得到慢速的冷原子。而且冷原子较热原子而言,具有更小的速度及其分布,使原子干涉仪系统尺寸更小,受外界干扰更小、精度更高。典型的冷原子干涉陀螺结构如图 7.20 所示,主要由四大系统构成:机械系统,完成磁光阱、干涉腔和磁屏蔽层的结构设计;激光系统,提供冷却、探测和拉曼光;电路系统,完成时序控制和信号处理;真空系统,维持干涉所需的真空环境。从物理实现过程来看,主要分为原子囚禁与冷却、原子干涉以及最终原子态检测 3 个部分。

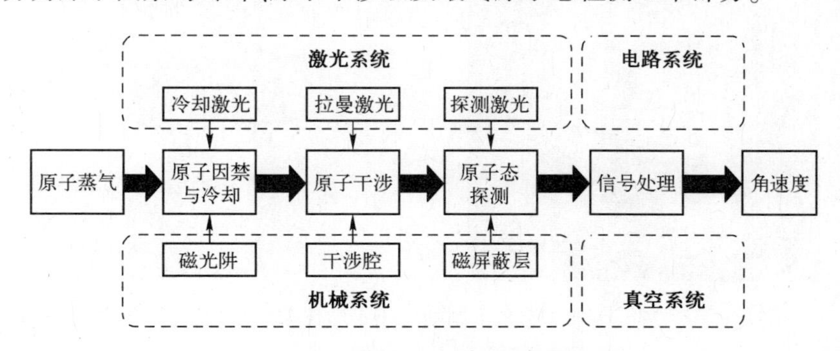

图 7.20　原子干涉陀螺组成模块

磁光阱(MOT)是目前原子陀螺中实现原子冷却与囚禁的装置,由 6 束两两相对的激光和两个反亥姆霍兹线圈构成,6 束激光交汇的部分与空间中磁场最小的区域重合在一起,用来将原子减速冷却并限制在磁光阱的中心。MOT 囚禁了足够多的原子后,瞬间关闭线圈电流,等待磁场完全消散后,通过调整激光的频率使被囚禁的冷原子获得初速度,让冷原子团沿着设定路线被抛射出去,形成后面的干涉环路;然后通过拉曼激光脉冲对冷原子束的能级态进行精确控制,使原子团分束、反射和合束,从而发生干涉;原子的干涉信号不能通过传感器直接记录,可以在原子干涉回路的出口处设置探测光,收集激光与原子作用的共振荧光,间接探测原子态,计算转移概率进而转化为干涉过程的相位结果,分离出旋转引起的相移,从而得到旋转角速度。

法国巴黎天文台于 2006 年设计了一种 6 自由度冷原子陀螺(图 7.21),拉曼脉冲有 4 种模式:3 个正交方向“$\frac{\pi}{2}-\pi-\frac{\pi}{2}$(脉冲间隔 T-T)”拉曼脉冲和一个 y 方向的“$\frac{\pi}{2}-\pi-\pi-\frac{\pi}{2}$”拉曼脉冲,采用冷原子左右对抛,拉曼光由上至下分时出射的方式设计出一款原子干涉仪试验样机,其试验装置实物如图 7.22 所示。原子干涉仪采用左右对抛双环路形式,可利用差分测量的方式消除环境噪声所引入的相位,从而实现对旋转角速度和线性加速度的精确测量。实际测得拉曼光为 z 方向的两个干涉仪测量效果最好,其条纹对比度都接近 30%,转动测量灵敏度为 2.4×10^{-7} (rad/s)/$\mathrm{Hz}^{1/2}$。他们测量垂直水平面轴向的地球自转结果为$(5.5\pm0.05)\times10^{-5}$ rad/s,这与巴黎地区的自转速率$(5.49\pm0.05)\times10^{-5}$rad/s 符合得很好。

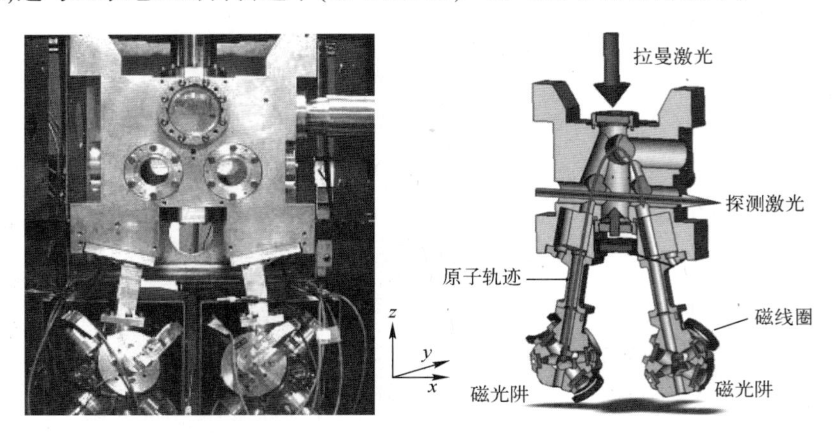

图 7.21 巴黎天文台研制的原子干涉仪陀螺实物及原理

美国斯坦福大学 Kasevich 小组于 2008 年研发的$\frac{\pi}{2}-\pi-\pi-\frac{\pi}{2}$四脉冲原子干涉仪如图 7.22 所示。通过对光学系统进行集成化设计,将敏感部分的体积控制在 $1\mathrm{m}^3$以内,且实现了零偏稳定性为 2.3×10^{-3}(°)/h 的角速度测量,成为世界上第一个性能指标优良的原子干涉陀螺。

国内,中国科学院武汉物理与数学研究所长期从事原子干涉仪的研究。如图 7.23 所示,设计出的原子干涉陀螺试验样机与法国巴黎天文台的试验装置较

图 7.22 斯坦福大学研制的集成化原子陀螺干涉仪

为接近，同样基于"$\frac{\pi}{2}$-π-$\frac{\pi}{2}$"拉曼脉冲序列，采用冷原子左右对抛，拉曼光由前至后分时出射的方式，且拉曼光是由同一光源以分时出射的方式与原子相互作用。于 2016 年实现了静止、转动状态下干涉条纹的稳定测量，在转动状态下保持了较好的条纹对比度，转动测量短期灵敏度提升为 2.2×10^{-4}(rad/s)/$\sqrt{\text{Hz}}$(6.2s)，对应长期稳定性为 8.5×10^{-6}rad/s(1000s)，并于 2018 年实现了寻北及地球自转的准确测量。

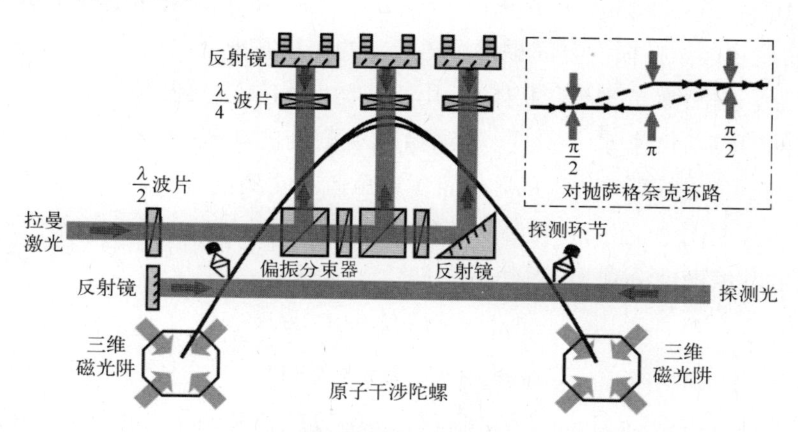

图 7.23 中科院武汉物数所的原子干涉陀螺示意图

7.3.2 核磁共振惯性传感器

核磁共振陀螺(nuclear magnetic resonance gyroscope, NMRG)是利用核磁共振原理工作的固态陀螺，工作原理如图 7.24 所示。对自旋的原子施加外磁场

B_0时,原子将以 $\omega_L=\gamma_n B_0$ 的角频率绕着磁场进行拉莫尔(Larmor)进动,如图 7.24(a)所示,其中 γ_n为原子的磁旋比。核自旋的指向在自然状态下杂乱无章,无宏观磁矩。为了对原子核的拉莫尔进动频率进行测量,通过采用泵浦激光传递光子角动量,从而使核自旋获得宏观指向。

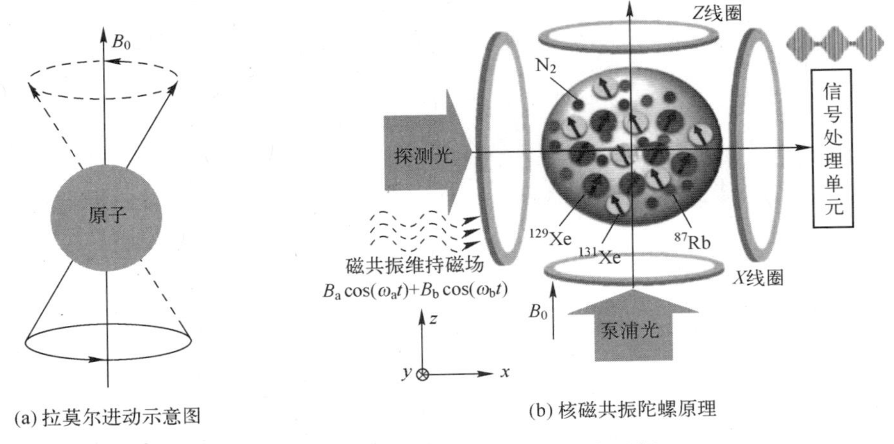

(a) 拉莫尔进动示意图　　(b) 核磁共振陀螺原理

图 7.24　核磁共振原理工作的固态陀螺

此时,在正交于磁场 B_0的方向施加激励磁场 B_c,当激励频率等于核自旋的拉莫尔进动频率时,核自旋发生能级跃迁,形成核磁共振。共振频率 ω_L与核自旋旋磁比 γ_n、外磁场强度 B 相关($\omega_L=\gamma_n B_0$),与载体相对惯性空间是否转动无关,这使核磁共振在惯性空间提供了角运动的测量基准,并且具有对加速度不敏感的特点。检测激光固连在载体上,用于实时观测核磁共振频率。当载体相对惯性空间的转动角速率为 Ω 时,检测激光观测到的核磁共振频率 $\omega_L'=\omega_L+\Omega$。当 ω_L已知,可以得到 $\Omega=\omega_L'-\omega_L$,从而实现角运动的测量。

在实际应用中,在同一装置中放置两种磁旋比分别为 γ_1和 γ_2的不同核子,观测到的共振频率分别为 ω_{L1}'和 ω_{L2}',即

$$\begin{cases}\omega_{L1}'=\omega_{L1}+\Omega=\gamma_1 B_0+\Omega\\ \omega_{L2}'=\omega_{L2}+\Omega=\gamma_2 B_0+\Omega\end{cases}\tag{7.4}$$

在上述方程中 ω_{L1}'和 ω_{L2}'为检测激光观测到的两种核子共振频率,两种核子的磁旋比 γ_1和 γ_2为已知量,解上述方程组,得到

$$\Omega=\frac{\omega_{L2}'\cdot\gamma_1-\omega_{L1}'\cdot\gamma_2}{\gamma_1-\gamma_2}\tag{7.5}$$

由此可以解算出实际转速 Ω,并显著减小了外加磁场对角速度测量的影响。

与冷原子干涉陀螺相比,核磁共振陀螺的历史更久。1952 年通用电气公司

的 Leete 和 Hansen 第一次提出了核磁共振陀螺的设想。近年来，在 DARPA 对微小型、高精度陀螺的项目支持下，随着原子操控、芯片级原子器件微加工制造等技术的前沿研究进展，美国 Northrop Grumman 公司自 2005 年起，历经 4 个阶段，取得显著的研究成果。研制的各陀螺样机如图 7.25 所示。该公司 2013 年 4 月实现的第四代核磁共振陀螺测试数据为：零偏稳定性 0.02(°)/h，角度随机游走 0.001(°)/$h^{1/2}$，测量范围达±2500(°)/s，带宽大于 300Hz，标度因数稳定性小于 5×10^{-6}，磁场抑制能力大于 3×10^{9}，成为目前世界上达到导航级精度中体积最小的核磁共振陀螺。

图 7.25　Northrop Grumman 公司研制的核磁共振陀螺进展

2012 年 DARPA 又提出了基于芯片级的原子级导航的解决方案(chip-scale combinatorial atomic navigator，C-SCAN)，如图 7.26 所示，其概念图中，采用的核磁共振陀螺硬件构成，作为 C-SCAN 的原理性示意。C-SCAN 拟实现的陀螺性能指标为：零偏稳定性 1×10^{-4}(°)/h，测量范围±15000(°)/s，标度因数稳定性小于 10^{-6}，起动时间不大于 10s。

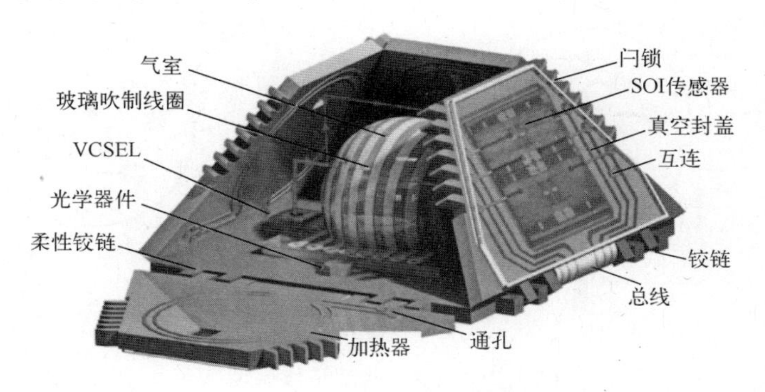

图 7.26　DARPA 提出的 C-SCAN 概念图

国内，北京自动化控制设备研究所自 2011 年开展核磁共振陀螺的前沿探索研究；2013 年，研制了核磁共振陀螺的原理试验装置，实现了核磁共振陀螺的原理验证；2014 年，基于自主研制的小型化磁共振气室、无磁电加热片、小体积三维异形线圈、小体积磁屏蔽罩等部件，实现了核磁共振陀螺原理样机的研制，如图 7.27 所示。2015 年通过控制方案优化等措施，实现零偏稳定性小于2(°)/h 的原理样机；在此基础上加强了系统集成，2016 年研制的样机表头为 $50\mathrm{cm}^3$，角度随机游走小于 $0.2(°)/\mathrm{h}^{1/2}$，零偏稳定性小于 1(°)/h。

图 7.27　北京自动化控制设备研究所研制的核磁共振陀螺原理样机

7.3.3　基于 SERF 效应的原子惯性传感器

无自旋交换弛豫(spin exchange relaxation free，SERF)陀螺利用碱金属原子和惰性气体原子作为测量角速度的敏感介质，原理如图 7.28 所示。碱金属原子只有最外层有一个自由电子，其余内部电子层已经填满电子，对于填满电子层的原子来说，与电子相关联的总动量和总磁矩等于零。因此，一个碱金属原子可以

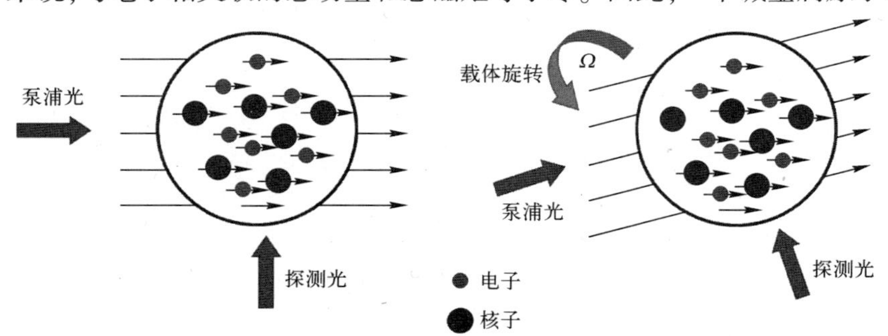

图 7.28　SERF 陀螺工作原理

等效为一个简单的自由电子。惰性气体原子总的角动量仅为原子核自旋角动量，因此，一个惰性气体原子可以等效为一个简单的原子核。

在高压、高密度、弱磁场条件下，碱金属原子之间的碰撞会很频繁，当碰撞频率远高于碱金属原子的拉莫尔进动频率时，通过相互碰撞，碱金属原子自旋的分布保持在稳定的状态，碰撞导致的自旋弛豫效应消失，此时碱金属原子处于无自旋交换弛豫状态(SERF 态)。同时，电子自旋和惰性气体核自旋发生强烈耦合，惰性气体核自旋会自动跟踪并补偿外界磁场变化。泵浦光被用来极化碱金属原子电子，并使其具有宏观指向性，惰性气体原子通过与碱金属原子间的自旋交换也被极化。

当载体相对惯性空间转动时，固连于载体的泵浦光跟随载体转动，将强迫原子自旋运动到泵浦光方向。由于在惯性空间中具有定轴性，原子自旋在其定轴性和驱动激光导致进动性的综合作用下，最终会偏离泵浦激光的方向产生一个夹角。此时，当线偏振的探测光从垂直于外磁场方向经过时，其偏振面会由于电子自旋的进动而偏转一个角度，这个角度正比于碱金属原子在探测光方向的投影分量，通过检测这一线偏振方向变化可以实现对角速度的测量。

2005 年美国普林斯顿大学率先开展了 SERF 陀螺研究，如图 7.29(a)所示。该装置的核心是一个直径为 25mm 的球形共振腔，内部放置碱金属原子 K、惰性气体 ^{3}He 以及缓冲气体 N_2 等。其中碱金属原子 K 和惰性气体 ^{3}He 为工作物质，该 SERF 陀螺装置的零偏稳定性达到 0.04(°)/h。2011 年普林斯顿大学第二代 SERF 陀螺装置，如图 7.29(b)所示，实现零偏稳定性 5×10^{-4}(°)/h。

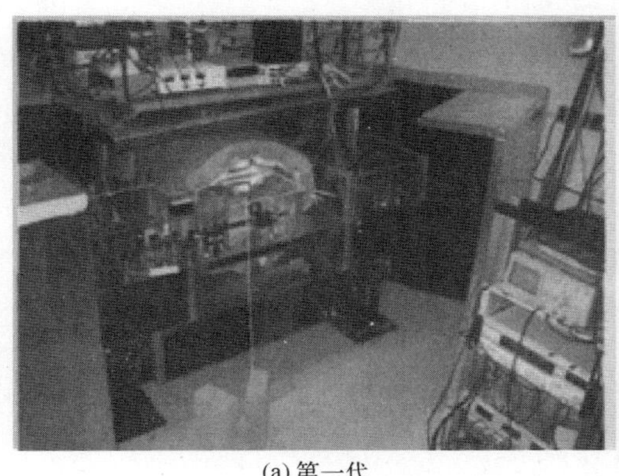

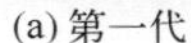

(a) 第一代

(b) 第二代

图 7.29　普林斯顿大学的 SERF 陀螺研究平台

我国在 SERF 原子自旋陀螺技术研究领域仍处于初步阶段，北京航空航天大学在前期研究工作中，初步突破了原子极化、操控，以及高精度检测等技术并于 2012 年实现了 SERF 陀螺效应，2017 年，零偏稳定性达到 0.05(°)/h，如图 7.30 所示。目前，我国 SERF 原子惯性测量灵敏度方面同国外最高水平相当，在原子自旋陀螺样机研制方面同国外公开报道的性能指标也基本相当。

图 7.30　北航 SERF 原子自旋陀螺研究平台

思　考　题

7.1　简述新型振动陀螺的种类和基本原理。

7.2　简述微光机电系统惯性传感器的种类和基本原理。

7.3　简述原子惯性传感器的种类和基本原理。

参 考 文 献

[1]　Johari H, Ayazi F. Capacitive Bulk Acoustic Wave Silicon Disk Gyroscopes[C]. International Electron Devices Meeting, 2006.

[2]　Wen H, Daruwalla A, Liu C S, et al. A Hermetically-Sealed 2.9MHz N=3 Disk BAW Gyroscope with Sub-Degree-Per-Hour Bias Instability[C]. 2020 IEEE 33rd International Conference on Micro Electro Mechanical Systems(MEMS), 2020.

[3]　Kurosawa M, Fukuda Y, Takasaki M, et al. A Surface-Acoustic-Wave Gyro Sensor[J]. Sensors and Actuators a Physical, 1997, 66(1-3): 33-39.

[4]　Lee S W, Rhim J W, Park S W. A Micro Rate Gyroscope Based on the SAW Gyroscopic Effect[J]. Journal of Micromechanics and Microengineering, 2007, 11(17).

[5]　孙雪平. 行波模式声表面波角速率传感器的研究[D]. 西安:西安电子科技大学, 2019.

[6] Mahmoud M, Mahmoud A, Cai L, et al. Novel on Chip Rotation Detection Based on the Acousto-Optic Effect in Surface Acoustic Wave Gyroscopes[J]. Optics Express, 2018, 26(19): 25060.

[7] Sorenson L D, Gao X, Ayazi F. 3-D Micromachined Hemispherical Shell Resonators with Integrated Capacitive Transducers[J]. IEEE, 2012.

[8] Prikhodko I P, Zotov S A, Trusov A A, et al. Microscale Glass-Blown Three-Dimensional Spherical Shell Resonators[J]. Journal of Microelectromechanical Systems, 2011, 20(3): 691-701.

[9] Cho J, Yan J, Gregory J A, et al. High-Q Fused Silica Birdbath and Hemispherical 3-D Resonators Made by Blow Torch Molding[C]. Micro Electro Mechanical Systems (MEMS), 2013 IEEE 26th International Conference on, 2013.

[10] Cho J Y, Singh S, Woo J K, et al. 0.00016 deg/$\sqrt{}$hr Angle Random Walk (ARW) and 0.0014 deg/hr Bias Instability (BI) from a 5.2M-Q and 1-cm Precision Shell Integrating (PSI) Gyroscope[C]. 2020 IEEE International Symposium on Inertial Sensors and Systems (Inertial), 2020.

[11] 钱坤. 面向谐振式微光学陀螺的高Q平面光波导谐振腔研究[D]. 太原:中北大学, 2017.

[12] 毛慧. 谐振式微光学陀螺研究[D]. 杭州:浙江大学, 2012.

[13] Lai Y H, Suh M G, Lu Y K, et al. Earth Rotation Measured by a Chip-scale Ring Laser Gyroscope[J]. Nature Photonics, 2020, 14(6): 1-5.

[14] 何周. 布里渊型光纤陀螺关键问题研究[D]. 哈尔滨:哈尔滨工程大学, 2011.

[15] 杨添舒, 费瑶, 李兆峰, 等. 干涉型与谐振型集成光学陀螺的比较[J]. 激光与光电子学进展, 2016, 53(8): 91-97.

[16] Polimeno P, Magazzù A, Iatì M A, et al. Optical Tweezers and Their Applications[J]. Journal of Quantitative Spectroscopy and Radiative Transfer, 2018, 218.

[17] Daly M, Sergides M, Chormaic S N. Optical Trapping and Manipulation of Micrometer and Submicrometer Particles[J]. Laser & Photonics Reviews, 2015, 9(3): 309-329.

[18] Ranjit G, Cunningham M, Casey K, et al. Zeptonewton Force Sensing with Nanospheres in an Optical Lattice[J]. Phys. Rev. A, 2016, 93(5).

[19] Ahn J, Xu Z, Bang J, et al. Ultrasensitive Torque Detection with an Optically Levitated Nanorotor[J]. Nature Nanotechnology, 2020.

[20] Hoang T M, Ma Y, Ahn J, et al. Torsional Optomechanics of a Levitated Nonspherical Nanoparticle[J]. Physical Review Letters, 2016, 117(12).

[21] Monteiro F, Li W, Afek G, et al. Force and Acceleration Sensing with Optically Levitated Nanogram Masses at Microkelvin Temperatures[J]. Phys. Rev. A, 2020, 101(5).

[22] Canuel B, Leduc F, Holleville D, et al. 6-axis Inertial Sensor Using Cold-atom Interferometry[J]. Physical Review Letters, 2006, 97(1): 10402.

[23] Takase K. Precision Rotation Rate Measurements with a Mobile Atom Interferometer[D]. California: Stanford University, 2008.

[24] Yao Z, Lu S, Li R, et al. Continuous Dynamic Rotation Measurements Using a Compact Cold Atom Gyroscope[J]. Chinese Physics Letters, 2016, 33.

[25] Yao Z W, Lu S B, Li R B, et al. Calibration of Atomic Trajectories in a Large-area Dual-atom-interferometer Gyroscope[J]. Physical Review A, 2018, 97(1): 13620.

[26] 张燚,汪之国,江奇渊,等. 核磁共振陀螺信号仿真及噪声分析[J]. 导航与控制,2020,19,83(01):23-31.

[27] Meyer D,Larsen M. Nuclear Magnetic Resonance Gyro for Iinertial Navigation[J]. Gyroscopy and Navigation,2014,5(2):75-82.

[28] Larsen M,Bulatowicz M . Nuclear Magnetic Resonance Gyroscope: For DARPA's Micro-technology for Positioning,Navigation and Timing Program[C]. Frequency Control Symposium,2012.

[29] Shkel,Andrei. The Chip-Scale Combinatorial Atomic Navigator[J]. GPS World,2013.

[30] 万双爱,孙晓光,郑辛,等. 核磁共振陀螺技术发展展望[J]. 导航定位与授时,2017,4(001):7-13.

[31] Kornack T W,Ghosh R K,Romalis M V. Nuclear Spin Gyroscope Based on an Atomic Co-magnetometer[J]. Physical Review Letters,2005,95(23):230801.

[32] Brown J M. A New Limit on Lorentz- and CPT-Violating Neutron Spin Interactions Using a Potassium-Helium Comagnetometer[D]. Princeton:Princeton University,2011.

[33] Fang J C,Qin J,Wan S A,et al. Atomic Spin Gyroscope Based on Xe-129-Cscomagnetometer[J]. Chinese Science Bulletin,2013,58(13):1512-1515.

[34] Jiang L,Quan W,Li R,et al. A Parametrically Modulated Dual-axis Atomic Spin Gyroscope[J]. Applied Physics Letters,2018,112(5):54101-54103.

第 8 章　惯性传感器的精度测试与环境试验

惯性传感器的性能对其所服务载体的性能有重要的甚至决定性的影响。惯性传感器构造上的特点使其性能参数较易发生变化,因此在其研究、设计、制造、存储及使用前的各个阶段都需要对它们进行测试。惯性传感器的测试最重要的有两类,即精度测试和环境试验。对惯性传感器进行精度测试和环境试验有两个目的:一是确保惯性传感器能够满足武器装备平台的性能需求;二是对惯性传感器进行建模,通过误差补偿来提高传感器实际使用精度。本章主要介绍精度测试和环境试验的典型方法和设备。

8.1　各类惯性传感器的误差模型与技术指标

惯性传感器的误差可以分成两类:一类是系统性或有规律的,可以用确定性的函数关系来描述;另一类是随机性的,由随机干扰因素引起,无法用确定函数关系描述,通常用数理统计方法分析此类误差。

8.1.1　静态误差模型与动态误差模型

本节主要分析惯性传感器系统性误差的静态误差模型和动态误差模型。其中静态误差模型不考虑时间因素的影响,而动态误差是以时间为变量的函数(通常建模为微分方程)。静态和动态误差模型是根据惯性传感器产生漂移的物理原因,应用有关的物理定律推导出的描述惯性传感器的漂移变化规律的数学表达式。这种物理模型中的每一项都与产生误差的物理因素有关,如机械转子陀螺的重心偏移或结构的非等弹性变形等因素所引起的漂移。正因为这种物理模型中的未知参数与产生漂移的物理原因直接相关,所以通过试验确定出这些未知参数之后,对调整传感器的参数、评价传感器的性能、改进设计等可提供具体准确的数据。

1. 陀螺静态误差模型

不同类型陀螺采用的物理定律不同,因此其误差模型也大相径庭。此处以机械转子陀螺为例,介绍适用于单轴和双轴机械转子陀螺的静态误差模型。这类陀螺的静态误差主要包括以下几项：一是由质量不平衡引起的，与比力一次方成正比的干扰力矩；二是结构的不等弹性引起的，与比力二次方成正比的干扰力矩；三是工艺误差等因素引起的漂移。记陀螺的输入轴为 I，输出轴为 O，转子轴为 S，参考本书 4.2.3 小节的相关内容，静态误差模型一般表达式为

$$\omega_{\mathrm{d}}=D_{\mathrm{F}}+D_I a_I+D_O a_O+D_S a_S+D_{II}a_I^2+D_{OO}a_O^2+D_{SS}a_S^2+D_{IO}a_I a_O+D_{IS}a_I a_S+D_{OS}a_O a_S \tag{8.1}$$

式中：ω_{d} 为陀螺的静态漂移速率误差；D_{F} 为常值漂移；D_I、D_O、D_S 为与比力成正比的漂移系数；D_{II}，D_{OO}，D_{SS} 为与比力平方成正比的漂移系数；D_{IO}，D_{IS}，D_{OS} 为与比力交叉项乘积成正比的漂移系数；a_I，a_O，a_S 为沿陀螺相应轴的加速度。

误差项 $D_{OO}a_O^2$ 通常比较小，可以忽略不计。

2. 陀螺动态误差模型

根据 4.2.3 小节的介绍，机械转子陀螺动态误差模型一般表达式为

$$\begin{aligned}\omega_{\mathrm{B}}=&B_I\omega_I+B_O\omega_O+B_S\omega_S+B_I'\dot{\omega}_I+B_O'\dot{\omega}_O+B_S'\dot{\omega}_S+B_{II}\omega_I^2\\&+B_{OO}\omega_O^2+B_{SS}\omega_S^2+B_{IO}\omega_I\omega_O+B_{OS}\omega_O\omega_S+B_{IS}\omega_I\omega_S\end{aligned} \tag{8.2}$$

式中：ω_{B} 为陀螺的动态误差；B_I、B_O、B_S 为陀螺标度因数误差；B_I'、B_O'、B_S' 为陀螺角加速度误差系数；B_{II}、B_{OO}、B_{SS}为与角速度平方成正比的误差系数；B_{IO}、B_{OS}、B_{SI} 为与角速度交叉项乘积成正比的误差系数；ω_I、ω_O、ω_S 为沿陀螺相应轴的角速度；$\dot{\omega}_I$、$\dot{\omega}_O$、$\dot{\omega}_S$ 为沿陀螺相应轴的角加速度。

从式(8.2)可以看出，机械转子陀螺动态误差模型与角加速度（角速度对时间的微分）有关，是角速度的一阶动力学方程。

3. 加速度计静态误差模型

在线运动条件下，加速度计的稳态输出与比力之间关系的数学表达式称为加速度计的静态数学模型，在加速度计测试中所用的也是这种模型。以最典型的摆式加速度计为例，加速度计的输入轴为 I，输出轴为 O，摆轴为 P，静态误差模型的一般表达式为

$$a_{\mathrm{D}}=K_0+K_I a_I+K_O a_O+K_P a_P+K_{IO}a_I a_O+K_{OP}a_O a_P+K_{PI}a_P a_I+K_{II}a_I^2+K_{OO}a_O^2+K_{PP}a_P^2 \tag{8.3}$$

式中：a_{D} 为加速度计的静态输出；K_0 为加速度计的零偏；K_{I} 为加速度计的标度因数；K_O，K_P 为输出轴、摆轴灵敏度误差系数；K_{IO}、K_{OP}、K_{PI}为交叉轴耦合误差系数；K_{II}为二阶非线性误差系数；K_{OO}、K_{PP}为输出轴、摆轴灵敏度二阶非线性误差系数。

在大过载下，还有必要增加输入轴比力三阶非线性项 $K_{\mathrm{III}}a_I^3$，以更精确地表

述在大比力下加速度计的静态特性。

4. 加速度计动态误差模型

以最典型的摆式加速度计为例,其一般表达式为

$$a_{\mathrm{B}}=B'_I\dot{\omega}_I+B'_O\dot{\omega}_O+B'_P\dot{\omega}_P+B_{IO}\omega_I\omega_O+B_{OP}\omega_O\omega_P+B_{PI}\omega_P\omega_I+B_{II}\omega_I^2+B_{PP}\omega_P^2 \tag{8.4}$$

式中 a_{B} 为加速度计的动态误差;B'_I、B'_O、B'_P 为加速度计的角加速度误差系数;B_{IO}、B_{OP}、B_{PI}为与角速度交叉项乘积成正比的误差系数;B_{II}、B_{PP}为与角速度平方成正比的误差系数;ω_I、ω_O、ω_P 为沿加速度计相应轴的角速度;$\dot{\omega}_I$、$\dot{\omega}_O$、$\dot{\omega}_P$ 为沿加速度计相应轴的角加速度。

从式(8.4)可以看出,摆式加速度计动态误差模型与角加速度(角速度对时间的微分)有关,是角速度的一阶动力学方程。

8.1.2　温度误差模型

1. 陀螺的温度误差模型

当陀螺的零偏与标度因数对温度呈现有规律的变化,且重复性较好时,则利用回归分析方法,可以拟合确定出符合实际温度特性的数学模型。以激光陀螺为例,IEEE 标准给出的考虑温度影响的陀螺模型方程为

$$\begin{aligned}\frac{N}{\Delta t}=&[K_0+K(\Omega_{\mathrm{I}})+K(T-T_0)+K(\Delta T)+K(\dot{T})]^{-1}\\&\times[D_0+D(T-T_0)+D(\Delta T)+D(\dot{T})+D_{\mathrm{R}}+\Omega_{\mathrm{I}}]\end{aligned} \tag{8.5}$$

式中:N 为 Δt 时间内激光陀螺输出的脉冲次数;K_0 为标度因数的标称值;Ω_I 为输入角速度;T 为陀螺温度;T_0 为参考温度;$\dot{T}$ 为陀螺温度变化率;ΔT 为环境温度与陀螺温度的梯度;$K(\Omega_{\mathrm{I}})$ 为在输入 Ω_{I} 时标度因数相对于标称值 K_0 的误差函数;$K(T-T_0)$ 为温度差引起的标度因数相对于标称值 K_0 的误差函数;$K(\Delta T)$ 为温度梯度引起的标度因数相对于标称值 K_0 的误差函数;$K(\dot{T})$ 为温度变化率引起的标度因数误差函数;D_0 为固定的陀螺漂移角速度;$D(T-T_0)$ 为温度差引起的陀螺漂移误差函数;$D(\Delta T)$ 为温度梯度引起的陀螺漂移误差函数;$D(\dot{T})$ 为温度变化率引起的陀螺漂移误差函数;D_{R} 为陀螺随机漂移误差。

式(8.5)给出了陀螺温度模型的一种结构。在应用中,应根据实际情况和要求,确定起主要作用的温度因素,再建立具体的温度误差模型。一般地,对于采用机械抖动偏频技术的环形激光陀螺,采用以下两个简单的补偿模型。

标度因数温度模型,即

$$K(T)=K_0+K_1(T-T_0) \tag{8.6}$$

零漂温度模型，即

$$D(T)=D_0+A(T-T_0)+B(T-T_0)^2 \tag{8.7}$$

根据以上两个简化的补偿模型就可将由温度造成的误差降至一定的范围内。式(8.6)中，K_1 是线性温度系数，其他参数定义同式(8.5)；式(8.7)中，A、B 为标定温度系数。由于问题本身的复杂性，陀螺温度误差补偿技术并不完善，不过实时进行温度补偿将是提高陀螺精度的一个重要途径。

2. 加速度计的温度误差模型

以石英挠性摆式加速度计为例，在加速度计工作过程中，加速度计表头温度变化的原因主要有两个方面，即环境温度的变化以及反馈电流引起的力矩器线圈自身发热，从而引起加速度计表头标度因数和零偏的温度漂移误差。由于标度因数和零偏的温度漂移误差远大于非线性误差，进而可以建立加速度计输出脉冲和温度相关的线性测量模型，表示为

$$P(T)=N_0(T)\Delta t+K(T)\int_0^{\Delta t}f(t)\,\mathrm{d}t \tag{8.8}$$

式中：$P(T)$ 为时间间隔 Δt 内石英挠性加速度计与温度相关的脉冲输出总和；$N_0(T)$ 为与温度相关的单位时间内的输出脉冲；$K(T)$ 为与温度相关的标度因数；$f(t)$ 为输入比力。

根据式(8.8)，可得速度增量测量的温度参数模型表示为：

$$v(T)=\int_0^{\Delta t}f(t)\,\mathrm{d}t=\frac{P(T)-N_0(T)\Delta t}{K(T)}=\frac{P(T)}{K(T)}+v_0(T)\Delta t \tag{8.9}$$

式中：$v(T)$ 为与温度相关的时间间隔 Δt 内石英挠性加速度计测量的速度增量；$v_0(T)$ 为与温度相关的单位时间内的速度值。

建立标度因数和零偏的静态温度参数模型，分别表示为

$$\begin{cases}K(T)=K_0+K_1\Delta T+K_2(\Delta T)^2+\cdots+K_n(\Delta T)^n\\ v_0(T)=v_{0,0}+v_{0,1}T+v_{0,2}T^2+\cdots+v_{0,n}T^n\end{cases} \tag{8.10}$$

式中：K_0 和 $v_{0,0}$ 为基准温度 T_0 下的标度因数和零偏；K_i 和 $v_{0,i}(i=1,2,\cdots,n)$ 为相应阶次的温度系数；ΔT 为温度差值，$\Delta T=T-T_0$。

8.1.3 噪声误差模型

1. 陀螺的噪声误差模型

由于陀螺的工作机理和环境干扰等原因，在陀螺的输出信号中包含有许多确定性误差和随机性误差。陀螺的随机误差主要包括量化噪声、角度随机游走、

零偏不稳定性、角速率随机游走、速率斜坡和正弦分量,其中前 3 项通常被认为是陀螺性能指标的一部分。

采用常规的分析方法,如计算样本均值和方差,不能反映出潜在的误差源。自相关函数和功率谱密度函数虽然能反映出误差的统计特性,但将其分离出来很困难。Allan 方差法是 20 世纪 60 年代由美国国家标准局的 David Allan 提出的,它是一种基于时域的分析方法,不仅可以用来分析光学陀螺的误差特性,而且还可以应用于其他任何精密测量仪器。该方法的主要特点是能非常容易地对各种误差源及其对整个噪声统计特性的贡献进行细致地表征和辨识。而且具有便于计算、易于分离等优点。因此,通常利用 Allan 方差法来分析陀螺的随机误差。Allan 方差的定义与计算如下。

设以采样时间 τ_0 对陀螺输出角速率进行采样,共采样了 N 个点,把所获得的 N 个数据分组,设每组包含 $M(M\leqslant(N-1)/2)$ 个采样点,则可以分成 K 组,$K=N/M$。

$$\underbrace{\omega_1,\omega_2,\cdots,\omega_M}_{k=1}\underbrace{\omega_{M+1},\omega_{M+2},\cdots,\omega_{2M}}_{k=2},\cdots,\underbrace{\omega_{N-M+1},\omega_{N-M+2},\cdots,\omega_N}_{k=K} \tag{8.11}$$

每一组的持续时间 $\tau_M=M\tau_0$ 称为相关时间,每一组的平均值为

$$\overline{\omega}_k(\tau_M)=\frac{1}{M}\sum_{i=1}^{M}\omega_{(k-1)M+i}\quad(k=1,2,\cdots,K) \tag{8.12}$$

Allan 方差定义为

$$\begin{aligned}\sigma_A^2(\tau_M)&=\frac{1}{2}<(\overline{\omega}_{k+1}(\tau_M)-\overline{\omega}_k(\tau_M))^2>\\&=\frac{1}{2(K-1)}\sum_{k=1}^{K-1}(\overline{\omega}_{k+1}(\tau_M)-\overline{\omega}_k(\tau_M))^2\end{aligned} \tag{8.13}$$

式中:<>表示总体平均。实际计算中,持续间隔时间 τ_M 通常是 τ_0 基础上以 2 的倍数递增的($\tau_0,2\tau_0,4\tau_0,8\tau_0,16\tau_0,\cdots$)。由 Allan 方差的定义可以看出,Allan 方差实际上是样本平滑时间的函数,表现出了在不同平滑时间下陀螺零偏稳定的变化情况。它是陀螺稳定性的一个度量,它和影响陀螺性能的固有的随机过程统计特性有关。Allan 方差分析方法可以识别并量化存在于数据中的不同噪声项。

量化噪声(quantization noise,QN):量化噪声是由陀螺输出的数字特性引起的,反映了数字量化编码采样时输出的理想值与量化值之间存在的微小差别。量化噪声代表了陀螺的最小分辨率水平。量化噪声具有短的互相关时间,相当于具有很宽的带宽。在许多应用中,宽带噪声因为载体运动的低带宽而被滤掉了,因此一般应用中,量化噪声不是主要的误差源。但在有些应用中,如在瞄准

和跟踪系统中,由于要求采样速度很快,量化噪声会成为主要的噪声源,需要采取措施抑制量化噪声。

角度随机游走(angular random walk,ARW):角度随机游走是宽带角速率白噪声积分的结果,即陀螺从零时刻起累积的总角增量误差表现为随机游走,而每一时刻的等效角速率误差表现为白噪声。根据随机过程理论,随机游走是一种独立增量过程。对于陀螺角度随机游走而言,“独立增量”的含义是:角速率白噪声在两相邻采样时刻进行积分,不同时段的积分值之间互不相关。相比于传统的机械转子陀螺,角度随机游走误差对光学陀螺的影响一般要大一个数量级。以采用抖动偏频的激光陀螺为例,由于交变偏频使激光频繁通过锁区,产生较大的角度随机游走误差,该误差成为激光陀螺的主要误差源。角度随机游走噪声的带宽一般低于10Hz,处于大多数姿态控制系统的带宽内。因此,若不能精确确定角度随机游走,它有可能成为限制姿态控制系统精度的主要误差源。

零偏不稳定性(bias instability,BI):零偏不稳定性噪声又称为闪变噪声,其功率谱密度与频率成反比,这种噪声是角速率数据中的低频零偏波动。对于光学陀螺而言,零偏不稳定性噪声的来源是光学陀螺中的放电组件、等离子体放电电路噪声或环境噪声。另外,产生随机闪烁的部件也可引起零偏不稳定。零偏不稳定性噪声具有低频特性,在陀螺输出中表现为零偏随时间的缓慢波动。

角速率随机游走(rate random walk,RRW):角速率随机游走是宽带角加速度信号的功率谱密度积分的结果,即陀螺角加速率误差表现为白噪声,而角速率误差表现为随机游走。其来源不太确定,可能是具有长相关时间的指数相关噪声的极限情况,也可能是由于晶体振荡器的老化效应。

速率斜坡(rate ramp,RR):速率斜坡本质上是一种确定性误差,而不是随机噪声。角速率斜坡常常由系统误差引起,如环境温度的缓慢变化。对于光学陀螺而言,产生速率斜坡误差的原因可能是由于光学陀螺光强在长时间内有非常缓慢的单调变化,也可能是由于在同一方向上平台保持非常小的加速度,并持续很长时间,或者是由于外界引起光学陀螺的温度变化。

指数相关噪声(exponential correlation noise,EXN):指数相关噪声(即马尔可夫过程),用具有有限相关时间的指数衰减函数描述,其可能噪声源是随机机械抖动。因为抖动机构的谐振特性,使得不允许所有的频率等幅作用在陀螺体上,这样随机抖动就引起陀螺的相关噪声。

正弦噪声(sinusoidal noise,SN):正弦噪声用一组特定的频率函数描述。

对于激光陀螺，其高频噪声可能来自于激光放电中的等离子体振荡，而低频噪声是由于环境的周期性变化引起测试平台的缓慢运动而造成的。

表8.1总结了随机误差源与Allan方差的关系，详细的推导过程可以参考文献[1,4]。

表8.1　随机误差源与Allan方差的关系

噪声类型	参数	国际单位	Allan方差/(rad/s)^2
量化噪声	Q	rad	$\sigma_{QN}^2=3Q^2/\tau^2$
角度随机游走	N	rad/$\sqrt{s}$	$\sigma_{ARW}^2=N^2/\tau$
零偏不稳定性	B	rad/s	$\sigma_{BI}^2=4B^2/9$
角速率随机游走	K	rad/s$^{3/2}$	$\sigma_{RRW}^2=K^2\tau/3$
速率斜坡	R	rad/s^2	$\sigma_{RR}^2=R^2\tau^2/2$
指数相关噪声	q_c	rad/$\sqrt{s}$	$\sigma_{EXN}^2=\begin{cases}q_c^2T_c^2/\tau & (\tau\gg T_c)\\ q_c^2\tau/3 & (\tau\ll T_c)\end{cases}$
正弦噪声	ω_0	rad/s	$\sigma_{SN}^2=\omega_0^2[\sin^2(\pi f_0\tau)/(\pi f_0\tau)]^2$

一般来说，以上介绍的各种随机噪声都有可能出现在数据中，由这些随机噪声综合影响所给出的典型Allan方差曲线如图8.1所示。测试表明，在大多数情况下，不同的噪声项将出现在不同的域，这就使辨别数据中存在的不同随机过程变得容易些。

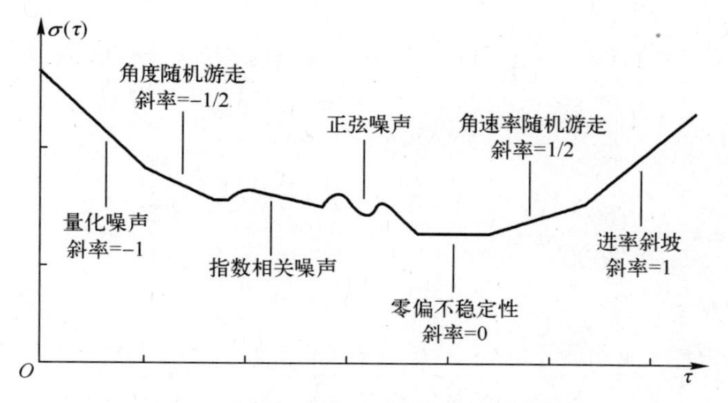

图8.1　典型的Allan方差的综合曲线

估计Allan方差时，与试验所用陀螺的类型和数据获取的环境有关，试验数据中可能存在各种成分的随机噪声。若各噪声源是统计独立的，则Allan方差可以表示成各类型误差的平方和，如

$$\sigma_{\mathrm{A}}^2(\tau)=\sigma_{\mathrm{QN}}^2(\tau)+\sigma_{\mathrm{ARW}}^2(\tau)+\sigma_{\mathrm{BI}}^2(\tau)+\sigma_{\mathrm{RRW}}^2(\tau)+\sigma_{\mathrm{RR}}^2(\tau)+\sigma_{\mathrm{EXN}}^2(\tau)+\sigma_{\mathrm{SN}}^2(\tau) \tag{8.14}$$

观察各个误差分量的 Allan 方差表达形式可以发现，除正弦噪声含有正弦分量以及指数相关噪声具有分段函数形式外，其他分量都可以表示为 $A_n\tau^n$ $(n=-2,-1,0,1,2)$ 的形式。因此，不考虑 $\sigma_{\mathrm{EXN}}^2(\tau)$ 和 $\sigma_{\mathrm{SN}}^2(\tau)$，式(8.14)可以简化成

$$\sigma_{\mathrm{A}}^2(\tau)=\frac{3Q^2}{\tau^2}+\frac{N^2}{\tau}+\frac{4B^2}{9}+\frac{K^2\tau}{3}+\frac{R^2\tau^2}{2}\triangleq\sum_{n=-2}^{2}A_n\tau^n \tag{8.15}$$

表 8.1 给出了 Allan 方差和各项噪声参数的国际单位。然而，习惯上 $\sigma_{\mathrm{A}}(\tau)$ 常以(°)/h 为单位，并且各项噪声参数也常用(°)和 h 为单位(Q 的习惯单位为(″))。因此，根据换算关系 $1\mathrm{rad/s}=\dfrac{180/\pi}{1/3600}(°)/\mathrm{h}$，将式(8.15)的两边同时乘以 $\left(\dfrac{180/\pi}{1/3600}\right)^2$，进行以下转换，即

$$\sigma_{\mathrm{A}}^2(\tau)\left(\frac{180/\pi}{1/3600}\right)^2=\frac{3\,(Q\times180/\pi\times3600)^2}{\tau^2}+\frac{\left(N\times\dfrac{180/\pi}{(1/3600)^{1/2}}\times60\right)^2}{\tau}+\frac{4\left(B\times\dfrac{180/\pi}{1/3600}\right)^2}{9}$$
$$+\frac{\left(K\times\dfrac{180/\pi}{(1/3600)^{3/2}}\times\dfrac{1}{60}\right)^2\tau}{3}+\frac{\left(R\times\dfrac{180/\pi}{(1/3600)^2}\times\dfrac{1}{3600}\right)^2\tau^2}{2} \tag{8.16}$$

通过相应的变量替换：

$$\begin{aligned}
&\sigma'_{\mathrm{A}}(\tau)=\sigma_{\mathrm{A}}(\tau)\times\frac{180/\pi}{1/3600}((°)/\mathrm{h}) && Q'=Q\times180/\pi\times3600(″)\\
&N'=N\times\frac{180/\pi}{(1/3600)^{1/2}}((°)/\sqrt{\mathrm{h}}) && B'=B\times\frac{180/\pi}{1/3600}((°)/\mathrm{h})\\
&K'=K\times\frac{180/\pi}{(1/3600)^{3/2}}((°)/\mathrm{h}^{3/2}) && R'=R\times\frac{180/\pi}{(1/3600)^2}((°)/\mathrm{h}^2)
\end{aligned} \tag{8.17}$$

式(8.16)改写为

$$\sigma_{\mathrm{A}}'^2(\tau)=\frac{3Q'^2}{\tau^2}+\frac{(60N')^2}{\tau}+\frac{4B'^2}{9}+\frac{(K'/60)^2\tau}{3}+\frac{(R'/3600)^2\tau^2}{2}\triangleq\sum_{n=-2}^{2}A'_n\tau^n \tag{8.18}$$

式中：$\tau=m\tau_0$，τ_0 为采样时间。在最小均方意义下，拟合函数 $\sigma'_{\mathrm{A}}(\tau)$ 可以求出 A'_n。再通过式(8.19)计算，可以得到以习惯单位表示的量化误差、角度随机游走、零偏不稳定性、角速率随机游走和速率斜坡的估计值，即

$$Q' = \frac{\sqrt{A'_{-2}}}{\sqrt{3}}('') \quad N' = \frac{\sqrt{A'_{-1}}}{60}((°)/\sqrt{h}) \quad B' = \frac{3\sqrt{A'_0}}{2}((°)/h) \tag{8.19}$$
$$K' = 60\sqrt{3A'_1}((°)/h^{3/2}) \quad R' = 3600\sqrt{2A'_2}((°)/h^2)$$

为了估计的准确,陀螺输出数据的样本必须足够长。当样本长度大于 4h,各系数才趋于稳定。当样本长度比较短时,Allan 方差的可信度低,从而导致误差系数估计的可信度不高。

2. 加速度计的噪声误差模型

由于加速度计的输出噪声相关时间较短,通常将加速度计的噪声误差模型建立为白噪声模型。设 $\eta(t)$ 是加速度计输出噪声对应的随机变量,则 $\eta(t)$ 的统计特性满足以下关系,即

$$\begin{cases} \mu_\omega(t) = E\{\eta(t)\} = 0 \\ R_{\omega\omega}(t_1,t_2) = E\{\eta(t_1)\eta(t_2)\} = \dfrac{N_0}{2}\delta(t_1-t_2) \end{cases} \tag{8.20}$$

式中:$\delta(t)$ 为狄拉克函数。

8.1.4　精度指标与环境适应性指标

1. 陀螺的精度指标与环境适应性指标

参考国军标《激光陀螺仪测试方法》(GJB 2427—1995),陀螺的典型精度指标如下。

标度因数(scale factor)——陀螺输出量与输入量之比。标度因数越大,灵敏度越高。

标度因数非线性度(scale factor nonlinearity)——在输入角速率范围内,陀螺输出量与输入量的比值相对于标度因数的最大偏差与标度因数之比,表示为 ppm(part per million,10^{-6})或%(1%)。表征了陀螺实际输入和输出数据的偏离程度,决定了线性拟合数据的可信度。标度因数非线性度大,则线性拟合数据的可信度低。

标度因数不对称度(scale factor asymmetry)——在输入角速度范围内,陀螺正、反方向输入角速率的标度因数差值与其平均值之比,10^{-6}或%。标度因数不对称度对线性拟合数据的可信度也有影响。

标度因数重复性(scale factor repeatability)——在同样条件下及规定间隔时间,重复测量陀螺标度因数之间的一致程度。以各次测试所得标度因数的标准偏差与其平均值之比表示,ppm 或%。标度因数重复性对陀螺精度有重要影响。

标度因数温度灵敏度(scale factor temperature sensitivity)——相对于室温标

度因数，由温度变化引起的陀螺标度因数相对变化量与温度变化量之比，一般取最大值表示，10^{-6}/℃或%/℃。表征了标度因数受环境温度影响的程度。

最大输入角速率（maximum input angular rate）——陀螺正、反方向输入角速率的最大值，在此输入角速度范围内，陀螺标度因数非线性度满足规定要求，（°）/s。

阈值（threshold）——陀螺能敏感的最小输入量，由该输入量产生的输出量至少应该等于按标度因数所期望输出值的 50%，（°）/h。

零偏（bias）——当输入角速率为零时，陀螺的输出量。以规定时间内测得的输出量平均值相应的等效输入角速率表示，（°）/h。在角速度输入为零时，陀螺的输出是一条复合白噪声信号缓慢变化的曲线，曲线的平均值就是零偏值。陀螺零偏可以通过标定进行补偿。

零偏稳定性（bias stability）——当输入角速率为零时，衡量陀螺输出量围绕其均值的离散程度，以规定时间内（如：100 秒）输出量的标准偏差相应的等效输入角速率表示，也可称为零漂，通常用 1δ 值表示（°）。在整个性能指标集中，零偏稳定性是评价陀螺性能优劣的最重要指标。注意，与 ALLAN 方差零偏不稳定性的区别。对于高精度光学陀螺，常采用百秒方差计算零偏稳定性称为“百秒方差零偏稳定性”。对于 MEMS 陀螺，常采用 ALLAN 方差计算零偏不稳定性，称为“ALLAN 方差零偏不稳定性”。通常，对于同一个陀螺而言，ALLAN 方差零偏不稳定性要小于百秒零偏稳定性。

零偏重复性（bias repeatability）——在同样条件下及规定间隔时间，重复测量陀螺零偏之间的一致程度，以各次测试所得零偏的标准偏差表示，（°）/h。零偏重复性反映了陀螺逐次起动时的性能差别，决定了是否需要对零偏进行在线标定。

零偏温度灵敏度（bias temperature sensitivity）——相对于室温零偏，由温度变化引起的陀螺零偏变化量与温度变化量之比，一般取最大值表示，（°）/h/℃。

零偏磁场灵敏度（bias magnetic sensitivity）——由磁场引起的陀螺零偏变化量与磁场强度之比，（°）/h/mT。

随机游走系数（random walk coefficient）——由白噪声产生的随时间累积的陀螺随机角误差系数，（°）/$\sqrt{h}$。它反映的是陀螺输出的角速度积分（角度）随时间积累的不确定性（角度随机误差）。

预热时间（warm-up time）——陀螺在规定的工作条件下，从供给能量开始至达到规定性能所需要的时间，s。

2. 加速度计的精度指标与环境适应性指标

参考国军标《单轴摆式伺服线加速度计通用规范》（GJB 719—1989），加速度计的典型精度指标如下。

标度因数(scale factor)——加速度计的输出量与输入量之比。标度因数越大,灵敏度越高。

标度因数重复性(scale factor repeatability)——在同样条件下及规定间隔时间,重复测量加速度计标度因数之间的一致程度。以各次测试所得标度因数的标准偏差与其平均值之比表示,10^{-6}或%。

标度因数温度灵敏度(scale factor temperature sensitivity)——相对于室温标度因数,由温度变化引起的加速度计标度因数相对变化量与温度变化量之比,一般取最大值表示,10^{-6}/℃或%/℃。

阈值(threshold)——加速度计能敏感的最小输入量,mg 或 μg。

零偏(bias)——当输入加速度为零时,加速度计的输出量,mg 或 μg。加速度计零偏可以通过标定进行补偿。

零偏稳定性(bias stability)——当输入加速度为零时,衡量加速度计输出量围绕其均值的离散程度,mg 或 μg。在整个性能指标集中,零偏稳定性是评价加速度计性能优劣的最重要指标。

零偏重复性(bias repeatability)——在同样条件下及规定间隔时间,重复测量加速度计零偏之间的一致程度,以各次测试所得零偏的标准偏差表示,mg 或 μg。零偏重复性反映了加速度计逐次起动时的性能差别,决定了是否需要对零偏进行在线标定。

零偏温度灵敏度(bias temperature sensitivity)——相对于室温零偏,由温度变化引起的加速度计零偏变化量与温度变化量之比,一般取最大值表示,mg/℃。

预热时间(warm-up time)——加速度计在规定的工作条件下,从供给能量开始至达到规定性能所需要的时间,s。

8.2　陀螺的精度测试方法

陀螺的精度指标中,标度因数和零偏是确定陀螺精度的最主要的两个参数,如果估计不准确,会极大地影响陀螺的测量精度。因此,本节主要介绍陀螺标度因数和零偏的测试方法。

8.2.1　标度因数的测试方法

标度因数是陀螺的输出变化对输入变化的比值,用输入输出数据在规定测量范围内拟合的直线斜率来表示。陀螺标度因数测试的设备包括具有角度读数的速率转台、陀螺脉冲输出测量装置、陀螺脉冲输出记录装置和计时器等。

测试时，速率转台转轴垂直于地垂线，陀螺敏感轴平行于转台转轴，转台在每个角速率测量点正、反各旋转 m 整圈，记录正、反转陀螺输出脉冲数。以激光陀螺为例，分别测量陀螺在每个角速率测量点的平均输出脉冲频率 N_i/τ，按照以下公式计算标度因数，即

$$K=\frac{\sum_n \frac{N_i}{\tau}\Omega_i-\frac{1}{n}\left(\sum_n \Omega_i\right)\left(\sum_n \frac{N_i}{\tau}\right)}{\sum_n \Omega_i^2-\frac{1}{n}\left(\sum_n \Omega_i\right)^2} \tag{8.21}$$

式中：$\frac{N_i}{\tau}$为第 i 个角速率下陀螺平均输出脉冲频率；Ω_i 为第 i 个角速率值；n 为角速率测试点的数目。

n 通常不小于 11，在整个测量的范围内均匀分布，其中必须包括正、负最大输入角速率点。

在实际中，陀螺的输出变化对输入变化的比值并非是严格的线性关系，且随运行次数不同而发生微小变化。因此，通常在评估陀螺的标度因数时，还须测试标度因数的非线性性、不对称性及重复性。

1. 非线性测试

非线性也称为非线性度，是在规定测量范围内，陀螺输入输出特性曲线偏离其标度因数的系统性偏差，用各测点实际输出量与按照标度因数计算的输出量之差值在全量程内的最大值对量程的比值来表示，即

$$K_m=\frac{\left(\frac{N_i+N_0}{\tau}-K\Omega_i\right)_{\max}}{\Omega_{\max}} \tag{8.22}$$

式中：$\frac{N_0}{\tau}$为陀螺的零偏值。

2. 不对称性测试

不对称性是指在规定的测量范围内，陀螺正、反向输入和输出特性的线性化斜率之差与其标度因数的比值。若分别测得正、反向输入和输出特性的线性化斜率为 K_+和 K_-，则不对称性为

$$K_{\mathrm{b}}=\frac{|K_+-K_-|}{K} \tag{8.23}$$

3. 重复性测试

标度因数重复性是指在相同试验条件但多次通断电状态下,在规定时间内各次通电所测的标度因数值相对多次通电所得标度因数均值的离散程度,以标准偏差表示。

测试标度因数重复性时,按标度因数测试的方法,重复测试陀螺标度因数 n 次。每次测量完毕后陀螺须断电并降至常温后,方可再次通电起动。标度因数重复性为

$$K_{\mathrm{r}}=\frac{\sqrt{\dfrac{\sum\limits_{n}\left(K_i-\dfrac{1}{n}\sum\limits_{n}K_i\right)^2}{n-1}}}{\dfrac{1}{n}\sum\limits_{n}K_i} \tag{8.24}$$

式中:K_{r} 为标度因数重复性(10^{-6});K_i 为第 i 次测试的标度因数,$10^{-6}/(°)$;n 为重复测量次数。

8.2.2 陀螺漂移的测试方法

陀螺的测试项目中,漂移测试是最主要也是最基本的一项测试。通过漂移测试,可以确定陀螺的精度,验证陀螺是否已达到设计的精度指标。漂移测试也是进行其他各项测试的基础,振动测试、高低温测试等是否合格,都需要通过漂移测试来验证。本节介绍两类常用的陀螺漂移测试方法:一类是多位置反馈法,主要用于产品的验收试验;另一类是伺服法,主要用于产品的鉴定试验和诊断试验。

1. 多位置反馈法陀螺漂移测试

已知重力加速度矢量和地球自转角速度矢量在北东地(NED)坐标系下的分量形式分别为 $[0\quad 0\quad g]^{\mathrm{T}}$ 和 $[\omega_{\mathrm{e}}\cos\varphi\quad 0\quad -\omega_{\mathrm{e}}\sin\varphi]^{\mathrm{T}}$,其中 φ 是当地地理纬度,如图 8.2 所示,多位置反馈法的基本思想是使陀螺坐标系相对于地理坐标系有不同空间指向,获得重力加速度矢量和地球自转角速度矢量在陀螺各轴上的投影分量,建立测量方程组,求解误差系数。

根据所需分离的误差项目多少及精确程度,多位置反馈法可以采取 8 位置、12 位置、24 位置或更多位置等方案。下面以 8 位置试验方案为例进行说明。

8 位置试验可测得陀螺漂移误差模型为

$$\omega_{\mathrm{m}}=\omega_I+D_{\mathrm{F}}+D_Ia_I+D_Oa_O+D_Sa_S \tag{8.25}$$

式中:ω_{m} 为陀螺测量的角速率;ω_I 为输入轴地速分量;D_{F} 为与加速度无关的漂移角速率;D_I 为与沿输入轴(I_{A})加速度 a_I 成比例的漂移系数;D_O 为与沿输出轴

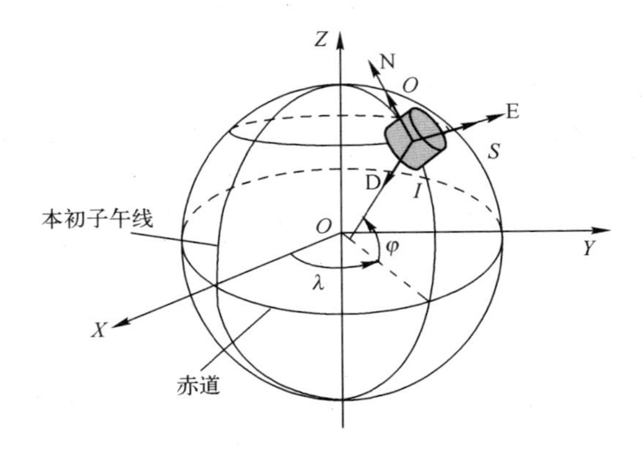

图 8.2　多位置反馈法原理示意图

(O_A)加速度 a_O 成比例的漂移系数;D_S 为与沿转子轴(S_A)加速度 a_S 成比例的漂移系数。

各个测试位置对应的陀螺各轴方向与地理坐标系的关系如图 8.3 所示。重力加速度和地速在陀螺各轴方向上的投影如表 8.2 所列。

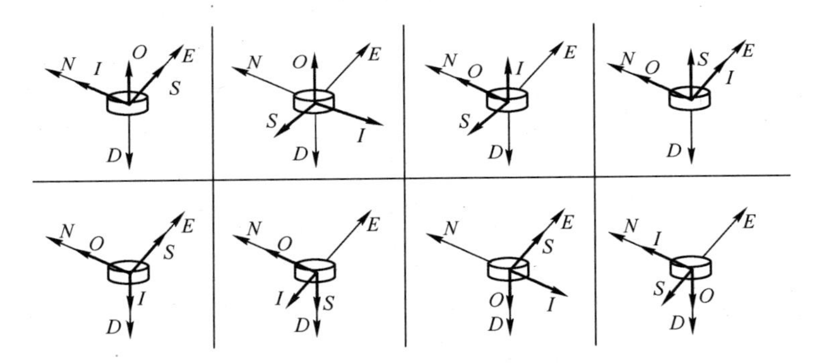

图 8.3　8 位置法中陀螺各轴方向与地理坐标系的关系

表 8.2　陀螺各轴指向及重力加速度和地速投影分量

位置	陀螺各轴取向			重力加速度分量			地速分量 ω_I
	I	O	S	a_I	a_O	a_S	
1	N	U	E	0	$-g$	0	$\omega_e\cos\varphi$
2	S	U	W	0	$-g$	0	$-\omega_e\cos\varphi$
3	U	N	W	$-g$	0	0	$\omega_e\sin\varphi$
4	E	N	U	0	0	$-g$	0
5	D	N	E	g	0	0	$-\omega_e\sin\varphi$
6	W	N	D	0	0	g	0
7	S	D	E	0	g	0	$-\omega_e\cos\varphi$
8	N	D	W	0	g	0	$\omega_e\cos\varphi$

将表 8.2 中的重力加速度和地速投影值代入式(8.25)中,可得到 8 个方程,求解此方程组可得

$$\begin{bmatrix} D_F \\ D_I g \\ D_O g \\ D_S g \end{bmatrix} = \begin{bmatrix} \frac{1}{8} & \frac{1}{8} & \frac{1}{8} & \frac{1}{8} & \frac{1}{8} & \frac{1}{8} & \frac{1}{8} & \frac{1}{8} \\ 0 & 0 & \frac{1}{2} & 0 & -\frac{1}{2} & 0 & 0 & 0 \\ \frac{1}{4} & \frac{1}{4} & 0 & 0 & 0 & 0 & -\frac{1}{4} & -\frac{1}{4} \\ 0 & 0 & 0 & \frac{1}{2} & 0 & -\frac{1}{2} & 0 & 0 \end{bmatrix} \begin{bmatrix} \omega_{m1} - \omega_e \cos\varphi \\ \omega_{m2} + \omega_e \cos\varphi \\ \omega_{m3} - \omega_e \sin\varphi \\ \omega_{m4} \\ \omega_{m5} + \omega_e \sin\varphi \\ \omega_{m6} \\ \omega_{m7} + \omega_e \cos\varphi \\ \omega_{m8} - \omega_e \cos\varphi \end{bmatrix} \tag{8.26}$$

2. 伺服法陀螺漂移测试

伺服法主要用于测试长时间工作的陀螺漂移。陀螺与伺服转台构成闭合回路,以类似平台上的惯性稳定状态工作。通过测量转台的转角,间接测出陀螺的漂移误差。针对式(8.1)的陀螺静态漂移误差模型,转台伺服法测试陀螺漂移的系统框图如图 8.4 所示。

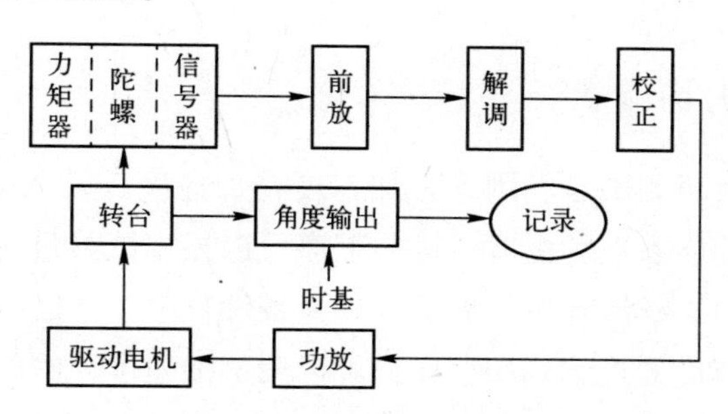

图 8.4　转台伺服系统工作状态框图

陀螺角度传感器的输出通过转台伺服放大器与转台构成闭环系统。因陀螺的输入轴有地速 ω_e 的分量 ω_I 输入,因此陀螺角度传感器有信号输出,这个信号通过转台伺服系统控制转台向抵消地速转动的方向旋转。理想情况下,转台恰好按地速分量反向转动,使陀螺相对惯性空间保持稳定。实际上,由于陀螺自身存在漂移,使转台相对地球的转动速度并不等于地速,两者之差就是陀螺的漂移。

在一个确定的时间间隔 t_2-t_1 内,利用转台的测角系统得到初始角位置 α_1 和末位置 α_2,然后根据地速可以求得地球在这个时间里的转角,则陀螺漂移角速度 ω_d 用下式求取,即

$$\omega_d = \frac{\alpha_2 - \alpha_1 - \omega_e(t_2 - t_1)}{t_2 - t_1} \tag{8.27}$$

将式(8.27)用转台角速率表示为

$$\dot{\theta} = -(\omega_e + \omega_d) \tag{8.28}$$

这种方法不是直接测量漂移角速率,而是测量它的积分。只要允许延长观测时间,就可以测得很小的漂移角速率。伺服法不对陀螺加矩,可以测试各类陀螺,特别是测试长时间工作的陀螺。文献[2]以单自由度陀螺为例,详细介绍了陀螺输入轴沿垂线方向和极轴方向两种安装方式下采用伺服法测试的数据处理方法。

8.3 加速度计的精度测试方法

加速度计与陀螺都是惯性导航系统中关键的惯性元件,在测试方法上有相近之处。如同陀螺的试验情况,IEEE 公布了针对加速度计试验的许多试验规程文件。下面介绍加速度计的两种主要测试方法,即重力场测试与离心机测试。

8.3.1 重力场测试

加速度计重力场测试是利用重力加速度在加速度计输入轴方向的分量,测量加速度计各项性能参数的试验。试验程序可以根据试验目的来安排。通常采用等角度分割的多点翻滚程序或加速度增量线性程序来标定加速度计的静态性能参数。不同角速度的连续翻滚程序还可以测试加速度计的部分动态性能。

加速度计重力场测试的测试范围限制在实验室当地重力加速度正负值($\pm 1g$)以内,不能进行输入范围大于$\pm 1g$ 的加速度计全量程试验。由于重力加速度最容易获得,并能精确测定其大小和方向,因此重力场测试具有试验方便和结果精确的特点,是各种输入量程的加速度计性能测试的主要试验之一。

在进行地球重力场翻滚试验时,加速度计的输入加速度按正弦规律变化,它的输出值也相应地按正弦规律变化。由于各方面的原因,实际上加速度计的输出值是周期函数,但并不完全是按正弦规律变化。如果将实际输出的周期函数按照傅里叶级数分解,可以得到常值项、正弦基波项、余弦基波项和其他高次谐波项。通过傅里叶级数的各项系数,可以换算模型方程式的各项系数。

参考 8.1.1 小节中的加速度静态误差模型,加速度计在地球重力场的测试中,通常可以采用简化的静态数学模型方程,即

$$a_{\mathrm{D}}=K_0+K_I a_I+K_{II} a_I^2+K_{III} a_I^3+K_{IO} a_I a_O+K_{IP} a_I a_P \tag{8.29}$$

对于一个设计良好的加速度计和再平衡回路，采用式(8.29)的静态模型方程来描述加速度计的性能是合理的，而且可以利用地球重力场对这个模型方程进行测试。

1. 模型方程系数与谐波系数的关系

进行重力场测试时，一般是将加速度计通过卡具安装在精密光学分度头或精密端齿盘上进行。令加速度计的输入轴在铅垂平面内相对重力加速度回转，通常是让分度头在 360°范围内旋转，就可以使加速度计敏感轴上所受的重力加速度呈正弦关系变化，加速度计的输出也呈正弦关系变化。在知道敏感轴与重力的夹角后，就可以计算出加速度计所感受的加速度大小。试验时为精确地确定输入轴的角度，通常均匀分布测试点。为提高测试精度，测试设备必须采取隔振和防倾斜的措施。采用数据采集卡自动记录测量结果。重力场 1g 静态翻滚测试的主要检测项目包括加速度计标定因数、加速度计零偏、对加速度输入平方敏感的二阶系数、各漂移系数的重复性与稳定性等。

为了对模型方程进行完整测试，即估计出式(8.29)中的各项系数，加速度计的安装状态需要包括水平摆状态和测摆状态。加速度计的输出轴平行于分度头转轴的安装状态，称为水平摆安装状态。加速度计的摆轴平行于分度头转轴的安装状态称为侧摆安装状态。

在侧摆状态和水平摆状态，模型方程的差别只是交叉耦合项不同。下面讨论在侧摆状态下，模型方程系数与加速度计在重力场中方位的关系。加速度计在侧摆状态下摆轴(P)水平放置，而输入轴(I)和输出轴(O)可以绕分度头的水平轴在当地铅垂面内旋转 360°，如图 8.5(a)所示。加速度计输入形式为

$$\bar{a}=-g,\quad \begin{bmatrix} a_I \\ a_O \\ a_P \end{bmatrix}=\begin{bmatrix} \sin(\theta+\theta_0) \\ \cos(\theta+\theta_0) \\ 0 \end{bmatrix}\cdot g \tag{8.30}$$

式中：θ 为输入轴与当地水平面的夹角；θ_0 为初始失准角。

将式(8.30)代入式(8.29)，则有

$$\begin{aligned} a_{\mathrm{D}}=&K_0+K_I g\sin(\theta+\theta_0)+K_{II} g^2\sin^2(\theta+\theta_0) \\ &+K_{III} g^3\sin^3(\theta+\theta_0)+K_{IO} g^2\sin(\theta+\theta_0)\cos(\theta+\theta_0) \end{aligned} \tag{8.31}$$

考虑到 θ_0、K_{II}、K_{III}、K_{IO} 均为小量，若忽略二阶及其以上小量，则

$$\begin{aligned} a_{\mathrm{D}}=&K_0+K_I g\sin\theta+K_I g\theta_0\cos\theta+K_{II} g^2\sin^2\theta \\ &+K_{III} g^3\sin^3\theta+\frac{1}{2}K_{IO} g^2\sin2\theta \end{aligned} \tag{8.32}$$

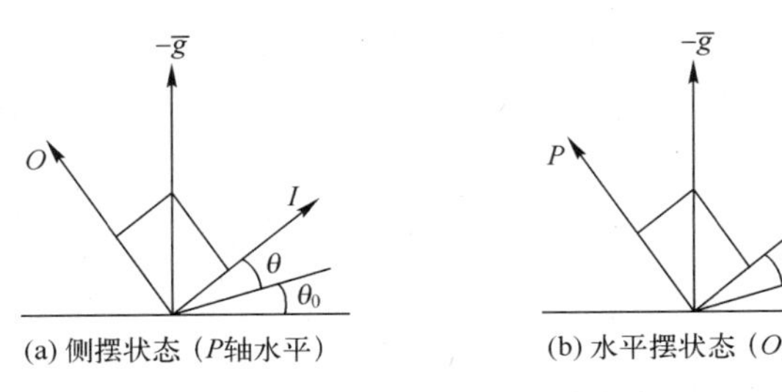

(a) 侧摆状态（P轴水平）　(b) 水平摆状态（O轴水平）

图 8.5　加速度计安装方式

利用三角公式,有

$$\sin^2\theta=\frac{1}{2}(1-\cos2\theta),\quad \sin^3\theta=\frac{1}{4}(3\sin\theta-\sin3\theta)$$

式(8.32)可化为

$$\begin{aligned}a_{\mathrm{D}}=&\left(K_0+\frac{1}{2}K_{II}g^2\right)+\left(K_I+\frac{3}{4}K_{III}g^2\right)g\sin\theta+\frac{1}{2}K_{IO}g^2\sin2\theta\\&-\frac{1}{4}K_{III}g^3\sin3\theta+K_Ig\theta_0\cos\theta-\frac{1}{2}K_{II}g^2\cos2\theta\end{aligned}\tag{8.33}$$

式(8.33)即为加速度计输出 a_{D} 的傅里叶级数表达式。如果令

$$a_{\mathrm{D}}=B_0+S_1g\sin\theta+S_2g^2\sin2\theta+S_3g^3\sin3\theta+C_1g\cos\theta+C_2g^2\cos2\theta\tag{8.34}$$

比较式(8.33)和式(8.34)可知,各次谐波系数与模型方程系数之间的关系为

$$\begin{aligned}&B_0=K_0+\frac{1}{2}K_{II}g^2,\quad S_1=K_I+\frac{3}{4}K_{III}g^2,\quad S_2=\frac{1}{2}K_{IO}\\&S_3=-\frac{1}{4}K_{III},\qquad C_1=K_I\theta_0,\qquad C_2=-\frac{1}{2}K_{II}\end{aligned}\tag{8.35}$$

由式(8.35)可以得到用谐波系数表示的模型方程系数和初始失准角为

$$\begin{aligned}&K_0=B_0+C_2g^2,\quad K_I=S_1+3S_3g^2,\quad K_{II}=-2C_2\\&K_{III}=-4S_3,\qquad K_{IO}=2S_2,\qquad \theta_0=\frac{C_1}{S_1+3S_3g^2}\end{aligned}\tag{8.36}$$

上面是对侧摆状态进行的分析,水平摆状态的分析类似。

一般情况下,对足够多的试验数据进行标准的傅里叶分析,便可以确定出各次谐波系数,进而确定出各个模型方程的系数。在特殊情况下,利用一些特殊的角位置,根据式(8.32)可以直接计算出模型方程的系数。工程上确定加速度计输入输出特性模型方程的系数最常用的方法是四点法和多点法。

2. 四点法

以加速度计选取侧摆安装状态(P 水平)为例,分别取 4 个试验位置,即 0°、

90°、180°、270°，并代入加速度计的傅里叶表达式(8.32)，即可得到一组方程，即

$$\begin{cases} a_{\mathrm{D}}(0°)=K_0+K_I g\theta_0 \\ a_{\mathrm{D}}(90°)=K_0+K_I g+K_{II}g^2+K_{III}g^3 \\ a_{\mathrm{D}}(180°)=K_0-K_I g\theta_0 \\ a_{\mathrm{D}}(270°)=K_0-K_I g+K_{II}g^2-K_{III}g^3 \end{cases} \tag{8.37}$$

解此联立方程组，可得

$$\begin{aligned} K_0&=\frac{1}{2}[a_{\mathrm{D}}(0°)+a_{\mathrm{D}}(180°)] \\ K_{II}&=\frac{1}{2g^2}[a_{\mathrm{D}}(90°)+a_{\mathrm{D}}(270°)-a_{\mathrm{D}}(0°)-a_{\mathrm{D}}(180°)] \end{aligned} \tag{8.38}$$

若考虑 $K_{III} \ll K_I$，则

$$\begin{aligned} K_I&\approx\frac{1}{2g}[a_{\mathrm{D}}(90°)-a_{\mathrm{D}}(270°)] \\ \theta_0&\approx\frac{a_{\mathrm{D}}(0°)-a_{\mathrm{D}}(180°)}{a_{\mathrm{D}}(90°)-a_{\mathrm{D}}(270°)} \end{aligned} \tag{8.39}$$

四点法试验程序如下。

(1) 加速度计通过夹具安装在光学分度头上，分度头转轴调整在水平面内。

(2) 由可微动调节的平台、高灵敏度水平仪和自准直仪建立起自准直仪轴水平基准，并使加速度计的安装面同时置于铅垂面内，其误差要在一定的范围内（如 6″），以此作为起始读数的基准零位。

(3) 由基准零位顺时针方向转动分度头，稍大于 90°，然后平稳精确地慢慢返回原基准零位（即从 $+1g$ 到正零），在规定时间内，连续记录 5~10 个读数，并取其平均值。

(4) 逆时针方向转动分度头稍大于 90°，然后平稳精确地慢慢返回原基准零位（即从 $-1g$ 到正零），在规定时间内，连续记录 5~10 个读数，并取其平均值。

(5) 逆时针方向平稳精确地转 90°（即到 $-1g$），在规定时间内，连续记录 5~10 个读数，并取其平均值。

(6) 顺时针方向平稳精确地转 180°（即到 $+1g$），在规定时间内，连续记录 5~10 个读数，并取其平均值。

(7) 顺时针方向平稳精确地转到相对于基准零位 180°的位置（即 $+1g$ 到负零），在规定时间内，连续记录 5~10 个读数，并取其平均值。

(8) 顺时针方向转动分度头稍大于 90°，然后平稳精确地慢慢返回(7)的位置（即从 $-1g$ 到负零），在规定时间内，连续记录 5~10 个读数，并取其平均值。

(9) 逆时针方向平稳精确地转 180°,回到起始零位,并对准自准直光轴,待下一次测量。

(10) 将所测数据代入式(8.38)和式(8.39),求出模型方程的各项系数。不难看出,四点法的优、缺点如下。

(1) 利用一组 4 位置试验,可以很快地估计出模型方程系数中的偏值 K_0,以及二阶非线性系数 K_{II}。

(2) 由于无法分离 K_I,K_{III},所以不能解出三阶非线性系数 K_{III}。在忽略 K_{III} 的条件下,可以得到标定因数 K_I 和输入轴失准角 θ_0 的近似值。

(3) 四点法不能确定模型方程中的交叉耦合系数 K_{IO} 和 K_{IP}。

为了准确地确定标定因数 K_I 和输入轴失准角 θ_0,并且确定交叉耦合系数 K_{IO} 和 K_{IP},需要采用多点法试验。

3. 多点法

在重力场测试中,加速度计采用水平摆安装状态或侧摆安装状态,取分度头的设定值为 n 个,则每个位置的角度值可表示为

$$\theta_i = \frac{360°}{n} \cdot i \quad (i = 1, 2, \cdots, n) \tag{8.40}$$

例如,对于加速度计取侧摆状态(P 轴水平),采用最小二乘法进行数据处理,根据式(8.34)可得曲线拟合偏差的平方和为

$$\begin{aligned} &\sum_{i=1}^{n} (a_{Di} - a_D)^2 \\ &= \sum_{i=1}^{n} (a_{Di} - B_0 - S_1 g\sin\theta - S_2 g^2 \sin 2\theta - S_3 g^3 \sin 3\theta - C_1 g\cos\theta - C_2 g^2 \cos 2\theta)^2 \end{aligned} \tag{8.41}$$

对每个谐波系数求偏导数,并使它们等于零,就可以得到矩阵形式的方程组。注意到分度头是用 n 个等间隔角度值确定的,则有下面的关系式,即

$$\begin{aligned} \sum_{i=1}^{n} \cos\theta_i &= \sum_{i=1}^{n} \cos 2\theta_i = \sum_{i=1}^{n} \sin\theta_i = \sum_{i=1}^{n} \sin 2\theta_i = \sum_{i=1}^{n} \sin 3\theta_i = \sum_{i=1}^{n} \sin\theta_i \cos\theta_i \\ &= \sum_{i=1}^{n} \sin\theta_i \cos 2\theta_i = \sum_{i=1}^{n} \sin 2\theta_i \cos\theta_i = \sum_{i=1}^{n} \sin 2\theta_i \cos 2\theta_i = \sum_{i=1}^{n} \sin 3\theta_i \cos\theta_i \\ &= \sum_{i=1}^{n} \sin\theta_i \sin 3\theta_i = \sum_{i=1}^{n} \sin 2\theta_i \sin 3\theta_i = \sum_{i=1}^{n} \cos\theta_i \cos 2\theta_i = 0 \end{aligned}$$

$$\sum_{i=1}^{n} 1 = n, \quad \sum_{i=1}^{n} \cos^2\theta_i = \sum_{i=1}^{n} \cos^2 2\theta_i = \sum_{i=1}^{n} \sin^2\theta_i = \sum_{i=1}^{n} \sin^2 2\theta_i = \sum_{i=1}^{n} \sin^2 3\theta_i = \frac{n}{2}$$

考虑了以上各种关系之后，可以得到以矩阵表示的简化方程组，即

$$\begin{bmatrix} \sum_{i=1}^{n} a_{Di} \\ \sum_{i=1}^{n} a_{Di}\cos 2\theta_i \\ \sum_{i=1}^{n} a_{Di}\cos 3\theta_i \\ \sum_{i=1}^{n} a_{Di}\sin\theta_i \\ \sum_{i=1}^{n} a_{Di}\sin 2\theta_i \\ \sum_{i=1}^{n} a_{Di}\sin 3\theta_i \end{bmatrix} = \begin{bmatrix} n & 0 & 0 & 0 & 0 & 0 \\ 0 & \frac{ng}{2} & 0 & 0 & 0 & 0 \\ 0 & 0 & \frac{ng^2}{2} & 0 & 0 & 0 \\ 0 & 0 & 0 & \frac{ng}{2} & 0 & 0 \\ 0 & 0 & 0 & 0 & \frac{ng^2}{2} & 0 \\ 0 & 0 & 0 & 0 & 0 & \frac{ng^3}{2} \end{bmatrix} \begin{bmatrix} B_0 \\ C_1 \\ C_2 \\ S_1 \\ S_2 \\ S_3 \end{bmatrix} \tag{8.42}$$

其逆方程为

$$\begin{bmatrix} B_0 \\ C_1 \\ C_2 \\ S_1 \\ S_2 \\ S_3 \end{bmatrix} = \begin{bmatrix} \frac{1}{n} & 0 & 0 & 0 & 0 & 0 \\ 0 & \frac{2}{ng} & 0 & 0 & 0 & 0 \\ 0 & 0 & \frac{2}{ng^2} & 0 & 0 & 0 \\ 0 & 0 & 0 & \frac{2}{ng} & 0 & 0 \\ 0 & 0 & 0 & 0 & \frac{2}{ng^2} & 0 \\ 0 & 0 & 0 & 0 & 0 & \frac{2}{ng^3} \end{bmatrix} \begin{bmatrix} \sum_{i=1}^{n} a_{Di} \\ \sum_{i=1}^{n} a_{Di}\cos 2\theta_i \\ \sum_{i=1}^{n} a_{Di}\cos 3\theta_i \\ \sum_{i=1}^{n} a_{Di}\sin\theta_i \\ \sum_{i=1}^{n} a_{Di}\sin 2\theta_i \\ \sum_{i=1}^{n} a_{Di}\sin 3\theta_i \end{bmatrix} \tag{8.43}$$

对于每个角度设定值 θ_i，都可测得加速度计的输出值 a_{Di}，根据式(8.43)就可以求得全部谐波系数；再根据式(8.36)就可以求出加速度计数学模型的各个系数和安装初始失准角。

8.3.2　离心机测试

加速度计重力场测试只能进行±1g 以内的加速度测量。在惯性导航与惯性制导系统中，典型应用场景中的加速度都大于 1g，有时甚至到达几十 g。

因此,产生一个大于 1g 的标准加速度,用来检测加速度计的静态特性是十分必要的。加速度计离心机测试是将精密离心机产生的向心加速度作为输入,测量加速度计各项性能参数的试验。精密离心机是一种重要的高过载条件下的惯性传感器测试设备,它可以提供大加速度来激励惯性传感器的高阶项误差系数,使其具有较大的输出。有的精密离心机的测试范围可以高达 1000g,如美国 Ideal Aerosmith 公司的 1068 系列和瑞士 Acutronic 公司的 BD66 系列精密离心机。

加速度计离心机测试是进行加速度计全量程范围性能测试的主要试验。高过载精密离心机测试主要检测大于 1g 加速度输入情况下加速度计的标度因数、加速度计零偏、对加速度输入平方敏感的二阶系数、各漂移系数的重复性与稳定性等。

1. 离心加速度数值的确定

加速度计离心机测试原理如图 8.6 所示。其主要试验设备包括带有试验夹具的离心机、加速度计试验工装(包括温控装置)、加速度计综合测试台、数据采集与处理装置、电源、电缆、测试仪器等。离心机要求转速稳定、结构变形小、振动小以及可以将加速度计安装在半径精确已知的圆盘上。离心机试验的加速度输入是通过使加速度计输入轴对准恒速旋转的半径方向的离心力产生的。

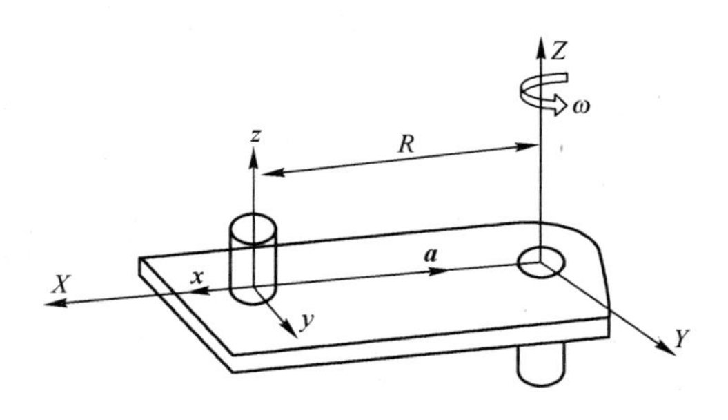

图 8.6 离心机试验原理

精密离心机一般由稳速系统和圆盘(或转臂)组成。根据力学原理,精密离心机所产生的向心加速度值为

$$a_c = \omega^2 R \tag{8.44}$$

式中:ω 为离心机回转角速度;R 为离心机转轴轴线到加速度计质量中心的距离,即转动半径。

精密离心机产生的加速度方向是沿回转半径指向回转中心的方向。考虑到误差因数,由式(8.44)可以得出

$$a_c + \Delta a_c = (\omega + \Delta\omega)^2 (R + \Delta R) \tag{8.45}$$

根据式(8.44)和式(8.45),有

$$\frac{\Delta a_{\mathrm{c}}}{a_{\mathrm{c}}}=\frac{2\Delta\omega}{\omega}+\frac{\Delta\omega^2}{\omega^2}+\frac{\Delta R}{R}+\frac{2\Delta\omega\Delta R}{\omega R}+\frac{\Delta\omega^2\Delta R}{\omega^2 R} \tag{8.46}$$

略去二阶小量后，得

$$\frac{\Delta a_{\mathrm{c}}}{a_{\mathrm{c}}}\approx\frac{2\Delta\omega}{\omega}+\frac{\Delta R}{R} \tag{8.47}$$

式(8.47)表明，离心机产生的向心加速度的精度取决于离心机工作半径的测量精度和离心机回转角速度的精度。要确定离心机产生的向心加速度的大小，必须精确知道工作半径 R 和离心机回转角速度 ω。通常离心机的转速稳定性相对误差 $\Delta\omega/\omega$ 和工作半径变化引起的相对误差 $\Delta R/R$ 均为10^{-5}量级。

试验时，读取的是离心机相对于固定基座的转动速度。计算加速度时，应加上地球自转角速度在离心机自转轴上的分量。设 φ 为当地地理维度，ω_{e} 为地球自转角速度，有

$$a_{\mathrm{c}}=R\ (\omega+\omega_{\mathrm{e}}\sin\varphi)^2=R\omega^2\left[1+2\left(\frac{\omega_{\mathrm{e}}}{\omega}\right)\sin\varphi+\left(\frac{\omega_{\mathrm{e}}}{\omega}\right)^2\sin^2\varphi\right] \tag{8.48}$$

由于地球转速比离心机转速小得多，因此可以略去$(\omega_{\mathrm{e}}/\omega)^2$ 项，写成

$$a_{\mathrm{c}}=R\omega^2\left[1+2\left(\frac{\omega_{\mathrm{e}}}{\omega}\right)\sin\varphi\right] \tag{8.49}$$

由于在测试时无法精确取得加速度计检测质量中心的位置，因此离心机工作半径较难准确测量。精密离心机在不转动时，有一个静态半径。转动时，随着回转角速度的增加，工作半径会有一些变化。为了保证测量精度，一般对精密离心机工作半径的动态变化量有一定精度要求。

2. 加速度计离心机测试方法

将所要测试的加速度计通过夹具安置在精密离心机的转盘上，加速度计和离心机加速度矢量的取向如图8.6所示。离心机的转轴应与地垂线重合。

离心机转动时，由于结构的动不平衡以及空气动力效应或热效应等的影响，将引起离心机和安装夹具的变形弯曲，使加速度计基座产生与向心加速度有关的角偏差，该项误差有可能影响到高阶误差项的辨识。在一阶近似条件下，这些角偏差近似与加速度成正比，即

$$\begin{cases}\gamma_x=k_x a_{\mathrm{c}}\\ \gamma_y=k_y a_{\mathrm{c}}\\ \gamma_z=k_z a_{\mathrm{c}}\end{cases} \tag{8.50}$$

式中：γ_x、γ_y、γ_z 为加速度计基准相对于离心机静止时绕 x、y、z 轴的转角。

设与加速度计固连的坐标系为 u-ν-ω，当 $a_{\mathrm{c}}=0$ 时，u、v、ω 与 x、y、z 重合，在

离心机转动时,加速度计各轴承受的加速度为

$$\begin{bmatrix} a_u \\ a_v \\ a_\omega \end{bmatrix} = \begin{bmatrix} 1 & \gamma_z & -\gamma_y \\ -\gamma_z & 1 & \gamma_x \\ \gamma_y & -\gamma_x & 1 \end{bmatrix} \begin{bmatrix} a_x \\ a_y \\ a_z \end{bmatrix} = \begin{bmatrix} 1 & k_z a_c & -k_y a_c \\ -k_z a_c & 1 & k_x a_c \\ k_y a_c & -k_x a_c & 1 \end{bmatrix} \begin{bmatrix} a_c \\ 0 \\ -1 \end{bmatrix} = \begin{bmatrix} a_c(1+k_y) \\ -k_x a_c - k_z a_c^2 \\ -1+k_y a_c^2 \end{bmatrix} \tag{8.51}$$

参考 8.1.1 小节的加速度计静态误差模型,本节采用摆式加速度计的输入输出函数的标准模型,即

$$\begin{aligned} a_D = & K_0 + K_I a_I + K_{II} a_I^2 + K_{III} a_I^3 + K_O a_O + K_{OO} a_O^2 + K_{OOO} a_O^3 + K_P a_P + \\ & K_{PP} a_P^2 + K_{PPP} a_P^3 + K_{IP} a_I a_p + K_{IO} a_I a_O + K_{OP} a_O a_P + \delta_O a_P + \delta_P a_O + \cdots \end{aligned} \tag{8.52}$$

式中:a_D 为加速度计输出(g);K_0 为偏值(g);K_I、K_O、K_P 为比例系数(g/g);K_{II}、K_{OO}、K_{PP}为二阶项系数(g/g^2);K_{III}、K_{OOO}、K_{PPP}为三阶项系数(g/g^3);K_{IP}、K_{IO}、K_{OP}为交叉项系数;a_I 为沿输入轴加速度(g);a_P 为沿摆轴加速度(g);a_O 为沿输出轴加速度(g);δ_O 为输入轴绕输出轴安装偏差角(rad);δ_P 为输入轴绕摆轴安装偏差角(rad)。

为了分离除零次项和一次项以外的其他各项系数,整个试验要使加速度计在离心机上变换 12 个不同位置,进行 12 次试验。每次试验使离心机转速从 0 开始,平稳地逐渐上升到最大加速度值,再从最大加速度逐步下降,直到返回 0。从 0g 到最大加速度的测量范围内,均匀地分成若干级(通常分为 4 级)。每次加速度数值的读取是当离心机转速稳定时的输出值。表 8.3 所列为 12 次试验时加速度计的取向和沿各轴的加速度情况。

表 8.3 加速度计的取向及沿各轴的加速度

试验号	加速度计各轴取向			加速度计各轴承受的加速度		
	输入	输出	摆轴	a_I	a_O	a_P
1	X	Y	Z	$(1+k_y)a_c$	$-k_x a_c-k_z a_c^2$	$-1+k_y a_c^2$
2	$-X$	Y	$-Z$	$-(1+k_y)a_c$	$-k_x a_c-k_z a_c^2$	$1-k_y a_c^2$
3	Z	X	Y	$-1+k_y a_c^2$	$(1+k_y)a_c$	$-k_x a_c-k_z a_c^2$
4	$-Z$	$-X$	Y	$1-k_y a_c^2$	$-(1+k_y)a_c$	$-k_x a_c-k_z a_c^2$
5	Y	Z	X	$-k_x a_c-k_z a_c^2$	$-1+k_y a_c^2$	$(1+k_y)a_c$
6	$-Y$	Z	$-X$	$k_x a_c+k_z a_c^2$	$-1+k_y a_c^2$	$-(1+k_y)a_c$
7	①	②	Z	$\frac{\sqrt{2}}{2}[(1+k_x+k_y)a_c+k_z a_c^2]$	$\frac{\sqrt{2}}{2}[(1-k_x+k_y)a_c-k_z a_c^2]$	$-1+k_y a_c^2$

（续）

试验号	加速度计各轴取向			加速度计各轴承受的加速度		
	输入	输出	摆轴	a_I	a_O	a_P
8	③	④	Z	$-\frac{\sqrt{2}}{2}[(1+k_x+k_y)a_c+k_z a_c^2]$	$-\frac{\sqrt{2}}{2}[(1-k_x+k_y)a_c-k_z a_c^2]$	$-1+k_y a_c^2$
9	Z	①	②	$-1+k_y a_c^2$	$\frac{\sqrt{2}}{2}[(1+k_x+k_y)a_c+k_z a_c^2]$	$\frac{\sqrt{2}}{2}[(1-k_x+k_y)a_c-k_z a_c^2]$
10	$-Z$	④	③	$1-k_y a_c^2$	$-\frac{\sqrt{2}}{2}[(1-k_x+k_y)a_c-k_z a_c^2]$	$-\frac{\sqrt{2}}{2}[(1+k_x+k_y)a_c+k_z a_c^2]$
11	②	Z	①	$\frac{\sqrt{2}}{2}[(1-k_x+k_y)a_c-k_z a_c^2]$	$-1+k_y a_c^2$	$\frac{\sqrt{2}}{2}[(1+k_x+k_y)a_c+k_z a_c^2]$
12	④	Z	③	$-\frac{\sqrt{2}}{2}[(1-k_x+k_y)a_c-k_z a_c^2]$	$-1+k_y a_c^2$	$-\frac{\sqrt{2}}{2}[(1+k_x+k_y)a_c+k_z a_c^2]$

注：表中试验号 7～12 的加速度计各轴取向如图 8.7 所示。

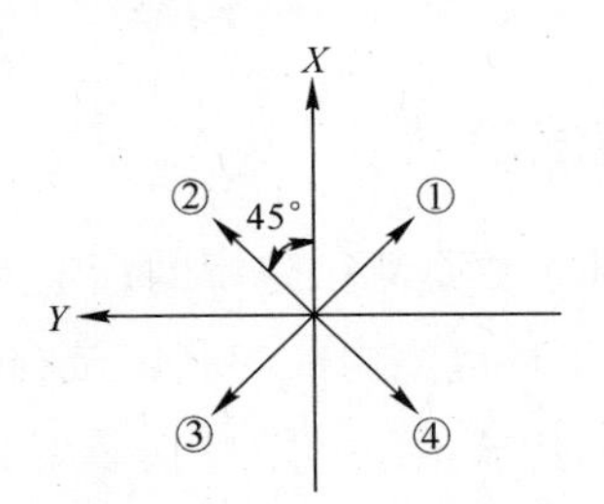

图 8.7　试验号为 7～12 的轴取向图

将各次试验加速度计各轴承受的加速度值代入模型方程，并改写成

$$A_{ij}=B_{0i}+B_{1i}a_{cj}+B_{2i}a_{cj}^2+B_{3i}a_{cj}^3 \tag{8.53}$$

式中：i 为试验号，$i=1\sim12$；j 为采值序号，$j=1\sim4$。

以每次试验不同大小的加速度值取得的输出 A_{ij}，可以计算出 B_{0i}、B_{1i}、B_{2i}、B_{3i} 值，方法与前述的方法类似。其结果为

$$\begin{bmatrix} B_{0i} \\ B_{1i} \\ B_{2i} \\ B_{3i} \end{bmatrix} = \begin{bmatrix} n & \sum_{j=1}^{n} a_{cj} & \sum_{j=1}^{n} a_{cj}^2 & \sum_{j=1}^{n} a_{cj}^3 \\ \sum_{j=1}^{n} a_{cj} & \sum_{j=1}^{n} a_{cj}^2 & \sum_{j=1}^{n} a_{cj}^3 & \sum_{j=1}^{n} a_{cj}^4 \\ \sum_{j=1}^{n} a_{cj}^2 & \sum_{j=1}^{n} a_{cj}^3 & \sum_{j=1}^{n} a_{cj}^4 & \sum_{j=1}^{n} a_{cj}^5 \\ \sum_{j=1}^{n} a_{cj}^3 & \sum_{j=1}^{n} a_{cj}^4 & \sum_{j=1}^{n} a_{cj}^5 & \sum_{j=1}^{n} a_{cj}^6 \end{bmatrix}^{-1} \begin{bmatrix} \sum_{j=1}^{n} A_{ij} \\ \sum_{j=1}^{n} A_{ij}a_{cj} \\ \sum_{j=1}^{n} A_{ij}a_{cj}^2 \\ \sum_{j=1}^{n} A_{ij}a_{cj}^3 \end{bmatrix} \tag{8.54}$$

这样，根据12个方程、48个数据，在略去式中高阶小量后可求得式(8.52)中除零次项、一次项外的各项系数为

$$K_{II}=\frac{B_{21}+B_{22}}{2},\quad K_{III}=\frac{B_{31}-B_{32}}{2},\quad K_{OO}=\frac{B_{23}+B_{24}}{2}$$

$$K_{OOO}=\frac{B_{33}-B_{34}}{2},\quad K_{PP}=\frac{B_{25}+B_{26}}{2},\quad K_{PPP}=\frac{B_{35}-B_{36}}{2} \tag{8.55}$$

$$K_{IO}=B_{27}+B_{28}-(K_{II}+K_{OO}),\quad K_{OP}=B_{29}+B_{2,10}-(K_{OO}+K_{PP})$$

$$K_{IP}=B_{2,11}+B_{2,12}-(K_{II}+K_{PP})$$

从以上分析可知，加速度计离心机测试方法可以对加速度计的模型参数进行精密估计。

8.4 陀螺的环境试验方法

8.4.1 高低温环境试验

陀螺的高低温环境试验主要是测试陀螺的标定因数温度灵敏度和零偏温度灵敏度。测试时，将转台置于环境室内或者利用带有温控箱的转台，如图8.8所示。温控箱应满足以下基本要求：第一，陀螺安装夹具应具有良好的热传导性；第二，温空箱内的温度由其内部的温度传感器监测，在陀螺处于工作状态时，当其内部热容量最大部件在规定测试温度下，每小时温度变化不大于2℃时，认为陀螺工作温度达到稳定状态。或者在规定测试温度下，恒温一定时间后，认为陀

图8.8 带有温控箱的转台

螺工作温度达到稳定状态。

1. 标度因数温度灵敏度测试

标度因数温度灵敏度测试程序如下。

(1) 用夹具把陀螺安装在速率转台上,使基准轴平行于转台转轴,对准精度在若干角分之内。

(2) 将陀螺与输出测量装置相连接。

(3) 根据陀螺实际应用所需要的温度范围,适当均匀选取不少于 5 个测试温度点,其中包括室温(23℃)。

(4) 接通陀螺电源,预热一定时间,使陀螺温度达到稳定状态。

(5) 接通陀螺检测电路,按照 8.2.1 小节描述的方法测试陀螺的标度因数。

(6) 在每个温度测试点,恒温保持一定时间后,再进行测试,为了缩短测试时间,允许减少输入角速率点数量。

(7) 断开陀螺及其检测电路。

标度因数温度灵敏度的计算方法为

$$K_t = \left| \frac{(K_i - K_0) | K_0}{t_i - t_0} \right|_{\max} \quad i=1,2,3,\cdots \tag{8.56}$$

式中:K_t 为标度因数温度灵敏度(10^{-6}/℃或%/℃);K_i 为第 i 个温度点的标度因数($P/('')$);K_0 为室温标度因数($P/('')$);t_i 为第 i 个温度测试点的温度;t_0 为室温(23℃)。

2. 零偏温度灵敏度测试

零偏温度灵敏度测试程序如下。

(1) 用夹具把陀螺安装在速率转台上,使基准轴平行于转台转轴,对准精度在若干角秒之内。

(2) 调整双轴回转台,让工作台面向南倾斜,其倾斜角为当地纬度。

(3) 将陀螺与输出测量装置相连接。

(4) 根据陀螺实际应用所需要的温度范围,适当均匀选取不少于 5 个测试温度点,其中包括室温(23℃)。

(5) 在每个温度测试点,恒温保持一定时间,使陀螺温度达到稳定状态后,按照 8.2.2 小节所介绍的方法测试陀螺零偏。

在此测试过程中,陀螺始终处于工作状态。零偏温度灵敏度的计算方法为

$$B_t = \left| \frac{B_i - B_0}{t_i - t_0} \right|_{\max} \quad i=1,2,3,\cdots \tag{8.57}$$

式中:B_t 为零偏温度灵敏度((°)/h/℃);B_i 为第 i 个温度点的零偏((°)/h);B_0

为室温零偏((°)/h)。

8.4.2 冲击振动环境试验

1. 冲击试验

冲击试验的目的是测量陀螺对外加冲击的响应,并且保证传感器在承受此瞬间加速度之后(一般时间仅以毫秒计),有足够的弹性恢复力。与离心机测试相同,被测陀螺可保持运行状态也可处于静止状态。

一般用冲击台或振动台给陀螺施加冲击。使用冲击台时,传感器固定在一个重金属台上,将金属台从一给定高度掷下,落在一块形状合适的铅板上。后一方法是将传感器刚性安装在振动台上,对它施加单向瞬时位移。

为测量陀螺在运行状态下对外加冲击的响应,传感器在试验台上安装成适当指向之后,就用螺栓将它紧固在试验设备的台面上。在施加冲击之前,先记录一段时间内传感器的输出信号,如有可能,记录下冲击过程中和冲击后一个周期的输出信号。将冲击作用前后陀螺输出的平均值作一个比较,就会发现冲击前后的特性差异。

2. 振动试验

陀螺的振动试验有很大的潜在风险,可能会永久地损坏传感器,所以它通常是最后一组测试。试验时应非常小心,避免固定夹具产生谐振以增大施加的加速度。在进行随机振动试验之前,必须先对振动台上固定陀螺的结构模态特性进行全面仔细地考察。振动试验的目的有 4 点:一是考察使传感器产生谐振响应的频率及其幅值;二是评定陀螺的不等弹性性能或加速度平方项偏置(g^2 偏置);三是检查传感器在特定的振动环境的弹性恢复能力及适应能力,试验时传感器可处于静止状态或运行状态;四是估计传感器在振动环境中输出信号的噪声特性的变化。

振动台为传感器提供各种形式的振动,有好几种不同的类型。通常,振动台上配有用以安装传感器的平台。振动台靠电磁场驱动沿一个事先定义好的轴进行振动,产生电磁场的电流决定于振动台的频率和波形。图 8.9 所示为一典型振动台。

加在试验台上的振动有两种形式,即正弦振动或随机频率振动。前一种振动试验中,振动台面的位移在给定频率带以正弦规律变化,其加速度不超过预定值。后一种情况中,按给定的功率谱密度和频率带宽度施加随机振动。

最好是在陀螺运行时以低加速度进行一些初期试验,以考察传感器是否会发生谐振现象以及在什么频率下发生。这能保证传感器所承受的频率远离谐振

图 8.9　振动试验用振动台

点的频率。传感器取合适的指向,并牢固地装夹在振动台上。试验时,在被测传感器或其固定夹具上装一个小的“反馈”加速度计,用来测量加在传感器上的加速度。振动台使用反馈方式可确保对被测传感器施加相当平稳的加速度幅度。在 $1g$ 范围内选一个小的加速度峰值,并用振动台对传感器施加正弦位移。振动频率从最初的几赫兹缓慢上升至上限,一般在 10kHz 范围内。这种方式称为正弦扫描。扫描期间,要连续监测陀螺的输出信号,避免在谐振频率发生时破坏传感器的现象。试验还需在陀螺的其他取向重复进行,然后找出非谐振频率带。

试验机械陀螺时,通常将传感器安装成两轴分别与台面移动轴成 45°夹角,使不等弹性偏置最大,并且便于辨识它。此时陀螺的第三轴垂直于台面的运动方向,并与地理系主要轴线之一对准。陀螺保持它的取向,经过一段时间的试验,可得到此状态下漂移的平均偏差与标准偏差。在初期正弦扫描中筛选出的远离谐振点的频率下对传感器施以正弦振动。加速度为预选的最大加速度,并且采集振动周期内(一般为几分钟)陀螺的输出信号。此试验需在许多选定频率下以不同的加速度峰值重复进行。估计试验期间采集的陀螺数据统计值,将它与在无振动情况下的均值偏振比较,以评定传感器的加速度平方项偏差系数。不等弹性偏差系数可用下述方法求出:先找出每个频率下由振动引起的输出偏置的平均递增值,再除以所施加的加速度的平方值。对各种偏置求平均值即可估计出与加速度平方有关的偏置(g^2 偏置)。

重复上述试验,可观察到正交效应,只是陀螺的输入轴需与运动轴方向垂直。分析陀螺输出信号中的噪声成分的方法是:将振动试验中传感器输出的信号作统计学计算,并将其与试验前后传感器处于静止状态下的值相比较。

通常使用振动台的随机振动对传感器的耐久性、适应能力及弹性恢复能力进行试验。试验方法与前相似，只是振动的频率和幅度按照振动形式规定的功率谱密度的频带连续随机地变化。功率谱密度定义了传感器在振动台上所有试验频率中产生的最大加速度。这就是所谓的随机振动试验。

根据被考察的传感器的应用场合不同，试验时传感器可以运行也可以不运行。例如，当考察传感器在运输过程中的抗损害性，则传感器可在静态下受到数周甚至数月的振动。如前所述，静态离心机测试和冲击试验前后都应检查传感器的特性是否发生改变。如果检查战术导弹的特定飞行状态，如传感器处于较高动态激振力时，它需在运行状态下试验，但所加振动谱的时间很短，可能仅在10s以内。此类试验中，陀螺在进行振动试验前后的输出信号都要加以记录，用来检验振动试验过程中传感器响应的任何可观测到的变化特征。

对机械抖动环形激光陀螺进行评估时，应小心避免由振动器运动和传感器之间不可察觉的相互作用产生虚假的偏置误差。还应注意，传感器应装在刚性基座上对其进行单独测试。

8.5 加速度计的环境试验方法

8.5.1 高低温环境试验

加速度计高低温环境试验（也称热试验）的目的是建立加速度计性能随温度变化的基本参数关系式。传感器或者处于均匀升高或降低的温度点，或在传感器处于温度梯度环境中。装在精密分度头上测试的传感器常封闭在环境室里，试验从零下温度低至-55℃，升高的上限温度常为75℃或80℃。图8.10表示了试验方案的典型例子。

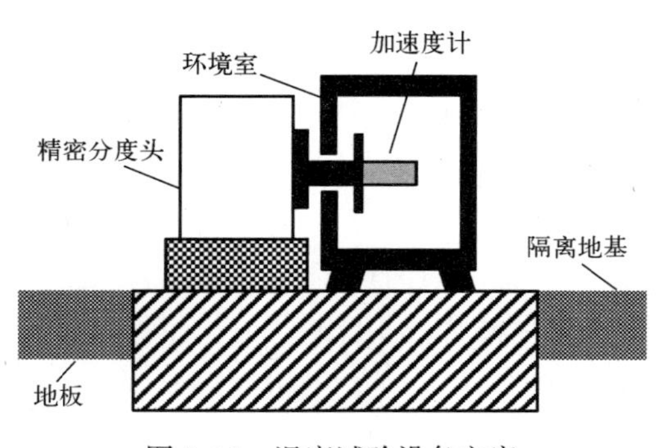

图8.10 温度试验设备方案

采用不同的试验来测定加速度计的性能,确定加速度计 4 个主要的指向,记录以均匀温度升降并处于保温状态环境中的加速度计输出信号,就可估计其性能参数的变化,建立传感器在试验过程中的参数变化和温度间的关系。另外,在温度以不同的速率升降过程中,可监测加速度计的响应。在这种情况下,加速度计设置在一给定的指向,周围温度在某一给定时间内在给定的范围内线性变化。在这个过程中记录温度,并在加速度计不同的指向做重复试验。

8.5.2　冲击振动环境试验

1. 冲击试验

冲击试验的目的是检查加速度计在受到冲击时响应或评估加速度计在很短时间段内(如毫秒级)受到加速度时的弹性恢复性能。同离心机测试情况一样,做冲击试验时,加速度计可处于工作状态,也可处于静止状态。使用的试验形式和设备类似于 8.4.2 小节中所述的评估陀螺的冲击试验。

2. 振动试验

同陀螺振动试验一样,加速度计的振动试验可能发生加速度计的永久性或不可逆的损坏,正常情况下振动试验是最后一步试验。所用设备为 8.4.2 小节中使用的振动台,给传感器的运动可以是随机运动或正弦运动。加速度计的振动试验包括 5 个方面的目的:一是加速度计谐振响应测试;二是加速度计振摆误差估计;三是加速度计的频率响应试验;四是在特定的振动环境里装置的弹性恢复试验,根据试验目的加速度计可处在静态或运行状态;五是振动环境中加速度计产生的信号噪声特性变化估计。

做加速度计振动试验时,往往先让加速度计处于工作状态,以测试出传感器产生谐振的频率与幅值。这就能使传感器试验时远离仪器谐振频率区,这种所谓的谐振搜索采用正弦扫描进行。当摆式加速度计做线性振动运动时,摆的受迫振动就会产生一个偏置,这就是振摆的整流效应。当在输入轴和摆轴构成的平面内沿着与输入轴成45°方向施加运动时,就会产生偏置,误差的大小可通过调整被测加速度计指向使外加的振动沿如上所述方向作用来估计,即可观测到偏置。此时需仔细调整,通常把加速度计固定在精密加工的安装夹具上,并把传感器定位在要求的指向上。

安装精度的检查方法为传感器在工作情况下,通过把振动台精确旋转 45°使传感器的敏感轴即输入轴水平,保证输出信号为零 g 输出。调整位置使传感器能给出精确的零 g 输出。振动台再精确往回转 45°,用一个控制或反馈的加速度计来监测所加的运动和将其他传感器装在试验夹具上,也可用来监测正交轴的运动。

刚开始时,在传感器处于静态的短时间内采集数据,观测加速度计的偏置。在传感器上施加一频率与加速度值给定的振动,记录下一段时间内(通常为1min)被测加速度计的输出信号,必要时可加滤波,估计出偏置的变化,再除以加速度峰值平方,即可给出振摆误差的值。以不同的频率和加速度峰值重复该试验数次,给出此误差估计的置信度。各个频率的选取应远离谐振频率,最后,从计算的矩阵估计出平均值。

通过把加速度计紧固在振动台上,并沿它的敏感轴方向施加正弦运动,可获得加速度计的频率响应。在试验过程中,加速度峰值保持恒定,频率在给定的频带内(一般为25Hz~2kHz)变化,记录加速度计的输出信号,并与所用传递函数分析器的压电晶体参考信号进行比较,就可推出增益和相位响应。

振动环境中加速度计的弹性恢复特性可用与陀螺测试相同的技术来估计,记录数据的观测结果以及计算的统计数据,可估计由于振动装置试验引起的传感器噪声特性的变化。

8.6 稳定性与重复性测试

8.6.1 陀螺的稳定性与重复性试验

稳定性试验的目的通常是估计陀螺的逐次运行漂移/偏置或逐次起动漂移/偏置和持续运行漂移。陀螺安装在试验台上,其相对于地理轴线及当地地球重力矢量方向可取许多不同的取向;或者可用三轴转台将陀螺定位到要求的方位上,此转台实际是一个稳定的框架系统,框架角可控制与检测,如图8.11所示。对于更精确的测试,工作台或被测陀螺安装在具有单独地基的花岗岩基座上,以隔离实验室的振动。

陀螺在固定的温度范围内运行,可定位在8.2节中表8.2所列的8个标准方位中的任一个方位。陀螺接通电源后经过一段预定时间,以消除热效应的影响,然后开始记录它的输出信号。此项试验需要重复数次,次数和时间取决于试验要求的精度及常用的基于置信度的统计规则,各次试验之间有一定的预定冷却时间。

对中低精度陀螺,此系列试验中一个试验运行就可能长达一小时;对较高精度的陀螺,时间长达数小时甚至更长。在一个方位上完成一系列试验之后,换一个方位再重复进行试验。根据试验中得到的几组不同的数据可消除各种不同的

图 8.11　三轴转台

系统误差及由地球的自转引起的误差。对每次试验,都要分析所得数据,求出平均漂移速率和数据方程或离散程度。

陀螺的逐次起动稳定性是在重力矢量与陀螺输入轴不同轴时,根据陀螺试验每次运行所记录的平均输出信号的散布计算的。陀螺漂移率的运行稳定性是在陀螺一系列的试验的每次试验中测得的输出漂移(利用 8.2.2 小节中介绍的陀螺漂移的测试方法)相对输出均值的平均散布,此值由整个系列试验求平均得到,但需要剔除由不确定原因的异常现象引起的异常数据。

8.6.2　加速度计的稳定性与重复性试验

本章的 8.3.1 小节介绍了四点法估计加速度计的模型参数。在逐次起动重复性的评估测试中,在每个给定的位置上,试验至少重复 12 次。通过比较多次试验的参数估计结果来分析加速度计的逐次起动稳定性。

进行长期稳定性试验时,把加速度计固定在特定的指向,记录下加速度计的输出信号。试验可经历数小时、数周甚至更长时间。如同陀螺试验,加速度计在不同的取向进行重复试验时,在两次试验之间传感器应处于停电状态一段时间,也可在加速度计位于多组不同的指向试验过程之间切断电源,在每个位置试验时,都要监测周围的温度并在试验过程中作记录,从而能校正加速度计的输出信号。

思 考 题

8.1 惯性传感器的误差主要分为哪几类？针对这些误差因素可以建立哪几种误差模型？

8.2 惯性传感器主要包括哪几类？针对这些传感器主要有哪些技术指标？

8.3 针对惯性传感器的测试主要包括哪些内容？这些测试的目的分别是什么？

8.4 对陀螺和加速度计进行测试时，需要用到哪些必要的试验设备？这些设备的作用分别是什么？

参 考 文 献

[1] 毛奔，林玉荣．惯性器件测试与建模[M]．哈尔滨：哈尔滨工程大学出版社，2008.

[2] 杨立溪，等．惯性技术手册[M]．北京：中国宇航出版社，2013.

[3] 许江宁，等．陀螺原理及应用[M]．北京：国防工业出版社，2008.

[4] 严恭敏，等．惯性仪器测试与数据分析[M]．北京：国防工业出版社，2012.

[5] Ieee B E. IEEE Specification Format Guide and Test Procedure for Linear Single Axis, Pendulous, Analogue, Torque Balance Accelerometer'[S]. IEEE Standard 530, 1978.

[6] Engineers E E , Board I S . IEEE Recommended Practice for Precision Centrifuge Testing of Linear Accelerometers'[S]. IEEE Standard 836, 1991.